U0232397

汽油及天然气汽车尾气净化催化技术

陈耀强　王健礼　著

科学出版社

北　京

内 容 简 介

本书以汽油车、天然气车和摩托车尾气净化催化材料及催化剂技术为核心内容，主要介绍机动车尾气污染成因、净化策略及排放法规发展；汽油车尾气净化的催化材料、催化剂的研究进展；天然气车、摩托车尾气净化催化剂的研究进展；汽油车、天然气车和摩托车尾气净化催化剂应用匹配发展及实例等。对空气污染防治、环保政策实施有较好的参考意义。适合从事化学、环境相关专业科技工作者阅读参考。

图书在版编目 (CIP) 数据

汽油及天然气汽车尾气净化催化技术/陈耀强，王健礼著. —北京：科学出版社, 2020.8

ISBN 978-7-03-065005-4

Ⅰ. ①汽…　Ⅱ. ①陈…　②王…　Ⅲ. ①汽车排气污染–废气净化
Ⅳ. ①X734.201

中国版本图书馆 CIP 数据核字(2020)第 076404 号

责任编辑：格　屿 / 责任校对：刘凤英
责任印制：关山飞 / 封面设计：张　放

科学出版社 出版
北京东黄城根北街 16 号
邮政编码: 100717
http://www.sciencep.com

北京科信印刷有限公司 印刷
科学出版社发行　各地新华书店经销
*
2021 年 9 月第　一　版　开本：B5 (720×1000)
2021 年 9 月第一次印刷　印张：15 3/4
字数：290 000

定价：128.00 元

(如有印装质量问题，我社负责调换)

前　言

近年来随着经济的快速发展，我国的汽车保有量不断增加，中国已经连续9年成为世界汽车产销量第一大国。据《中国机动车环境管理年报（2018）》统计，2017年全国机动车保有量已达到3.10亿辆，机动车尾气污染随之而来，并已成为我国空气污染的重要来源，同时是造成灰霾、光化学烟雾污染的重要原因。全国机动车尾气4大类污染物排放总量初步核算为4359.6万吨。其中，一氧化碳（CO）3327.3万吨，碳氢化合物（HC）407.1万吨，氮氧化物（NO_x）574.3万吨，颗粒物（PM）50.9万吨。

随着我国汽车工业的高速发展，汽车保有量的迅速提高，汽车尾气导致的大气污染日益严重，国家相继出台了《大气污染防治行动计划》（国发（2013）37号），《打赢蓝天保卫战三年行动计划》（国发（2018）22号）重大战略举措，同时制定了汽油车、柴油车、天然气汽车和摩托车的系列排放标准，对汽车尾气实施净化。

汽车尾气净化分为机内净化和机外净化。机内净化包括提高燃油标准，采用燃油电子喷射技术，废气再循环技术（EGR）等新技术提高发动机的燃烧性能，降低发动机的原始排放。仅用机内净化技术远达不到排放标准的限值，还必须有机外净化技术。机外净化技术是指在发动机出口加装尾气净化催化剂，将尾气中的HC、CO、NO_x和PM转化为N_2、CO_2和H_2O。从20世纪70年代尾气净化催化剂出现到现在，实现了汽车污染物从高排放、低排放，到超低排放，至现在将达到的准零排放，最终实现零排放，成为近数十年来催化领域发展最成功的催化剂，也是空气污染物控制最成功的范例，使美国，欧盟，日本等数十个国家的$PM_{2.5}$，基本达到了年均低于10 μg/m^{3}的世界卫生组织的空气质量标准，达到了对人体基本无害的程度。汽车尾气净化催化剂是科学和技术同时密集型产品，据国家知识产权局公布的结果，在世界范围内，尾气净化催化剂的专利达27000多项，同时有超过专利数倍的论文发表。与在稳态条件下工作的大多数工业催化剂不同，尾气净化催化剂的工作条件为：①非稳态，其温度、污染物浓度和空速随汽车行驶工况不断变化；②极端苛刻的环境，汽油车、天然气汽车和摩托车是在高温（600～1000 ℃）、高空速（3～15万h^{-1}）和高水蒸气浓度 （>10 vol.%）及催化剂毒物（SO_2等）存在下工作，柴油车则是在低温（200～400 ℃）、高空速（3～15万h^{-1}）和高水蒸气浓度（>10 vol.%）及催化剂毒物（SO_2等）存在下工作；③多个不同类型的反应（氧化、还原、水气变换、蒸汽重整等）同时进行。尾气净化催化剂为整体式涂层催化剂，由蜂窝状基体（堇青石蜂窝陶瓷或金属蜂窝体）和 40 μm 左右的催化剂涂层构成，以满足苛刻的工作条件和极高的污染物转化效率。催化剂涂层由多个载体、活性组分和由多种助剂制备的多个催化剂组分构成，突破了催化剂由一种活性组分、一种载体加助剂的传统的组成格局。尾气净化催化剂的上述特征和发展历程，丰富了催化科学和技术的内涵。

机动车尾气净化催化剂主要包括以下几种：①汽油车尾气净化催化剂：三效催化剂（TWCs）、汽油车颗粒捕集器（cGPF）；②摩托车尾气净化催化剂：三效催化剂；③压缩天然气（CNG）车/液化石油气（LPG）车尾气净化催化剂：氧化型催化剂（GOC）、三效催化剂；④柴油车尾气净化催化剂：NO_x 选择还原催化剂（SCR）、柴油车氧化催化剂（DOC）、柴油车颗粒物捕集器（DPF）、氨氧化催化剂（ASC）。

鉴于国内目前还没有系统介绍机动车尾气净化催化剂技术及应用方面的书籍，同时鉴于汽油车、天然气车和摩托车采用理论空燃比的燃烧方式，在尾气净化催化剂技术方面具有一定的共性，柴油车采用稀薄燃烧方式，尾气净化催化剂系统复杂，故本书分别独立给予介绍，共分为六章。第一章主要介绍机动车尾气污染成因、净化策略及排放法规发展；第二章主要介绍汽油车尾气净化的催化材料研究进展；第三章主要介绍汽油车尾气净化催化剂的研究进展；第四章主要介绍天然气车尾气净化催化剂的研究进展；第五章主要介绍摩托车尾气净化催化剂的研究进展；第六章主要介绍汽油车、天然气车和摩托车尾气净化催化剂应用匹配发展及实例。

本书编写主要参考文献列于每章最后，如有疏漏之处敬请谅解。

本书由陈耀强审定，王健礼统稿，每部分内容分工如下：第一章和第六章汽油车尾气净化催化剂应用由陈山虎编写，第二章 Ce-Zr-Al 基材料和氧化铝材料由兰丽编写，第四章由钟琳编写，第五章部分内容和第六章摩托车尾气净化催化剂应用匹配由王金凤编写，第六章天然气车尾气净化催化剂应用匹配由程永香编写，其余部分由王健礼编写，本书编写过程中硕士研究生周怡和博士研究生邓杰做了整理和文字编辑工作。另外本书的出版得到了科学出版社编辑贾非老师的帮助，在此一并表示感谢。

由于编者学识水平有限，本书一定还有许多不严谨和有待考究之处，敬请广大读者批评指正。

陈耀强　王健礼

2021 年 4 月于四川大学

目　　录

第一章　机动车尾气污染物的产生及净化策略

第一节　机动车尾气污染物的种类、产生机理及危害

机动车包括汽油车、柴油车、燃气车和摩托车等。机动车的发动机燃烧方式分为两种，理论空燃比和稀燃。其中，理论空燃比的燃烧方式是燃料和空气（氧）采用化学计量比的方式配置和燃烧，稀燃则是燃料和空气（氧）采用大于化学计量比的方式配置和燃烧。汽油车和摩托车使用汽油作为燃料，采用理论空燃比的燃烧方式；柴油车使用柴油作为燃料，采用稀燃的燃烧方式；燃气车分为天然气[压缩天然气（CNG）或液化天然气（LNG）]车和液化石油气（LPG）车，天然气车采用理论空燃比和稀燃两种燃烧方式，液化石油气车采用理论空燃比的燃烧方式。

目前检测到的机动车尾气污染物有大约 670 种，其中机动车排放法规限值的污染物有 CO、HC、NO_x 和颗粒物 4 种，以下主要介绍这 4 种污染物的生成机理。

一、一氧化碳（CO）

CO 是不完全燃烧的中间产物。烃类的燃烧过程如下：

$$C_mH_n + \frac{m}{2}O_2 \longrightarrow m\,CO + \frac{n}{2}H_2 \tag{1-1}$$

如果 O_2 量充足，CO 将继续反应，生成最终产物 CO_2。

$$CO + OH \longrightarrow CO_2 + H \tag{1-2}$$

$$2H_2 + O_2 \longrightarrow 2H_2O \tag{1-3}$$

$$2CO + O_2 \longrightarrow 2CO_2 \tag{1-4}$$

理论上，当 O_2 量充足时，不会生成 CO，但燃烧过程中瞬时或局部空间会存在氧气量不足、温度突然过低或反应物处于适合反应条件的时间过短 3 种情况，这 3 种情况只要有一种出现时，CO 均不能继续被氧化生成 CO_2。

空燃比（O_2 按化学计量比理论需要量与实际量的比值）对 CO 排放量有显著的影响，CO 排放量随着空燃比系数的增大逐渐降低，稀薄燃烧，会大幅降低 CO 的排放（图 1-1）。

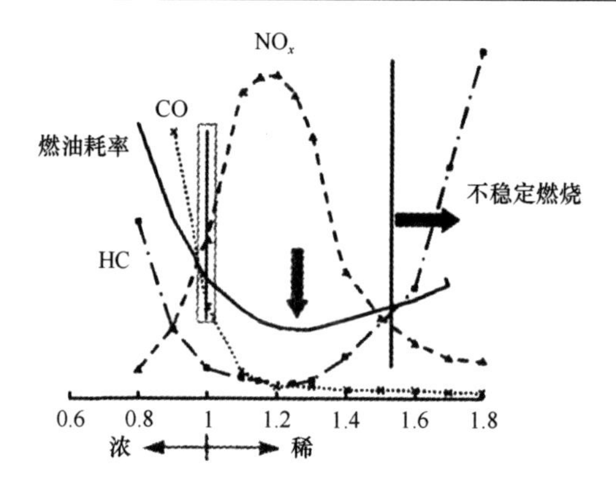

图 1-1 空燃比系数对污染物排放量的影响

二、氮氧化合物（NO$_x$）

NO$_x$ 生成的理论基础是 1946 年 Zeldovich 提出的链式反应[1]：

$$O_2 \longrightarrow 2O \tag{1-5}$$

$$N_2 + O \longrightarrow N + NO \tag{1-6}$$

$$N + O_2 \longrightarrow O + NO \tag{1-7}$$

$$N + OH \longrightarrow H + NO \tag{1-8}$$

NO 生成量与过量空气系数有关。NO$_x$ 的排放量随着过量空气系数的增大，先增大后又逐渐减少，在空燃比系数约 1.2 时，浓度最高。

NO 生成量与温度有关。生成 NO 的化学反应方程式为：

$$N_2 + O_2 \longrightarrow 2NO \tag{1-9}$$

该反应要达到平衡浓度需要较长时间，图 1-2 是不同温度下反应（1-9）速度

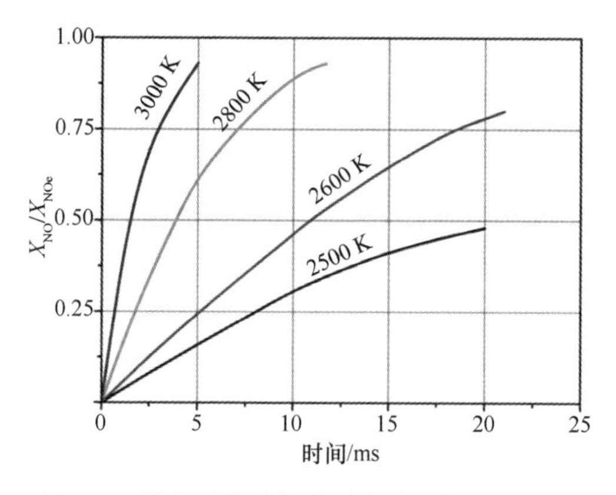

图 1-2 温度对总量化学反应进展快慢的影响

的快慢，横坐标是反应时间，纵坐标是瞬时浓度（X_{NO}）与平衡浓度（X_{NOe}）的比值。温度越高，反应速度越快，因此，对于稀薄燃烧的发动机，尾气温度相对较低，此时 NO 尚未来得及反应，温度已经降至该反应发生的临界温度以下，尾气中 NO_x 浓度较低。

三、碳氢化合物（HC）

内燃机未燃烧或部分燃烧而排入尾气的碳氢化合物，称为总碳氢化合物（Total Hydrocarbon，THC）。HC 生成和排放的主要渠道有：

（1）排气。该部分 HC 包括燃烧不完全或未燃烧的燃料，在缸内燃烧过程中产生并随废气排出，这部分 HC 称为排气排放物。

（2）曲轴箱。通过气缸与活塞间隙漏气到曲轴箱，通过曲轴箱排出。这部分 HC 称为曲轴箱排放物。

（3）蒸发。从燃油或燃气系统中蒸发或漏出，称为蒸发排放物。

HC 的排放规律与 NO_x 恰好相反，在空燃比系数约为 1.2 时，排放量最低。

3 种污染物排放均相对较低的点有两个，即空燃比在 1 或 1.5 附近。过量空气系数等于 1 时，即为等当量比燃烧（如汽油机），此时，虽然 CO 和 HC 的排放较高，但 NO_x 的排放还未升高；空燃比等于 1.5 时，即稀薄燃烧（如柴油发动机和稀燃天然气发动机），此时，由于过量气体的稀释作用，发动机排温降低，NO_x 生成量较少，但此时燃料的燃烧开始不稳定，HC 排放升高，燃油消耗上升。

四、颗粒物（PM）

由燃烧室排放的颗粒物（Particulate Matter）有 3 个来源，其一是不可燃物质，其二是可燃的但未进行燃烧的物质，其三是燃烧生成物。燃烧过程排出的颗粒物质大部分是固态炭，其中火焰中形成的固体炭粒子称为炭黑。炭黑可以在燃烧纯气体燃料时形成，但更多的则是在燃烧液体燃烧时形成。颗粒物的组成中除炭黑外还有碳氢化合物、硫化物和含金属成分的灰分等。含金属成分的颗粒物主要来自于燃料中的抗爆剂、润滑油添加剂以及运动产生的磨屑等。柴油发动机燃料燃烧不完全时，其内含有大量的黑色炭颗粒。

机动车尾气污染物均对人体有危害。CO 与人体内血红蛋白的亲和力比氧大 200～300 倍，吸入 CO 极容易造成人体缺氧中毒，而当空气中 CO 浓度达到 18.75 mg/m^3 时，就会对人体造成危害，长时间吸入 CO 则可能严重损害心脏和神经系统，导致心律不齐及心脏和脑受损，当血液中 CO 含量达到 60%则极易致人死亡。NO 可以与人体血红蛋白结合引发高铁血红蛋白症，此外 NO 在大气中也可部

分被氧化成 NO_2，NO_2 属于神经毒气，可破坏人体中枢神经，长期吸入可能引发脑性麻痹、手脚萎缩，大量吸入甚至会引发中枢神经麻痹、记忆丧失、四肢瘫痪等。HC 中含有多环芳香烃（Polycyclic Aromatic Hydrocarbons，PAHs），PAHs 已被证实为强致癌物质，长期接触极易引起皮肤癌、肺癌、肝癌等癌症，而且 PAHs 能破坏人体遗传物质，诱发癌细胞增长，提高癌症发病率。机动车尾气中的 $PM_{2.5}$ 均为高致癌的多环芳烃（PAHs），其中已检测到含有 16 种高致癌物质（致癌无阈值，即致癌没有吸入量多少的限值）和含硝基的多环芳烃（nitro-PAHs）及其他毒性大的有机组分，机动车的 $PM_{2.5}$ 数量多（排放量约为 6×10^{11} 个/km）、粒径小（粒度 0.04～0.1 μm，其中，柴油车 0.3 μm、汽油车 0.1 μm、摩托车 0.04 μm），不但入肺而且进入血液，危害极大。另外，此类 $PM_{2.5}$ 基本上不沉降，长期累积存在于空气中，而且排放部位低，仅几十厘米，一旦进入人的呼吸带内，同样量的污染物，危害要大数十倍。因此，机动车尾气污染物危害人的呼吸系统、心血管、脑血管、神经系统和眼睛，造成人的疾病和过早死亡。

第二节 机动车尾气污染物的控制法规和净化策略

卡尔•本茨于 1886 年发明了第一辆汽车，自从汽车诞生以来，它给人们的生活和工作带来了极大的便利。但是，在汽车产业高速发展的同时，它也带来了大气污染，即汽车尾气污染。1943 年，在美国加利福尼亚州的洛杉矶市，250 万辆汽车每天燃烧掉 1100 t 汽油。汽油燃烧后产生的碳氢化合物等在太阳紫外光线照射下产生化学反应，形成浅蓝色烟雾，使该市大多市民患上眼红、头痛病。后来人们称这种污染为光化学烟雾。1955 年和 1970 年洛杉矶又两度发生光化学烟雾事件，前者导致 400 多人因五官中毒、呼吸衰竭而死亡，后者致使全市四分之三的人群患病。这就是在历史上被称为“世界八大公害”和“20 世纪十大环境公害”之一的洛杉矶光化学烟雾事件。除了美国以外，欧洲、日本也相继爆发了大规模的汽车尾气污染事件。正是这些事件使人们深刻认识到了汽车尾气的危害性，也拉开了人类治理机动车尾气污染的序幕。

中国作为最大的发展中国家，近年来汽车保有量不断增加，机动车尾气污染问题也越来越突出。环境保护部于 2018 年发布《中国机动车环境管理年报（2018）》（以下简称“年报”），公布了 2017 年全国机动车环境管理情况[2]。年报显示，我国已连续 9 年成为世界机动车产销第一大国，机动车尾气污染已成为我国空气污染的重要来源，是造成细颗粒物、光化学烟雾污染的重要原因。机动车尾气污染防治的紧迫性日益凸显。据年报统计，我国机动车保有量持续增长。2017 年，全国机动车保有量达到 3.10 亿辆，比 2016 年增长 5.1%。纳入本年报统计的机动车包括汽车（微型客车、小型客车、中型客车、大型客车、微型货车、轻型货车、中型货车、重型货车）、低速汽车、摩托车，不含挂车、上路行驶的拖拉机等，总计29836.0万辆。其中汽车20816.0万辆，低速汽车820.0万辆，摩托车8200.0万辆。汽车已占主导地位，按车型分类，客车占88.8%，货车占11.2%；按燃料分类，汽油车占89.0%，柴油车占9.4%，燃气车占1.6%；按排放标准分类，国Ⅰ前标准的汽车占0.1%，国Ⅰ标准的汽车占3.7%，国Ⅱ标准的汽车占5.5%，国Ⅲ标准的汽车占21.2%，国Ⅳ标准的汽车占47.5%，国Ⅴ及以上标准的汽车占22.0%。随着机动车保有量快速增加，我国部分城市空气开始呈现煤烟和机动车尾气复合污染的特点，直接影响群众健康。北京、天津、上海等15座城市大气细颗粒物（$PM_{2.5}$）源解析工作结果显示，本地排放源中移动源对细颗粒物浓度的贡献为13.5%～52.1%。由以上数据可知，机动车尾气污染物已经成为中心城市的重要污染源，治理机动车尾气迫在眉睫。

在汽车尾气污染物治理方面，美国率先开始行动。1970年，美国开始发动环境净化行动。要求1970～1975年达到CO和HC的排放值降低90%，1970～1976年达到NO的排放值降低90%。随后在世界范围内，欧盟和日本也相继制订了一系列汽车尾气污染物排放法规。目前全球范围内，机动车尾气排放法规具有代表性的是美国、欧盟和日本，而由于历史原因，美国加州排放法规又独成一脉，加州制订并实施的排放法规比联邦法规更为严格。

以轻型汽油机为例，美国的加州地区先后提出并实施了过渡低排放TLEV（Transitionl Low Emission Vehicle）、低排放LEV（Low Emission Vehicle）、超低排放ULEV（Ultra Low Emission Vehicle）、特超低排放SULEV（Super Ultra Low Emission Vehicle）并最终实现零排放ZEV（Zero Emission Vehicle）标准，即通常所说的加州标准（由加利福尼亚大气资源局CARB制订）（表1-1至表1-3）。加州实施Tier 1/LEV标准至2003年，LEVⅡ标准实施年限为2004～2010年，LEVⅢ标准实施年限为2015～2025年，并且该法规标准分年份逐步加严。

表1-1　加州轻型车LEV尾气污染物排放标准

分类	50000 miles*/5年					100000 miles/10年				
	NMOG	CO	NO_x	PM	HHCO	NMOG	CO	NO_x	PM	HHCO
乘用车										
Tier 1	0.25	3.4	0.4	0.08	—	0.31	4.2	0.6	—	—
TLEV	0.125	3.4	0.4	—	0.015	0.156	4.2	0.6	0.08	0.018
LEV	0.075	3.4	0.2	—	0.015	0.090	4.2	0.3	0.08	0.018
ULEV	0.040	1.7	0.2	—	0.008	0.055	2.1	0.3	0.04	0.011

* 1英里（mile，mi）=1.609344千米（km）

续表

分类	50000 miles/5 年					100000 miles/10 年				
	NMOG	CO	NO_x	PM	HHCO	NMOG	CO	NO_x	PM	HHCO
LDT1，LVW <3750 磅										
Tier 1	0.25	3.4	0.4	0.08	—	0.31	4.2	0.6	—	—
TLEV	0.125	3.4	0.4	—	0.015	0.156	4.2	0.6	0.08	0.018
LEV	0.075	3.4	0.2	—	0.015	0.090	4.2	0.3	0.08	0.018
ULEV	0.040	1.7	0.2	—	0.008	0.055	2.1	0.3	0.04	0.011
LDT2，LVW >3750 磅										
Tier 1	0.32	4.4	0.7	0.08	—	0.40	5.5	0.97	—	—
TLEV	0.160	4.4	0.7	—	0.018	0.200	5.5	0.9	0.10	0.023
LEV	0.100	4.4	0.4	—	0.018	0.130	5.5	0.5	0.10	0.023
ULEV	0.050	2.2	0.4	—	0.009	0.070	2.8	0.5	0.05	0.013

数据来源 https：//www.dieselnet.com/standards/

注：NMOG 为非甲烷有机气体；HHCO 为甲醛。

表 1-2 加州轻型车 LEVII 尾气污染物排放标准

分类	50000 miles/5 年					120000 miles/11 年				
	NMOG	CO	NO_x	PM	HHCO	NMOG	CO	NO_x	PM	HHCO
LEV	0.075	3.4	0.05	—	0.015	0.090	4.2	0.07	0.01	0.018
ULEV	0.040	1.7	0.05	—	0.008	0.055	2.1	0.07	0.01	0.011
SULEV	—	—	—	—	—	0.010	1.0	0.02	0.01	0.004

数据来源 https：//www.dieselnet.com/standards/

表 1-3 加州轻型车 LEVIII 尾气污染物排放标准

排放标准	NMOG+ NO_x/（g/miles）	CO/（g/miles）	HHCO/（g/miles）	PM/（g/miles）
LEV160	0.160	4.2	4	0.01
ULEV125	0.125	2.1	4	0.01
ULEV70	0.070	1.7	4	0.01
ULEV50	0.050	1.7	4	0.01
SULEV30	0.030	1.0	4	0.01
SULEV20	0.020	1.0	4	0.01

数据来源 https：//www.dieselnet.com/standards/

美联邦分别于 1991 年 5 月、1999 年 12 月和 2014 年 3 月出台了 1 级、2 级和 3 级轻型车尾气污染物排放法规，逐年分步实施（表 1-4～表 1-6）。

表 1-4 美联邦轻型车 Tier 1 尾气污染物排放标准

分类	50000 miles/5 年						100000 miles/10 年					
	THC	NMHC	CO	NO_x[①] 柴油机	NO_x 汽油机	PM[②]	THC	NMHC	CO	NO_x[①] 柴油机	NO_x 汽油机	PM[②]
乘用车	0.41	0.25	3.4	1.0	0.4	0.08	—	0.31	4.2	1.25	0.6	0.10
LLDT，LVW <3750 磅*	—	0.25	3.4	1.0	0.4	0.08	0.80	0.31	4.2	1.25	0.6	0.10
LLDT，LVW >3750 磅	—	0.32	4.4	—	0.7	0.08	0.80	0.40	5.5	0.97	0.97	0.10
HLDT，ALVW <5750 磅	0.32	—	4.4	—	0.7	—	0.80	0.46	6.4	0.98	0.98	0.10
HLDT，ALVW > 5750 磅	0.39	—	5.0	—	1.1	—	0.80	0.56	7.3	1.53	1.53	0.12

数据来源 https：//www.dieselnet.com/standards/

注：1. 所有 HLDT 标准和 LDT 的 THC 标准要求寿命均为 120000miles/11 年。

2. LVW 为满载质量（整备质量+300 磅）。

3. ALVW 为修正 LVW（整备质量和 GVWR 的平均值）。

4. LLDT 为轻型卡车（<6000 磅 GVWR）。

5. HLDT 为重型卡车（>6000 磅 GVWR）。

6. NMHC 为非甲烷碳氢。

① 更宽松的 NO_x 排放限值，适用于 2003 年柴油机。

② 仅适用于柴油机的 PM 限值。

表 1-5 美联邦轻型车 Tier 2 尾气污染物排放标准

标准	过渡寿命（50000 miles/5 年）					全寿命				
	NMOG[①]	CO	NO_x	PM	HHCO	NMOG[①]	CO	NO_x[②]	PM	HHCO
临时标准										
11MDPV[⑤]						0.280	7.3	0.9	0.12	0.032
10[③④⑥⑧]	0.125（0.160）	3.4（4.4）	0.4	—	0.015（0.018）	0.156（0.230）	4.2（6.4）	0.6	0.08	0.018（0.027）
9[③④⑦⑧]	0.075（0.140）	3.4	0.2	—	0.015	0.090（0.180）	4.2	0.3	0.06	0.018
定型标准										
8[④]	0.100（0.125）	3.4	0.14	—	0.015	0.125（0.156）	4.2	0.20	0.02	0.018
7	0.075	3.4	0.11	—	0.015	0.090	4.2	0.15	0.02	0.018
6	0.075	3.4	0.08	—	0.015	0.090	4.2	0.10	0.01	0.018
5	0.075	3.4	0.05	—	0.015	0.090	4.2	0.07	0.01	0.018
4	—	—	—	—	—	0.070	2.1	0.04	0.01	0.011
3	—	—	—	—	—	0.055	2.1	0.03	0.01	0.011
2	—	—	—	—	—	0.010	2.1	0.02	0.01	0.004
1	—	—	—	—	—	0.000	0.0	0.00	0.00	0.000

数据来源 https：//www.dieselnet.com/standards/

注：①使用于以柴油作为燃料的车型。

②Tier 2 阶段的平均 NO_x 限值为 0.07g/miles。

③2006 年终止的排放标准（HLDTs 车型则为 2008 年）。

④更高的排放限值，仅仅适用于 HLDTs 和 MDPVs 车型，2008 年终止。

⑤补充临时标准，适合于 MDPVs 车型，2008 年终止。

⑥非强制临时 NMOG 标准，适用于 LDT4s 和 MDPVs 车型。

⑦非强制临时 NMOG 标准，适用于 LDT2s 车型。

⑧非强制 5 万 miles 标准，适用于 9 阶段或 10 阶段的柴油机。

---

* 1 磅（lbs）=0.453592 千克（kg）。

表 1-6　美联邦轻型车 Tier 3 尾气污染物排放标准

Bin	NMOG+ NO_x /（mg/miles）	PM/（mg/miles）	CO/（g/miles）	HHCO/（g/miles）
Bin 160	160	3	4.2	4
Bin 125	125	3	2.1	4
Bin 70	70	3	1.7	4
Bin 50	50	3	1.7	4
Bin 30	30	3	1.0	4
Bin 20	20	3	1.0	4
Bin 0	0	0	0	0

数据来源 https：//www.dieselnet.com/standards/

美联邦和加州的尾气污染物排放测试在转毂试验台上进行，目前主要采用FTP/SC03/US06 等循环测试（图 1-3～图 1-5）。该测试循环包括典型的高速公路驾驶（最大速度 55km/h），另外加入了一段高速行驶过程以使得测试条件更靠近实际情况。发动机启动后开始检测从尾气管排出的气体，通过不同部分的测量来计算排放值。

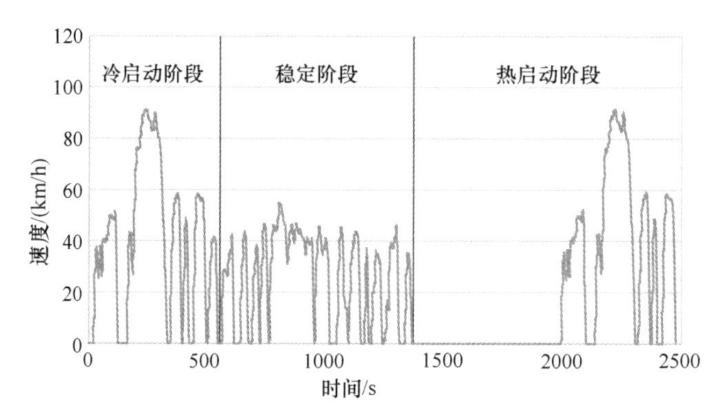

图 1-3　US FTP-75 测试循环

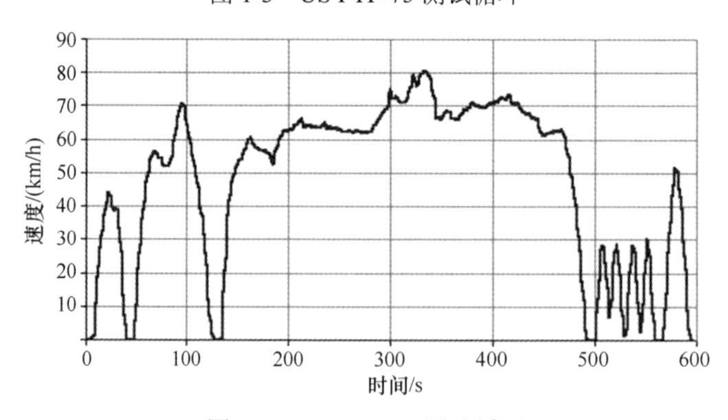

图 1-4　SFTP US06 测试循环

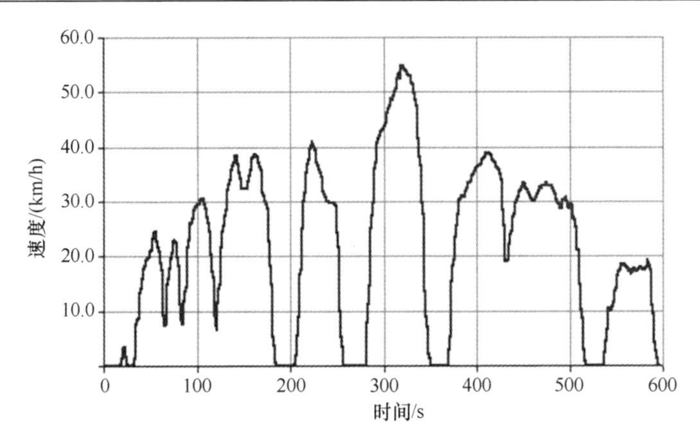

图 1-5　SFTP SC03 测试循环

日本对汽车尾气污染物的治理和控制虽然较美国晚，但紧跟美国之后，其尾气污染物排放标准及法规水平与美国大致相当。日本从 1966 年起开始控制汽车尾气排放污染，对新车进行工况检测，规定控制 CO 的排放限值小于 3%，1969 年加严到 2.5%，并于 1973 年增加 HC 和 NO_x 的排放限值作为排放控制指标。其先后使用的测试工况主要有 10、10-15、JC08 等工况，具体见图 1-6～图 1-8。

欧洲的机动车尾气污染物排放标准应用最为广泛。直到 1993 年，欧洲机动车尾气污染物排放标准才要求必须安装催化剂。欧洲先后于 1993、1996、2000、2005、2009 和 2014 年执行了欧Ⅰ、欧Ⅱ、欧Ⅲ、欧Ⅳ、欧Ⅴ和欧Ⅵ尾气污染物排放标准（表 1-7）。针对欧洲尾气排放法规进行测试，先后使用了 NEDC 和 WLTC 测试工况（图 1-9～图 1-10）。欧洲自 1993 年开始实施欧洲Ⅰ号标准，规定 CO 排放量为 2.72～3.16 g/km，HC 和 NO_x 总排放量为 0.97～1.13 g/km，PM 的排放量为 0.14～

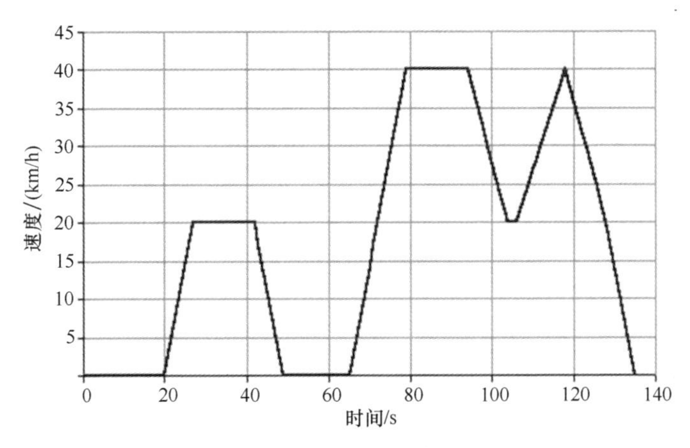

图 1-6　10 测试循环

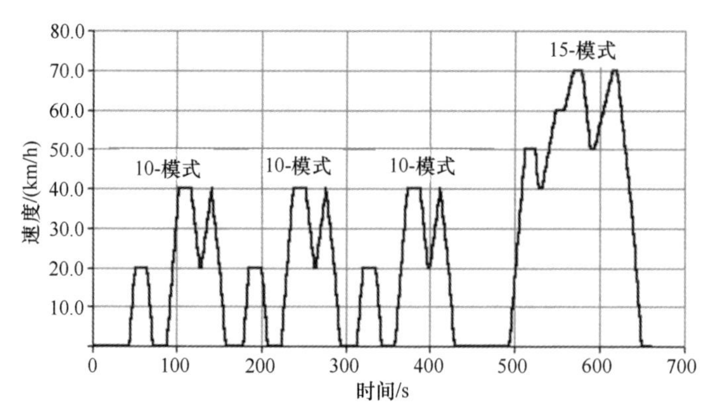

图 1-7 10-15 测试循环

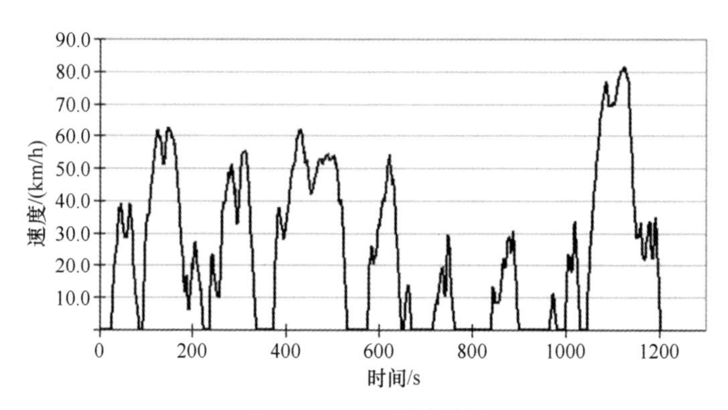

图 1-8 JC08 测试循环

表 1-7 欧盟轻型车尾气污染物排放标准

排放法规	日期	CO/（g/km）	HC/（g/km）	HC+NO_x/（g/km）	NO_x/（g/km）	PM/（g/km）	PN/（#/km）
				点燃式（汽油机）			
欧Ⅰ①	1992.07	2.72（3.16）	—	0.97（1.13）	—	—	—
欧Ⅱ	1996.01	2.2	—	0.5	—	—	—
欧Ⅲ	2000.01	2.30	0.20	—	0.15	—	—
欧Ⅳ	2005.01	1.0	0.10	—	0.08	—	—
欧Ⅴ	2009.09③	1.0	0.10⑤	—	0.06	0.005⑥⑦	—
欧Ⅵ	2014.09	1.0	0.10⑤	—	0.06	0.005⑥⑦	6.0×10^{11}⑥⑧
				压燃式（柴油机）			
欧Ⅰ①	1992.07	2.72（3.16）	—	0.97（1.13）	—	0.14（0.18）	—
欧Ⅱ	1996.01	1.0	—	0.7	—	0.08	—
欧Ⅱ	1996.01②	1.0	—	0.9	—	0.10	—
欧Ⅲ	2000.01	0.64	—	0.56	0.50	0.05	—
欧Ⅳ	2005.01	0.50	—	0.30	0.25	0.025	—

续表

排放法规	日期	CO/（g/km）	HC/（g/km）	HC+NO_x/（g/km）	NO_x/（g/km）	PM/（g/km）	PN/（#/km）
压燃式（柴油机）							
欧Ⅴa	2009.09③	0.50	—	0.23	0.18	0.005[f]	—
欧Ⅴb	2011.09④	0.50	—	0.23	0.18	0.005[f]	6.0×10^{11}
欧Ⅵ	2014.09	0.50	—	0.17	0.08	0.005[f]	6.0×10^{11}

数据来源 https：//www.dieselnet.com/standards/

注：①括号内的限值用于生产一致性检验。

②仅适用于 1999.09.30 之前（之后 DI 发动机需满足 IDI 限值）。

③2011.01 开始适用于所有机型。

④2013.01 开始适用于所有机型。

⑤NMHC=0.068 g/km。

⑥仅适用于 DI 发动机。

⑦限值 0.0045 g/km，PMP 测试方法。

⑧国 6 执行的前 3 年采用过渡限值 6.0×10^{12} #/km。

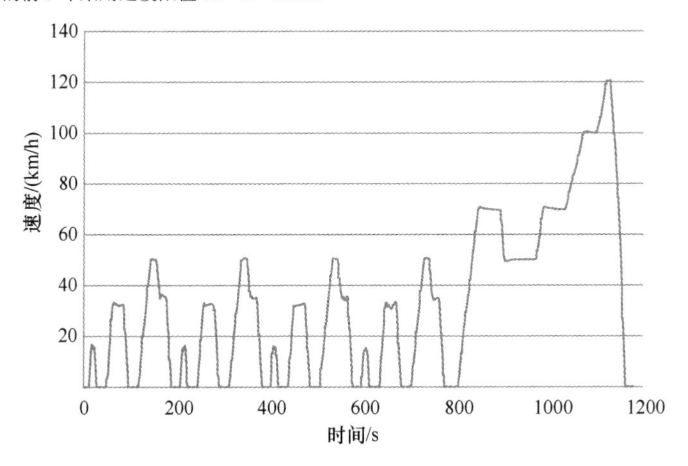

图 1-9 NEDC 测试循环

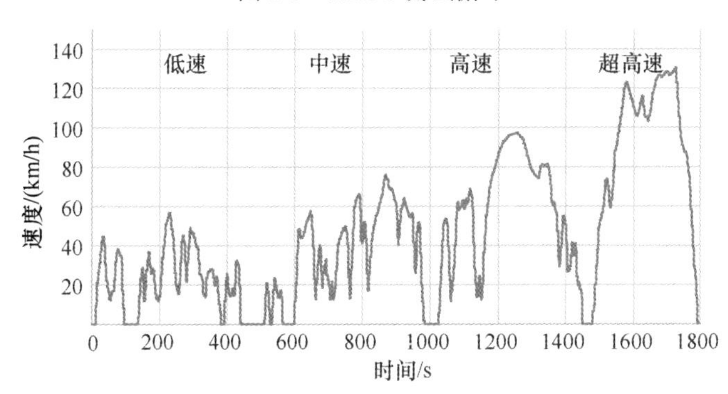

图 1-10 WLTC 测试循环

0.18 g/km。欧洲的测试标准与 FTP 类似，但是它更适合欧洲的驾驶风格。根据 1993 和 1996 年的标准，机动车会怠速 40 s 后才开始进行尾气污染物排放测试。欧洲在 1996～2000 年期间执行欧洲Ⅱ号标准，规定汽油车 CO 的排放量为 2.2 g/km，HC 和 NO_x 总排放量为 0.5 g/km。2000～2005 年期间欧洲实施更严格的欧洲Ⅲ号标准，要求汽油车中 CO、HC 和 NO_x 的排放量分别为 2.3、0.20 和 0.15 g/km，欧洲Ⅲ号标准相对于欧洲Ⅰ号、欧洲Ⅱ号标准而言是一种更新换代，它要求更严格，有质的飞跃。该标准还增加了对车辆冷启动（cold start）时排放达标的要求。实验过程要求车辆在–7 ℃的低温条件下搁置 6 h 以上，点火发动后，立刻测量车辆尾气污染物排放，要求达到标准；同时该标准首次单独规定了 HC 和 NO_x 在尾气中的含量，其中 CO 的含量略高于欧洲Ⅱ号标准。根据 2000 年以后的标准，发动机一旦启动便开始测试，和 FTP 过程一致。欧Ⅳ标准也于 2005 年实施，其中要求 HC（THC）、CO 和 NO_x 的排放量分别在 0.1、1.0 和 0.08 g/km 以下，而催化剂的寿命要求达到 16 万千米以上；ULEV 的限制更严，要求 HC（THC）、CO 和 NO_x 的排放量分别为 0.02、1.06、0.03 g/km 以下，催化剂寿命达到 120 000 英里。此外，欧洲 2010 年已全面实施欧洲Ⅴ号标准。从欧Ⅴ排放标准对污染物的限值来看，似乎只有 NO_x 比欧Ⅳ排放标准减少了 25%。事实上，这是由于欧Ⅳ排放标准测量中的 HC 为全部未燃 HC，而欧Ⅴ排放标准中则需要测量非甲烷碳氢化合物（NMHC）。通常，NMHC 约占全部未燃 HC 的 82.5%，所以实际上欧Ⅴ排放法规对 HC 的排放要求更加严格。此外，欧洲Ⅵ号标准也已通过测试，并于 2014 年开始实施。

中国的机动车尾气污染物排放法规借鉴于欧美。2000 年至 2016 年，我国陆续出台了多个尾气污染物排放法规[2-11]（表 1-8）。

表 1-8 中国轻型车尾气污染物排放法规

阶段	时间	地区	参考
国Ⅰ	2000.01（2000.07①）	全国范围	欧Ⅰ
国Ⅱ	2002.08	北京	欧Ⅱ
	2003.03	上海	
	PI：2004.07②（2005.07①）CI：2003.09	全国范围	
国Ⅲ	2005.12	北京	欧Ⅲ
	2006.10	广州	
	2007.01	上海	
	2007.07	全国范围	
国Ⅳ	2008.03	北京	欧Ⅳ
	2009.11	上海	
	PI：2011.07CI：2015.01	全国范围	

续表

阶段	时间	地区	参考
国Ⅴ	2013.02	北京	欧Ⅴ
	2014.05	上海	
	2016.04[③④] 2017.01[③] 2018.01[⑤]	全国范围	
国Ⅵa	2020.07	全国范围	欧Ⅵ
国Ⅵb	2023.07	全国范围	

数据来源 https：//www.dieselnet.com/standards/

注：PI－点燃式（汽油机，天然气）；CI－压燃式（柴油机）。

①生产一致性检验。

②首次登记。

③公交车，环卫和邮政车。

④东部 11 省。

⑤所有车辆。

我国从 1999 年至 2000 年开始实施国Ⅰ标准。考虑到当时国内的具体情况，国Ⅰ标准不是十分严格，并且未单独规定 HC 和 NO_x 的排放限值。2000 年起全国实施 GB14961-1999《汽车排放污染物限值及测试方法》（等效于 91/441/1 EEC 标准）；与此同时，北京市等多座城市分别制订了《汽油车双怠速污染物排放标准》地方法规，使我国汽车尾气排放标准整体上达到了欧Ⅰ的水平。

2002 年北京市实施国Ⅱ排放标准，2003 年 7 月 1 日起在全国范围内实行国Ⅱ排放标准。该标准规定了 40 s 的车辆预热时间；限定了 HC 和 NO_x 在尾气中的含量。Ⅰ、Ⅱ阶段汽车尾气污染物排放标准在中国的实施，使 2000 年至 2004 年间的 HC/CO/NO_x 排放减少了至少几百万吨。

2005 年中国颁布了多项机动车污染物排放标准，其中 GB18352.3-2005 规定了轻型汽车污染物排放限值及测量方法（中国Ⅲ、Ⅳ阶段），该标准于 2007 年实施。国Ⅰ和国Ⅱ排放法规所采用的排放测试循环采样时间是从冷起动 40 s 后才开始采样，但是从国Ⅲ排放法规起采用的测试循环则是从发动机起动瞬间开始采样，将发动机冷起动前的 40 s 也纳入排放检测范围，因此对低温排放控制的要求就更高。轻型汽油车从Ⅱ到Ⅲ阶段，CO 排放量减少约 30%，HC 和 NO_x 排放量减少约 40%；从Ⅲ到Ⅳ阶段，CO 排放量减少约 56%，HC 和 NO_x 排放量减少约 50%。2005 年北京实施国Ⅲ标准，2007 年 7 月 1 日起全国开始实行国Ⅲ排放标准，在车辆的电控系统中还增加了专门监测排放控制系统工作状态的功能——车载诊断系统（On-Board Diagnostics，OBD）。OBD 能够随时监测汽车尾气排放状况，一旦出现尾气污染物超标或任何一个元件出现故障，都会通过报警系统显示出来。

从国Ⅳ阶段开始，增加了在用车/发动机的符合性要求；增加了新型发动机和新型汽车的型式核准规程；改进了生产一致性检查及其判定方法，自2009年7月1日实施。北京市在2008年7月1日已经提前实施国Ⅳ排放标准，2010年7月1日全国其他地区也开始全面实施国Ⅳ排放标准。

国Ⅴ标准在2012年底出台，但是全国范围内的国Ⅴ排放法规实施时间一再推迟。北京市领先其他地区，于2012年9月底完成了国Ⅳ向国Ⅴ的转化，新标准的命名以“京”字打头，为“京Ⅴ阶段”的地方标准。京Ⅴ标准中，首次规定了颗粒物（PM）的排放限值，每行驶1 km排放0.0045 g，这也与欧Ⅴ标准中的相关排放限值一致。统计数据显示，与国Ⅳ标准相比，国Ⅴ标准增加了NMHC的排放限值，为0.068 g/km。氮氧化物排放减少25%，从国Ⅳ的0.08 g/km降低到国Ⅴ的0.06 g/km。在尾气排放达标的有效性上，从10万千米增加到16万千米，即在正常维护保养下，汽车要保证行驶16万千米以内，尾气排放不能超标。另外，国Ⅴ标准还包括了极限催化剂的OBD认证。

中国于2013年启动国Ⅵ标准前期研究工作，并于2016年出台了国Ⅵ排放标准，分为国Ⅵa和Ⅵb两个阶段分步实施，计划全国范围内2020年执行国Ⅵa标准，2023年执行国Ⅵb标准，而且极有可能在部分发达地区或污染严重的地区率先执行。与国Ⅴ排放法规相比，国Ⅵ标准有许多地方发生了变化，具体情况见表1-9。涉及的几个主要变化为：

（1）采用了WLTC测试循环，全面加严了排放测试要求和限值，加严了OBD限值（参考了美国OBD Ⅱ 2013版以及2015年草案的规定）要求，动态的测试循环使得型式认证试验排放结果与实际道路排放更为接近；参考欧洲新增加了颗粒物数量（PN）排放限值。

（2）引入了实际行驶排放测试（RDE）试验要求，对车辆在实际使用状态下的排放控制水平进行监管，为有效防止实际排放超标的作弊行为提供了手段。

（3）采用燃料中立原则，对轻型柴油车和轻型汽油车排放采用同一排放标准。

（4）全面强化对挥发性有机物（VOC）的排放控制，参考美标引入了48 h蒸发排放试验以及加油过程挥发性有机物排放试验，将蒸发污染物排放控制水平提高到90%以上（加严了蒸发排放要求并新增加油排放规定，这两部分的测试要求则采用了美国修改后的测试规程）。

（5）更新了燃油的品质要求。

中国的机动车尾气污染物排放法规一直以来都是借鉴欧美标准，而中国的国情可能有所不同，因此，在讨论中国到底采用何种排放测试循环，才能客观代表国内道路实际情况的问题上仍然存在一些分歧。目前国Ⅵ标准中的部分条款（如关于道路排放试验的一些参数），还有待根据我国具体的道路排放情况进行修正，同时，我国政府也在积极组织国内相关单位进行国内道路工况的开发，预计在不久的将来，我国会出台更加适合中国国情的测试循环工况。

表 1-9　中国国Ⅴ和国Ⅵ轻型车尾气污染物排放法规有关污染物排放方面的比较

	国Ⅴ	国Ⅵ
测试循环	NEDC	WLTC
测试要求	试验车辆质量/负荷与道路试验可能不一致	试验车辆质量/负荷/轮胎质量等与量产车辆一致。
排放限值	HC/CO/NO_x/NMHC/PM-PN	增加 PN 限值，增加 N_2O 限值，国Ⅵa 阶段汽油车 CO 限值加严 50%；国Ⅵb 阶段 THC、NMHC、NO_x 及 PM 限值分别下降 50%、48.53%、41.67%和 33%。采用燃油中性原则，汽油柴油标准相同。我国目前的油耗限值中已经间接控制 CO_2 排放，国Ⅵ没有提出 CO_2 的限值要求，但要求 CO_2 的实际水平≤1.04 信息公开值。 N_2O 参考了美国温室气体排放标准限值和部分试验验证数据，同时，考虑是第一次增加这个限值且试验验证次数有限，限值设定较为宽松。
RDE	只要求试验室排放试验	增加 RDE 试验（RDE 测试和路线海拔要求 PEMS）。
ORVR/EVAP	ORVR	ORVR 油气在线回收装置（中国汽油多，平均气温高于欧洲）和 EVAP。
耐久/质保期	16 万千米/无质保期	国Ⅵa-16 万千米（欧标），国Ⅵb-20 万千米/3～6 年如果车辆的尾气排放相关设备出现故障和损坏，导致排放超标，由汽车生产企业承担相应的维修和更换零部件产生的所有费用。
低温试验	CO/HC 排放	CO/HC 加严 1/3，增加了 NO_x 要求。
OBD	TWC（氧传感器）监控	TWC（氧传感器）/GPF（压力传感器）。结合我国实际情况，新增诊断功能项较多，在线诊断频率适当放松。OBD 系统的阈值参考了欧 6C 法规对应的欧 6-2 的 OBD 阈值规定，同时采用将 NMHC+NO_x 限值进行组合，以确保相应诊断的可靠性，也给企业一定的灵活度。
燃油	汽油：不得人为加入甲醇、Pb、Fe、Mn、Cu、P； 柴油：冷滤点≤−5 ℃，多环芳烃≤11%	汽油：苯和烯烃含量降低，诱导期增加；不得人为加入甲醇、Pb、Fe、Mn、Cu、P、乙醇、甲缩醛、苯胺类、卤素及含 P/Si 化合物； 柴油：冷滤点≤−10 ℃、多环芳烃≤4%、总污染物含量<24%，不得人为加入生物柴油、酸性和金属润滑性改进剂和任何导致车辆无法正常运行的添加剂和污染物。

汽车尾气是一个差异性大、流动分散的污染源，治理汽车尾气是一个世界性难题，人类经过了多年的不懈努力，终于在汽车尾气污染物排放控制问题上，设计发明了大量的先进零部件和技术，同时在汽车使用过程中，形成了一套完整的识别、诊断、维修排放控制部件监管制度，使汽车从生产到使用的生态链上有效地防控废气产生，从而治愈这个阻碍人类进步的痼疾，使汽车发展与生态环境和谐共存。

机动车尾气污染物的净化分为机内净化和机外净化。机内净化是通过应用燃油电子喷射、废气再循环（EGR）、高压共轨、中冷增压等技术降低发动机的污染物原始排放值。机外净化是在发动机出口安装后处理催化装置，采用催化剂技术净化尾气污染物，后处理催化净化装置称为机动车尾气净化催化器。尾气污染物排放标准推动了机内净化技术和尾气净化催化剂技术的进步，使机动车的尾气污染物排放由高排放向低排放转变，并向准零排放和零排放的方向发展，成为环境和催化领域成效最显著的发展方向之一。

第三节　机动车尾气净化催化剂种类及基本组成

机动车尾气净化催化剂主要包括以下几种：①汽油车尾气净化催化剂：三效催化剂（TWC），汽油车颗粒捕集器（cGPF）；②摩托车尾气净化催化剂：三效催化剂；③压缩天然气（CNG）车/液化石油气（LPG）车尾气净化催化剂：氧化型催化剂（GOC），三效催化剂；④柴油车尾气净化催化剂：NO_x 选择还原催化剂（SCR），柴油车氧化催化剂（DOC），柴油车颗粒物捕集器（DPF），氨氧化催化剂（ASC）；⑤通用汽油机尾气净化催化剂；⑥通用柴油机尾气净化催化剂；⑦船舶发动机尾气净化催化剂；⑧农用车尾气净化催化剂。

虽然通用汽油机和柴油机、船舶发动机和农用车尾气排放污染物的浓度和运行工况与前4大类车有一些区别，但尾气污染物种类仍是 NO_x、HC、CO 和 PM，且通用汽油机尾气净化催化剂与汽油车尾气净化催化剂相似，而通用柴油机尾气净化催化剂、船舶发动机尾气净化催化剂和农用车尾气净化催化剂与柴油车尾气净化催化剂接近。因此，本书将重点介绍汽油车、摩托车和天然气车尾气净化催化剂。

机动车尾气后处理催化剂使用的是整体式催化剂，主要使用金属蜂窝基体或陶瓷蜂窝基体承载负载型催化剂涂层，形成整体式催化剂。催化剂的主要组成包括基体、载体、活性组分、助剂等，每一部分所起的作用都不同，均是催化剂不可或缺的部分。下面对机动车尾气净化催化剂的基本组成进行介绍。

一、基体

机动车尾气净化催化剂为整体式催化剂，基体是催化剂的骨架，起承载催化剂涂层的作用。催化剂基体要满足如下要求：第一，有足够大的外表面，孔密度高、孔壁薄，同时还要有足够的机械强度，以保证催化剂涂层的分散和反应气的传质，同时不会对发动机造成大的压降；第二，为了防止催化剂涂层脱落，要求具有极低的膨胀系数。堇青石蜂窝陶瓷基体能满足以上要求，Fe-Cr-Al 合金经过表面氧化和制备连接层后也能满足要求。

图 1-11 是两种常见的催化剂基体，分别是金属蜂窝基体和堇青石陶瓷蜂窝基体，其中金属基体的主要成分是 Fe-Cr-Al 合金，陶瓷基体的主要成分是堇青石（化学组成：$5SiO_2·3Al_2O_3·2MgO$）。表 1-10 详细对比了金属基体和陶瓷基体的物理性能。金属基体的主要优点表现在：第一，金属基体的抗高温能力更强，最高工作温度达 1500 ℃，较陶瓷基体高 200～300 ℃，基体的抗高温能力对于可能会漏油的发动机很重要，因为漏出的油燃烧放热使局部温度过高，将载体烧熔；第二，金属是热的良导体，其热导[$4×10^{-2}$ cal/(s·cm·K)]是陶瓷[$3×10^{-3}$ cal/(s·cm·K)]的 13 倍以上，这对催化剂的冷启动非常有利，热导大的基体会在更短的时间内将温度升高到催化剂的起燃温度（目标污染物转化率达到 50%时的温度）；第三，金属的抗震性优于陶瓷，因此行驶过程中振动幅度较大的摩托车只能使用金属基体。陶瓷基体的主要优点表现在：第一，亲水性强，涂层不易脱落（这是金属基体最大的弱点）；第二，热膨胀系数非常小；第三，价格相对较低。图 1-12 是陶瓷基体的孔道放大结构，催化剂涂层涂覆于基体的孔壁上。

表 1-10　金属和陶瓷基体物理性能对照

性能	陶瓷基体	金属基体
壁厚/mm	0.15	0.04
孔密度/$in.^{-2}$	400	400
外表面/%	76	92
内表面/（m/L）	2.8	3.2
单位体积质量/（g/L）	410	620
密度/（kg/L）	2.2～2.7	7.4
热导/[cal/(s·cm·K)]	$3×10^{-3}$	$4×10^{-2}$
热容/[kJ/(kg·K)]	0.5	1.05
热膨胀系数/K^{-1}	$0.7×10^{-6}$	0～15
最高工作温度/℃	1200～1300	1500

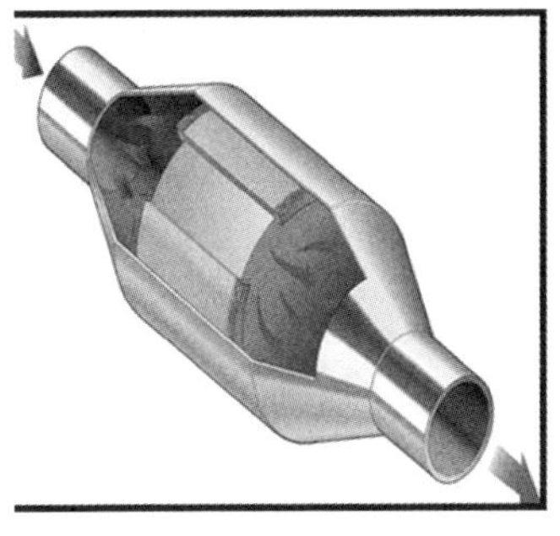
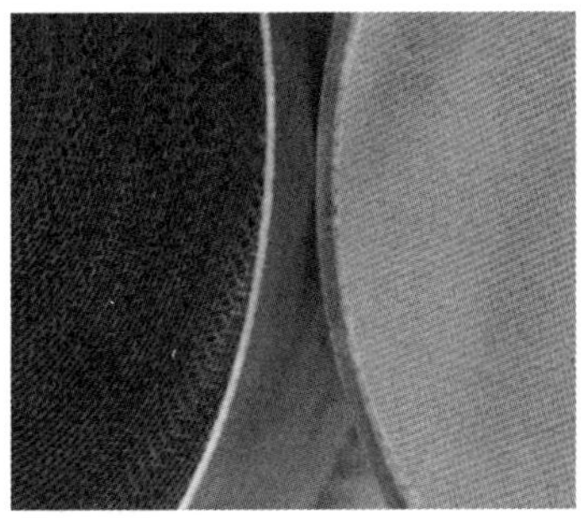

图 1-11　汽车尾气处理器（左）和金属及陶瓷蜂窝基体（右）

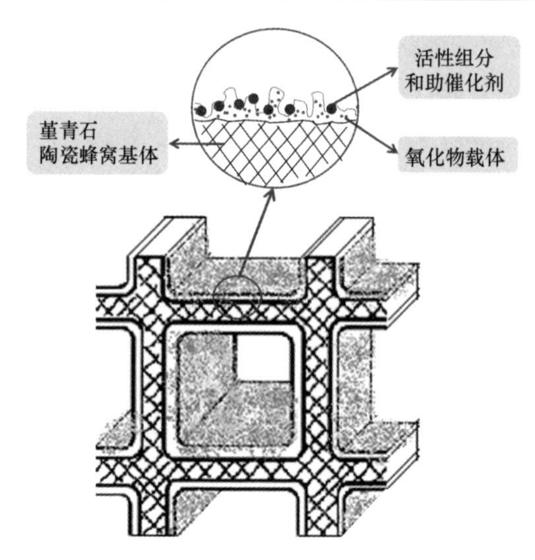

图 1-12　车用催化剂典型结构

汽油车和天然气车尾气净化催化剂，一般使用堇青石基体，也有使用金属基体的情况。对于摩托车催化剂，基本都使用金属基体。随着排放法规标准的提高，堇青石基体技术主要在以下几个方向优化：

（1）目数。满足中国国Ⅴ阶段标准排放水平的基体，一般前级 TWC 催化剂采用的是 600 目基体，后级常用 400 目基体；对于满足中国国Ⅵ阶段标准排放水平的基体，一般前级 TWC 催化剂采用的是 750 目，后级 TWC 催化剂常用 400～600 目；而对于颗粒捕集催化剂，目数一般为 200～300 目。

（2）孔隙率。满足中国国Ⅴ阶段标准排放水平的基体，常采用的孔隙率为 25%～35%；对于满足中国国Ⅵ阶段标准排放水平的基体，常采用的孔隙率为 35%～60%。

（3）壁厚。满足中国国Ⅴ阶段标准排放水平的 TWC 催化剂基体，常采用的壁厚为 4～6 密耳；对于满足中国国Ⅵ阶段标准排放水平的 TWC 催化剂基体，常采用的壁厚为 2～4 密耳。而对于颗粒捕集催化剂，壁厚一般为 8～12 密耳。

另外，由于污染物排放法规及油耗法规不断严格，对基体的强度、抗热冲能力和背压等方面都也提出了要求。

二、载体

汽油车、摩托车和理论空燃比天然气车催化剂的工作条件是高温（接近 1000 ℃）、高空速（30000 h^{-1} 以上）、水蒸气和毒物（硫化物）存在环境，需要载体材料具有较高的织构和结构稳定性。载体有两类，一类为稀土稳定的氧化铝材料，另一类为铈基稀土储氧材料。提高这两类材料的性能，特别是高温稳定性能，这是发展高性能催化剂的关键。

柴油车催化剂的工作条件为：低温、高空速、水蒸气和毒物（硫化物）存在。DOC 催化剂和 DPF 上的催化剂涂层的载体材料与汽油车类似。SCR 催化剂载体早期使用的钒基催化剂为 TiO_2 或掺杂的 TiO_2。现在主流催化剂的载体为分子筛，特别是小孔分子筛，具有高的水热稳定性，同时具有抗 HC 中毒的性能。

三、活性组分

汽油车、摩托车、天然气车和柴油车的 DOC 催化剂和 DPF 上的催化剂涂层使用的活性组分为贵金属，包括 Pt、Pd、Rh 等。柴油车分子筛 SCR 催化剂的活性组分为 Cu、Fe、V 等。

四、助剂

常用的助剂包括稀土氧化物（La_2O_3、ZrO_2、Y_2O_3、CeO_2）、碱土氧化物（MgO、CaO、SrO、BaO）和过渡金属氧化物（MnO_2、NiO、Fe_2O_3、Co_2O_3）等。

目前，整体式催化剂的制备方法主要有两种，分别是涂覆法和挤压成型法，但机动车用催化剂一般都采用涂覆法制备。涂覆法是在堇青石或金属基体的孔壁上涂敷一层厚度为 40 μm 左右的催化剂涂层。

涂覆法是将催化剂粉末、黏结剂与水制成适当稠度的浆液，采用空气压缩法或真空抽吸法将催化剂浆液均匀涂覆于整体式堇青石基体孔壁上。对于涂覆法制备的整体式催化剂，涂层与基体之间的黏结性非常重要，直接影响着催化剂的性能和使用寿命。只有催化剂涂层不发生龟裂和脱落，才能使附着在其表面的催化剂起到净化污染物的作用。

催化剂粉末的制备方法有浸渍法和离子交换法（分子筛催化剂的主要制备方法）等。

第四节 机动车尾气净化催化剂的评价和匹配

机动车尾气净化催化剂在整车实现大规模的应用，必须经历两个阶段，一是实验室开发，二是开发成功后与发动机进行匹配。催化剂必须和每一款整车或发动机匹配成功，取得国家相应的环保公告和型式核准证书，才能在整车及发动机企业大规模应用（图 1-13）。

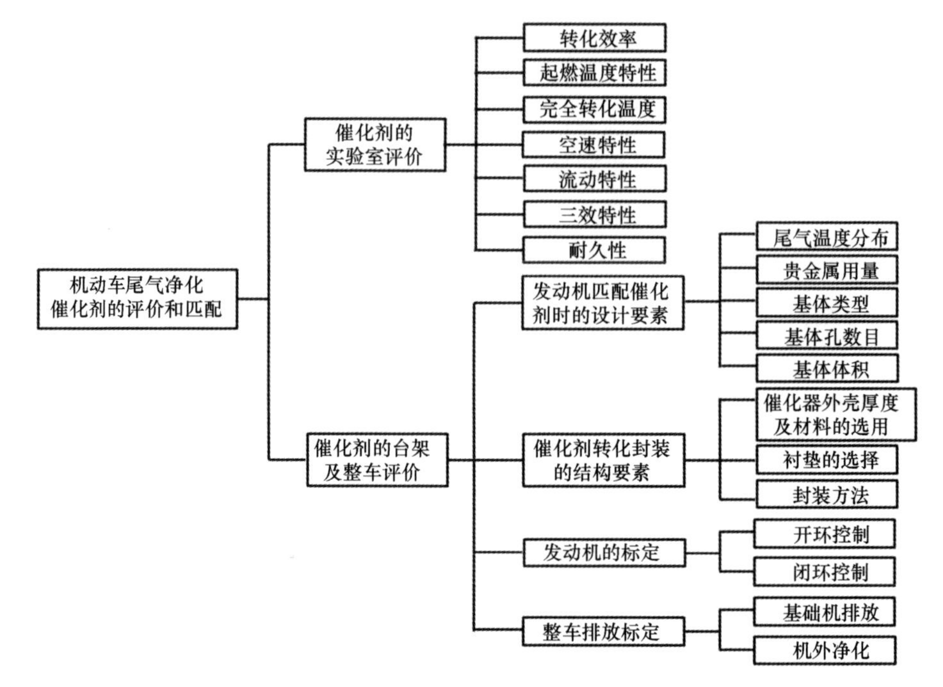

图 1-13 机动车尾气净化催化剂的评价和匹配示意图

一、机动车尾气净化催化剂实验室评价和匹配

实验室评价催化剂性能，主要评价催化剂本征活性，为后续进行整车匹配提供依据。实验室主要评价催化剂的如下特性：

（1）转化效率。催化剂在不同气体温度下对污染物的净化效率不同，可得出某种催化剂的转化效率与温度之间的关系。

（2）起燃温度特性。特定条件下，催化剂对 CO、HC、NO_x 等污染物的转化率达到 50%时催化剂的进口温度，用 T50 表示。相同条件下，催化剂的起燃温度越低，催化剂的活性越好。

（3）完全转化温度。特定条件下，催化剂对 CO、HC、NO_x 等污染物的转化率达到 90%时催化剂进口温度，用 T90 表示。相同条件下，催化剂的完全转化温度越低，催化剂的活性越好。

（4）空速特性。确定催化剂在不同气体流速下的净化效率。不同类型催化剂应用所需空速不一样，因此每种类型评价需要的空速也不一样。

（5）流动特性。流动阻力会影响发动机的排气背压。

（6）三效特性。汽油车催化剂催化转化器入口温度为 450 ℃±10 ℃，空燃比（A/F）从 14.00 开始，到 15.00 结束，在不少于 7 个空燃比测点的情况下，实时测量尾气污染物经过催化剂后的排放浓度值，在理论空燃比附近适当增加测量点。以空燃比为横坐标，转化效率为纵坐标，绘制空燃比特性曲线。催化剂对 3 种有害物的转化率大于 80%对应的空燃比范围称为催化剂的高效带。相同条件下，高效带越宽说明催化剂的三效特性越好。

（7）耐久性。排放法规对催化剂的使用里程有要求，催化剂在新鲜时具有很高活性，但难以同时具有较长的使用寿命。研究表明，催化剂的失活 90%来自热老化，因此实验室评价催化剂的耐久性主要采用热老化的方式。

二、机动车尾气净化催化剂台架及整车评价和匹配

机动车尾气净化催化剂完成实验室开发后，要进行开发设计、封装、发动机匹配、然后进行整车匹配，实现任何一款汽车的目标排放值，必须进行标定和匹配。机动车尾气的匹配应用过程涉及复杂的试验和工艺验证，具体过程介绍如下。

1. 发动机匹配催化剂时设计要素

催化剂与发动机（整车）匹配要考虑发动机尾气温度分布、贵金属用量、基体类型、基体孔目数、基体体积等因素。从催化剂设计的角度，尾气温度较高，对催化剂的要求相对较低，但尾气温度过高对催化剂寿命又提出了更高的要求。离发动机越远尾气温度越低，因此，催化剂应布置在适当位置，一般在距发动机尾气出口 50～60 cm 处。催化剂贵金属含量为 10～40 g/ft^{3*}，贵金属一般选用 Pd/Rh 双金属，也可用单金属或 Pt/Pd/Rh 三金属，根据尾气特点，适当调节贵金属的比例。基体选用堇青石（或根据要求选用金属基体，金属基体导热性能好，但价格高）300 目或 400 目基体，目数越高，单位体积的基体外表面越大，对应涂层面积也越大，催化剂效率会有一定幅度提高，但同样基体的技术难度也增大，价格更高。单位发动机排量匹配的催化剂体积对于汽油机、摩托车和天然气车为 0.95～1.20，柴油车 DOC、DPF 一般为 1.5 左右，SCR 为 2～2.5。在实际应用中需要解决的问题更复杂，如公交车（时走时停、车速慢、尾气温度低）尾气净化。催化剂与发动机匹配要满足道路车辆每时每刻排放的污染物均达标。

2. 催化转化封装的结构要素

（1）催化器外壳厚度及材料的选用。催化器外壳厚度及材料的选用也会影响催化器的整体质量。外壳的厚度过薄容易产生变形，过厚又增加了成本。经过多次实践，外壳材料的厚度在 1.5～2.5 mm 为宜。载体截面尺寸较大时可选较厚的材料，反之，可选较薄的材料。外壳最好选用不锈钢，但由于发动机排气管的材

---

* 1 英尺（ft）=0.3048 米（m）

料多为碳钢，所以即使催化器的外壳改为不锈钢也难以避免氧化皮剥落堵塞催化剂的情况。

（2）衬垫的选择。衬垫在催化器中的作用有：① 固定易碎的陶瓷基体；②在受冲击时起缓冲作用；③ 密封作用，防止废气逸出；④ 隔热作用，防止壳体过热；⑤ 隔音作用，降低噪声。一般采用3M公司的衬垫。

（3）封装方法。目前国际上流行的封装方法有3种：① 蚌壳式；② 捆绑式；③ 压入式。封装方法常采用较为普遍的蚌壳式。利用环缝焊机和点焊机，将上下两片外壳焊在一起并保证内部的紧密度。

3. 发动机的标定

发动机空燃比（值）的标定分为两大类：开环控制和闭环控制。

（1）在开环控制情况下，根据台架和实车标定的各种数据直接运算得出各工况的空燃比，这时并不引入氧传感器的信号进行反馈控制。

（2）在闭环控制情况下，在台架和实车标定数据的基础上，引入氧传感器信号进行反馈控制。例如，将汽油车的空燃比（值）精确控制在理论空燃比=1附近（目标值 A/F=14.6±0.1，相当于理论空燃比=1±0.007）。

（3）进入闭环控制的条件。

发动机功率加浓（Powe Enrichment）以外的稳态工况均为闭环控制。例如，汽油车的目标空燃比均为1。当然，由于氧传感器的精度、ECU 的运算速度及算法、执行器的反应速度及精度等都会影响空燃比的控制，一般以1±0.005作为空燃比标定的范围。

进入闭环控制有以下几个前提条件：① 水温。水温过低时进入暖机控制程序，水温过高时进入发动机过热控制程序，只有在这两个水温阈值内才能以闭环控制空燃比。水温阈值是标定出来的值，DELPHI系统一般设定进入闭环控制的 THW 阈值为 20 ℃或 30 ℃。在排放测试通道内，为配合基础机排放控制及催化转化器对 A/F 窗口的需求，需要发动机起动后尽快进入闭环控制环节。但在冷却水温度及进气温度较低的情况下进行 A/F 闭环控制，会影响 IDLE 的稳定性、驾驶性及暖机等性能。因此，应通过细致的标定尽可能减少由此带来的不良影响。② 氧传感器。一般来说氧传感器只有在 300 ℃以上才能正常工作，600 ℃左右工作状况最佳。为了确保氧传感器较快地准备好，采用以下技术措施：将氧传感器的安装位置靠近排气歧管、使用加热型氧传感器、改善氧传感器加热电流的控制逻辑等。目前开关式加热型氧传感器准备好时间一般为 30～40 s。③ 加、减速工况。在加、减速工况下，电喷系统退出闭环模式而以开环模式进行空燃比的控制。加、减速工况的判定主要以 TPS（节气门开度传感器）信号进行，当然还需要车速信号、MAP（进气歧管真空度）信号、IAT（进气温度）、CTS（冷却水温度）等信号一起进行工况确定及喷油脉宽修正。④ 功率加浓工况。为了提高大负荷条件下的动力性，以改善车辆的驾驶性，在排放测试工况区域之外设置功率加浓模式。在功率加浓模式下，空燃比是以动力性为主要目标，以开环模式进行控制，空燃比最浓的情况可达到 0.82 左右。是否进入功率加浓的判定阈值是由 TPS（节气门开度）做出。不同的车型因为排放测试循环对应的负荷不同，设定的进入 PE 的 TPS 阈值也不同。⑤ 催化转化器过热保护。为了避免催化转化器反应床过热，必须控制排气温度。当反应床温度模型计算出反应床温度过高时，进入转化器过热保护程序，控制空燃比加浓以降低排气温度。发动机电喷系统的标定，要兼顾排放、油耗、动力性、驾驶性、实用性等因素，其中，达到排放目标是首要考虑因素。

4. 整车排放标定

整车排放标定包含两方面的因素：基础机排放和机外净化。

（1）基础机排放与发动机燃烧室形状、压缩比、进气涡流、空燃比、点火提前角及点火能量、是否带 EGR（废气再循环）、气缸散热/冷却状况等因素均有关系，不同的发动机具有不同的排放特性，比如三菱 4G63/4G64 发动机的燃烧温度较高，其 CO、HC 排放量较少，但 NO_x 产生量较大，为了在大负荷工况下抑制 NO_x 的产生，发动机采用了 EGR 系统。 EQ491i 发动机的燃烧温度较低，其 NO_x 产生量较少，而 CO、HC 产生量相对较多，发动机就不必采用 EGR 系统也能达到较理想的排放效果。除了发动机基础机本身的特性外，电喷系统也可通过空燃比和点火提前角的合理标定改变基础机的排放状况。比如，通过将理论空燃比的中值设成偏浓的一侧，就能降低燃烧温度，从而抑制 NO_x 的产生，但同时可能会增加油耗。

（2）净化器匹配标定。催化转化器的匹配标定主要进行两方面的工作：空燃比窗口匹配和排气温度场匹配。

空燃比窗口匹配就是尽量让催化转化器工作在高转化效率的空燃比区域，例如汽油车稳态工况时以空燃比为 1±0.005 作为目标，在不同的工况下可根据排放状况调整偏浓或偏稀。过渡工况（加、减速工况）时，空燃比控制在 1±0.1，一般为 0.95～1.06。

温度场匹配就是让催化转化器尽快起燃，并使反应床的温度在合理的范围内（转化效率高同时又不过分影响热老化寿命，例如汽油车催化转化器最佳工作温度大概在 600～800 ℃）。为了使催化转化器尽快起燃，电喷系统可以通过适当调稀空燃比和推迟点火提前角来提高排气温度，以改善刚起动时的温度场特性。当然调稀及推迟点火提前角都会影响怠速稳定性及暖机过程，需要综合考虑。

（3）加、减速工况空燃比标定。加、减速工况的空燃比标定是以台架基础标定的脉谱图为基础，结合过渡工况的各种修正系数，以达成排放、驾驶性、油耗等目标。在加、减速工况中，由于节气门的变化引起进气歧管真空度变化，从而影响了汽油油膜的蒸发速度，因此一般以油膜厚度模型来进行逻辑计算。另外，充气温度也会影响油膜的蒸发速度，也需要标定其修正系数表。

参 考 文 献

[1] Khalil E E. 燃烧室与工业炉的模拟. 北京: 科学出版社, 1987.
[2] GB 18352.6-2016《轻型汽车污染物排放限值及测量方法(中国第六阶段)》.
[3] GB 18352.5-2013《轻型汽车污染物排放限值及测量方法(中国第五阶段)》.
[4] GB 18352.3-2005《轻型汽车污染物排放限值及测量方法(中国第III、IV阶段)》.
[5] GB 18352.2-2001《轻型汽车污染物排放限值及测量方法(II)》.
[6] GB 18352.1-2001《轻型汽车污染物排放限值及测量方法(I)》.
[7] GB 18285-2005《点燃式发动机汽车排气污染物排放限值及测量方法(双怠速法和简易工况法)》.
[8] GB 17691-2005《车用压燃式、气体燃料点燃式发动机与汽车排气污染物排放限值及测量方法(中国III、IV、V阶段)》.
[9] GB 17691-2018《重型柴油车污染物排放限值及测量方法(中国第六阶段)》.
[10] GB1 4622-2007《摩托车污染物排放限值及测量方法(工况法, 中国III阶段)》.
[11] GB 14622-2016《摩托车污染物排放限值及测量方法(中国第四阶段)》.

第二章　汽油车尾气净化催化材料技术

汽油车尾气净化催化剂的载体材料主要包括两大类：一类是 CeO_2 基复合氧化物，具有优异的储、放氧性能，是催化剂中的一类关键组分；另一类是 Al_2O_3 材料，特别是被称为“活性氧化铝”的 γ-Al_2O_3，由于其具有高比表面积、多孔性、表面酸性、良好的机械性能等特点，是目前应用最为广泛的催化剂载体材料之一。早期 CeO_2 基复合氧化物和 Al_2O_3 是作为独立的两种材料应用于汽油车尾气净化催化剂中，各自发挥作用。后来随着对两种材料的改性研究发现，将少量的 CeO_2 或 ZrO_2 掺杂到 Al_2O_3 中，可以在一定程度上改善 Al_2O_3 的性能。CeO_2-Al_2O_3 材料作为三效催化剂（TWCs）的成分被广泛应用了一段时期，但是该体系在高温还原时会生成 $CeAlO_3$，而 $CeAlO_3$ 会对材料的储氧性能造成严重破坏，加入 ZrO_2 可以有效地阻止 CeO_2 与 Al_2O_3 的相互作用。另外，随着对 CeO_2 基材料热稳定性要求的提高，在 CeO_2-ZrO_2 固溶体中掺杂各种三价阳离子成为一种普遍的方法，其中 Al 的掺杂对 CeO_2-ZrO_2 固溶体的热稳定性能够起到很好的改性效果。后来发现，将两种材料结合起来，得到的 CeO_2-ZrO_2-Al_2O_3 复合氧化物可以综合二者的优点，既能保持高的比表面积和良好的储氧性能，又能提高材料的热稳定性，因此近年来 CeO_2-ZrO_2-Al_2O_3 复合氧化物材料得到了越来越多研究者的关注。本书着重介绍 CeO_2 基储氧材料、耐高温高比表面积 Al_2O_3 材料、CeO_2-ZrO_2-Al_2O_3 复合氧化物 3 种催化材料的研究进展。

第一节　CeO_2 基储氧材料技术

一、CeO_2 基储氧材料的主要应用

在稀土元素家族中，铈是最丰富的元素，其在地壳中的含量（66.5 mg/kg）比铜（60 mg/kg）和锡（2.3 mg/kg）还多。铈的电子构型为[Xe]4f26s2，有两个常见的价态 Ce(III)和 Ce(Ⅳ)。氧化铈（CeO_2）是一种非常重要的材料，其含量丰富，并且在许多领域都有重要应用，例如，在汽车尾气净化的三效催化剂中（TWCs）用作助剂，用于低温水汽变换反应（WGS）、氧传感器、氧渗透膜系统、燃料电池、玻璃抛光材料、电致变色薄膜、紫外线吸收剂等，并广泛应用于生物技术、环境化学和医药方面等。在纳米结晶氧化物中，形成缺陷的能量可能会大幅度下

降，从而提高了形成非化学计量和电子化载体的水平。因此，纳米结构的 CeO_2 比大块的 CeO_2 材料有更好的氧化还原性能、氧传输性能和更高的比表面积。

稀土氧化物作为结构助剂和电子助剂主要用于提高催化剂的活性、选择性和热稳定性。在工业催化中最令人满意的稀土氧化物是 CeO_2，它主要应用于防止有害化合物污染，在三效催化剂（TWCs）和流化床催化裂解（FCC）[1]这两个重要的商用催化过程中起关键作用。CeO_2 的其他潜在的应用主要有：用于消除柴油机尾气中的碳烟[2]，消除污水中的有机物（催化湿式氧化）[3]，作为燃烧催化剂和燃烧过程中的添加剂[4]，用于燃料电池技术[5]。

CeO_2 主要应用于处理移动源和固定源排放物中的有害化合物，尤其是在 TWCs 和一些新技术中用于处理柴油和火花点火内燃机的排放物。从 20 世纪 80 年代开始，CeO_2 在汽车尾气治理中得到广泛应用。由于 Ce^{4+}/Ce^{3+}的还原电势较低，转化很容易进行，因而 CeO_2 基材料具有良好的储/放氧能力，所以将 CeO_2 基材料引入三效催化剂中，可以通过 Ce^{4+}/Ce^{3+}的氧化还原有效地控制空燃比，提高三效催化剂的催化转化效率。目前，全世界超过 95%的车辆安装了催化转化器，其中几乎所有的汽油发动机都使用了 TWCs[6]。

CeO_2 具有在富燃条件下释放氧而在贫燃条件下存储氧的能力。由于 TWCs 能够有效地同时将汽车尾气中的一氧化碳（CO）、碳氢化合物（HC）和氮氧化合物（NO_x）转化成无害的 CO_2、H_2O 和 N_2，因此被称为三效催化剂。其反应条件是空燃比（A/F）必须维持在化学计量点，即氧化物的量等于还原物的量的条件下。在实际的尾气条件中，A/F 不断地在化学计量点附近发生强烈的振荡，使得操作窗口变宽，从而导致 TWCs 的平均性能变差。因此，要实现 TWCs 高的转化效率，就必须将 A/F 窗口控制在化学计量点附近一个非常狭窄的范围内。CeO_2 基储氧材料的应用能够有效地调节尾气中的 A/F，从而提高 TWCs 的催化效率。然而，研究发现 CeO_2 对 TWCs 催化性能的影响并不局限于单纯的氧气缓冲器效应，其促进效应还包括[7-9]：

①促进贵金属的分散；②提高 Al_2O_3 载体的热稳定性；③促进水汽转换和蒸气重整反应；④有利于金属—载体界面位点的催化活性；⑤使用晶格氧氧化提高了 CO 的消除性能；⑥分别在贫燃和富燃条件下存储和释放 O_2。

因此，要提高 TWCs 的催化性能必须提高 CeO_2 基储氧材料的性能，CeO_2 基储氧材料的发展在一定程度上可代表尾气净化技术的进步。

二、CeO_2 基储氧材料的发展历程

随着对汽车尾气净化三效催化剂性能要求的不断提高，CeO_2 基储氧材料也经

历了一系列的发展过程：从简单到复杂，从单一组分到多组分。总体来看，CeO_2基储氧材料的研究进展主要可分为3个阶段。

第一代CeO_2基储氧材料为纯CeO_2，其主要特点是以表面储氧为主，储氧性能在很大程度上依赖于材料比表面积的大小，在20世纪80年代以前的催化剂中应用较多。但纯CeO_2还原温度相对较高、储氧能力有限，并且热稳定性较差，高于850 ℃老化后极易发生烧结，比表面积迅速下降，导致几乎丧失储氧能力[1]。

20世纪80年代末到90年代初，对于如何提高CeO_2的热稳定性受到广泛关注。在此背景下，CeO_2-ZrO_2（CZ）储氧材料被成功研发，即第二代储氧材料。研究表明，采用适当的制备方法，能够使Zr^{4+}进入CeO_2的晶格中，与CeO_2形成CeO_2-ZrO_2固溶体[7]。与纯CeO_2相比，CeO_2-ZrO_2固溶体具有以下特点：①具有更高的储/释氧能力。由于Zr^{4+}的离子半径（0.0840 nm）小于Ce^{4+}的离子半径（0.0970 nm），因此Zr^{4+}的掺杂会导致CeO_2晶胞收缩和扭曲，增加储氧材料中的结构缺陷和氧空缺数目，从而促进氧的迁移和扩散，导致储/释氧能力的提高；②CeO_2-ZrO_2固溶体以体相储氧为主，对比表面积的依赖程度减小，因而降低了高温烧结对储氧能力的影响；③提高了氧化还原性能。由于Ce^{3+}的离子半径（0.1140 nm）大于Ce^{4+}的离子半径，在Ce^{4+}向Ce^{3+}转变的过程中会产生晶胞膨胀，而引入离子半径较小的Zr^{4+}补偿了这种晶格膨胀，会促进Ce^{4+}向Ce^{3+}转变，增加Ce^{3+}的比例，有利于氧化还原性能的提高；④CeO_2-ZrO_2固溶体具有更高的热稳定性。

CeO_2-ZrO_2-MO_x多元复合氧化物是第三代储氧材料。随着汽车尾气污染物排放法规的日益严格，第二代储氧材料的性能已经不能满足高性能催化剂的要求。20世纪90年代末，研究者们发现在CeO_2-ZrO_2体系中掺杂第3种离子可以进一步提高其氧化还原性能和高温热稳定性，主要包括碱土金属Sr和Ca等[6-8]，稀土金属La、Nd、Pr、Y、Th和Sm等[9-14]以及过渡金属Mn、Fe、Co、Ni、Cr和Cu等[15-18]。掺杂离子的引入能够提高材料中的氧空缺浓度，从而提高体相氧的移动性能，促进其低温还原性能。

三、CeO_2的主要性能

1. CeO_2的结构性能

CeO_2晶体从室温到熔点范围内都是萤石晶体结构，空间点群为$Fm3m$（$a = 0.541134$ nm，JCPDS 34-394[19, 20]）。在CeO_2这种萤石结构的晶胞中，阳离子处在立方结构的面心（f.c.c）位点，而阴离子占据八面体的间隙位点（图2-1[21]）。这也可以视为一个晶格常数为a的阳离子（Ce^{4+}）f.c.c晶格和晶格常数为$\frac{a}{2}$的简单阴离子（O^{2-}）立方晶格的叠加。在这种结构中，每个Ce离子被邻近的8个O

离子配位，而每个 O 离子则被邻近的 4 个 Ce 离子配位。CeO_2 的颜色为浅黄色，这可能是 Ce(Ⅳ)–O(Ⅱ)间电荷的转移造成的，而非化学计量点的 $CeO_{2-\delta}$（$0<\delta<0.5$）为蓝色或几乎为黑色。CeO_2 萤石结构中的缺陷结构与氧分压密切相关，这种特性是其在催化、能量转换和其他领域中应用的基础。在极端的还原条件下，CeO_2 会变成六边形的倍半氧化物 Ce_2O_3（$P3m1$）。

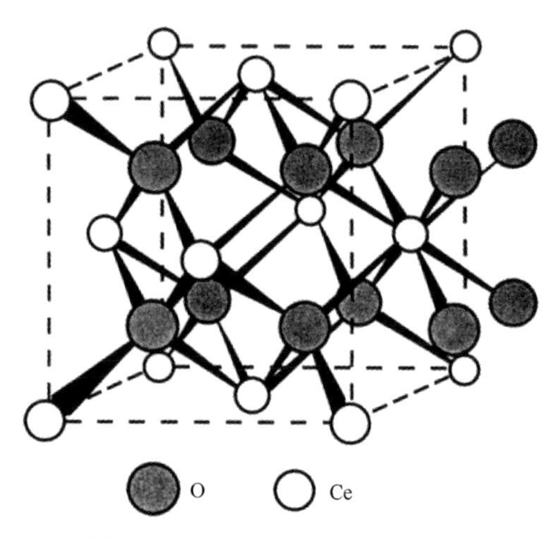

图 2-1　CeO_2 的立方萤石结构模型

一般来说，CeO_2 可在氧分压（P_{O_2}）较低的情况下释放大量的氧，对 CeO_2 相结构的研究显示，在高温下 CeO_2 会偏离理想的萤石结构，形成的混合离子的电子导电性变高。这一过程可用 Kröger–Vink 缺陷反应描述：

$$O_O^{\times} \leftrightarrow V_O^{\cdot\cdot} + 2e' + \frac{1}{2}O_2\text{（g）} \tag{2-1}$$

其中 $O_O^{\times}$、$V_O^{\cdot\cdot}$ 和 e' 分别为晶格中的氧离子、双电荷的氧空缺以及 Ce 4f 能态导电带中的电子。在还原过程中形成的电子通常落在 Ce 上，因此 Ce^{4+} 被转化为 Ce^{3+} 离子。在 CeO_2 中的电子可被描述成一个个小的极化子，电子在晶格的运动是通过一个热活化的跳动过程实现的。因此，氧空缺缺陷主导了 CeO_2 的电子性能和化学性能。通常对氧空缺浓度的定义是化学计量空缺的浓度，其由电中性条件下溶质的浓度决定的。但是在反应过程中，只有可移动的空缺位浓度被考虑在内，因为这些“自由”的空缺位是可移动的并且有助于氧离子在固溶体中的传输。氧空缺在 CeO_2 表面催化氧化 CO 的反应活性中起着重要作用。而 CeO_2 的储氧性能（OSC）直接影响着活性的高低，这与铈在氧化态（Ce^{4+}）和还原态（Ce^{3+}）间变换的难易程度相关，与 4f 和 5d 电子态相似的能量、较低的电势能垒以及它们间的电子密度分布相关。氧空缺位缺陷的形成是由于 CeO_2 中氧含量的降低，但是当

CeO_2中氧空缺位缺陷的浓度较高时，需增加Ce^{3+}的比例以维持电中性。

CeO_2具有优异的氧化还原性，随着铈氧化态的改变，CeO_2可通过失去氧或电子形成氧空缺或缺陷结构。CeO_2的价态和缺陷结构是动态的，可能会自发地变换或者随物理参数（例如，温度、氧分压、掺杂其他离子、电场或者表面应力）而变化。如图 2-2 所示，Gao 等[22]利用电场在室温下观测到了CeO_2在原子层面上的氧化还原反应过程。

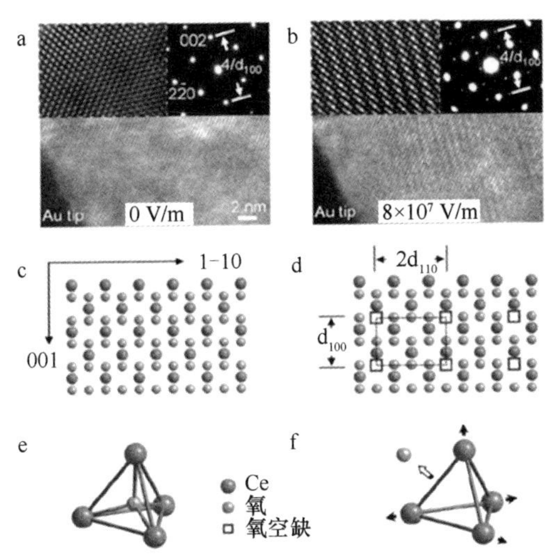

图 2-2 CeO_2在在室温下电场中发生可逆的氧化还原反应引起的结构变化

a 为单晶CeO_2膜沿（110）的原位 TEM；b 为CeO_2膜上出现了扫波图样，说明氧化铈已经分解；c 为CeO_2的萤石结构点阵模型；d 为氧空缺（Oxygen vacancy）；e 为一个氧原子与四个 Ce 原子配位；f 为当氧原子逸出形成氧空位时，CeO_2膜中正离子互相排斥。

2. CeO_2的氧化还原性能

CeO_2是通过氧化还原电对Ce^{4+}/Ce^{3+}进行存储和释放O_2。从热力学角度来看，在溶液中Ce^{4+}还原成Ce^{3+}的标准电势为 1.74 V，这表明在溶液中 Ce(Ⅳ)是强氧化剂。但在固态中的情况则不同，当CeO_2结晶成立方萤石结构时，每个 Ce 原子的周围有 8 个氧原子配位。这种配位稳定了Ce^{4+}氧化态，不利于CeO_2的还原[23]。CeO_2的萤石结构是 Ce 的离子性质、电荷和离子尺寸的直接作用结果。根据模型计算显示，当足够数量的CeO_2单元（约 50 个）聚在一起时就形成了萤石结构。和其他氧化物相比，CeO_2相对容易还原的性质和萤石结构的性质相关，在还原条件下，CeO_2释放O_2并大大偏离了化学计量点（CeO_{2-x}），其体相转变成一系列混合价态的还原氧化物。此过程是可逆的，在更高的氧气压力下会再氧化成CeO_2。Holmgren 等[24]采用同位素$^{16}O_2$、$^{18}O_2$和$^{16}O^{18}O$研究了Pt/CeO_2氧气交换过程，结果显示，CeO_2 的氧化过程可在 0.1 s 的停留时间内立即完成，而且在存储和释放氧的过程中，氧的吸附和脱附是速控步骤。CeO_2 的氧化过程即使在室温下也能够深入体相，而还原过程则通常发生在高于 473 K 的温度条件下[25, 26]。

研究显示[23]，CeO_2 是通过一个逐步还原的机理形成非化学计量的氧化物。首先发生还原的是最外层的 Ce^{4+}（表面还原），然后在更高的温度下开始还原内层的 Ce^{4+}（体相还原）。CeO_2 的还原机理包含了 5 个连续的步骤，其中 4 个本质上和表面相关（图 2-3）：

步骤 1：H_2 在表面的化学吸附解离形成—OH 基团；

步骤 2：Ce^{4+}的可逆还原；

步骤 3：—OH 和—H 在表面生成水并形成了氧空缺位；

步骤 4：水的脱附；

步骤 5：表面的阴离子空缺位扩散至体相。

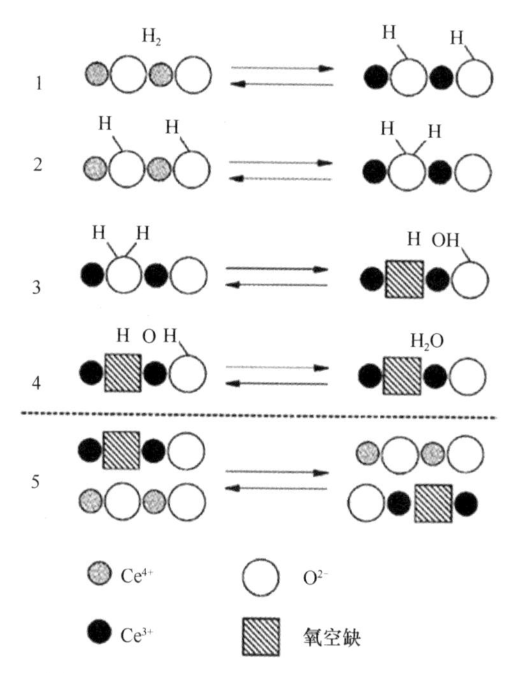

图 2-3 H_2 作为还原剂时 CeO_2 的还原机理

一般来说，对于高比表面积的 CeO_2，其 TPR 曲线有两个明显的还原峰，其峰温分别在 770 K 和 1100 K 附近[25]；而低比表面积的 CeO_2，其低温还原峰消失，只观察到了由体相 Ce^{4+}还原引起的一个峰[27, 28]（图 2-4）。对 CeO_2 的 TPR 曲线进行简单分析，可解释在还原曲线中出现的两个峰的不同来源，表明了 CeO_2 中小晶粒和大晶粒分别参与了低温和高温的还原过程[27]。结果显示，CeO_2 的 TPR 曲线不受扩散速率的控制，其关键因素是CeO_2样品中晶粒尺寸对还原过程的影响，研究者们普遍认为，在CeO_2的表面还原产生氧空缺需要的能量低于体相[29]。因此，CeO_2的晶粒越小，还原焓越低，开始被还原的温度也越低，并且在相同的温度下热力学熵控制的可被还原的程度更高。这种还原程度的限制是由过程中的动力学（化学吸附的H_2解离或阴离子空缺的形成）和CeO_2晶粒的生长控制的。在H_2消耗过程中产生的第一个峰的形状与这个过程中CeO_2晶粒的烧结动力学（表面积损失）和还原的动力学限制间的平衡效应相关。同时，随着温度的升高，材料经历了形态学的改变，CeO_2的纳米晶粒逐渐烧结成块状，其还原性能也发生了本质的改变。在温度约900 K时，也就是两个TPR峰的中间温度时，由于表面积的急剧下降，此时主要为大块的CeO_2晶粒。随后的还原曲线与低比表面积CeO_2中观察到的一致，需要在更高的温度下还原。

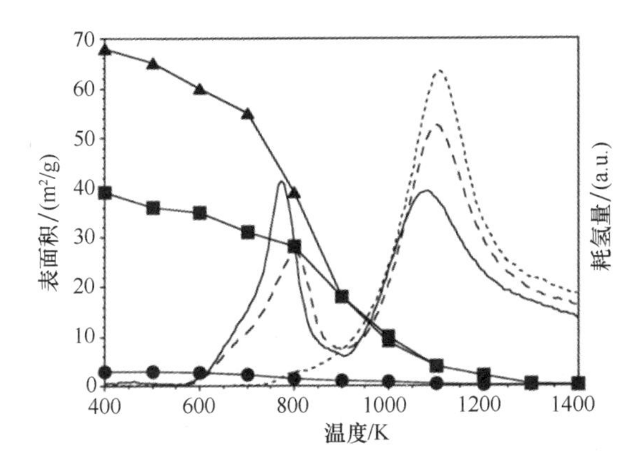

图2-4　比表面积不同的样品的还原曲线及过程中样品比表面积的变化规律

高比表面积（▲，—），中等比表面积（■，———），低比表面积（●，-------）

3. CeO_2在应用中存在的问题

单纯的CeO_2在三效催化剂（TWCs）中的应用主要存在两方面的问题：①织构性能和储氧能力（OSC）的热稳定性差；②市场价格比普通的载体（例如Al_2O_3和SiO_2等）更高。由于对尾气转化器来说，在实际工作中只有当高温达到一定程度时（> 600 K），才能得到显著高的转化率。随着排放法规的日益严格，为了处理发动机冷启动期间产生的碳氢化合物（HC），研究者们设计了一种新的密偶催化剂（CCC）[3]。这种催化剂离发动机排气口较近，实际的工作温度高达1273～1373 K，这就需要催化剂具有特别高的耐热性能。而导致催化剂在高温下失活的主要原因有两个：①活性组分贵金属颗粒的烧结，导致了活性比表面积的损失；②作为载体的CeO_2比表面积的烧结，导致一部分贵金属被包埋在材料内部，以及 OSC 的损失，失去对 A/F 窗口的调节作用。因此，纯的 CeO_2 由于其性能缺陷在 TWCs 中的应用受到了很大的限制。

四、CeO_2-ZrO_2 固溶体的主要性能

研究显示，改善 CeO_2 的合成方法和添加不同类型的助剂、热稳定剂能够有效地提高 CeO_2 的热稳定性。从 20 世纪 90 年代开始，研究者们就发现将 ZrO_2 添加到 CeO_2 中能够显著地提高其氧化还原性能和热稳定性能。随后，大量的研究论文开始报道 ZrO_2 对 CeO_2 的这种促进作用[7]。

1. CeO_2-ZrO_2 固溶体的结构性能

和理想的萤石结构 CeO_2 相比，将 Zr^{4+}离子引入到 CeO_2 晶格中会大大改变其氧子格（Oxygen Sublattice）[30,31]，当 ZrO_2 在 CeO_2 中的添加量逐步增大至 50 mol%时会引起如下变化：

（1）由于离子半径更小的 Zr^{4+}（0.84Å）代替了 Ce^{4+}（0.97Å），会导致晶胞收缩，使晶格常数逐渐降低；

（2）O_2 在晶格中移动的孔道直径变大；

（3）渐进地增加了结构缺陷；

（4）在 $Ce_{0.5}Zr_{0.5}O_2$ 中，Zr^{4+}周围 O 的配位数从 8 个降低至 6 个；

（5）Ce^{4+}的配位数不变，但晶胞的收缩会使一部分 Ce-O 键变短。

研究者们做了大量针对 CeO_2-ZrO_2 固溶体结构相关的研究工作。图 2-5 是 Vlaic 等[32]根据 EXAFS 数据设计的一个可能的 CeO_2-ZrO_2 的结构模型。这个模型源自 CeO_2 的萤石结构，其中 Zr^{4+}和 Ce^{4+}交替地占据了面心立方晶胞单元的角和面心的位置，每个 Zr^{4+}的周围平均有 6 个 Ce^{4+}和 6 个 Zr^{4+}。而氧呈现了两种不同的结构：A 类型的氧原子周围只有 1 个 Zr^{4+}代替了 Ce^{4+}，因此局部结构的混乱程度较小。结构中 Zr-O 的键长为 2.324 Å，非常接近 Ce-O（2.31 Å）。B 类型氧原子的周围有 3 个 Zr^{4+}代替了 Ce^{4+}，因此氧子格发生了强烈的变形。氧移动至靠近 3 个相邻 Zr^{4+}离子中的两个（Zr-O=2.13 Å），而保持 Ce-O 键为 2.31 Å 不变。这导致其中一个 Zr-O 键被拉长了（≥2.60 Å），并且它在 Zr 的第一壳层中检测不到。因此，每个 Ce 都保持与 8 个氧原子在 2.31Å 的位置成键，但 Zr 周围则有两个 A 类型（Zr-O=2.34 Å）和 6 个 B 类型的氧原子。其中 B 类型的氧原子中有 4 个离 Zr 近（Zr-O=2.13 Å），两个离 Zr 较远（Zr-O≥2.60 Å）。离得较远的两个氧原子稳定性差，使得体相氧的移动性提高，这种结构解释了为什么 CeO_2-ZrO_2 的氧化还原性能比 CeO_2 更优异。

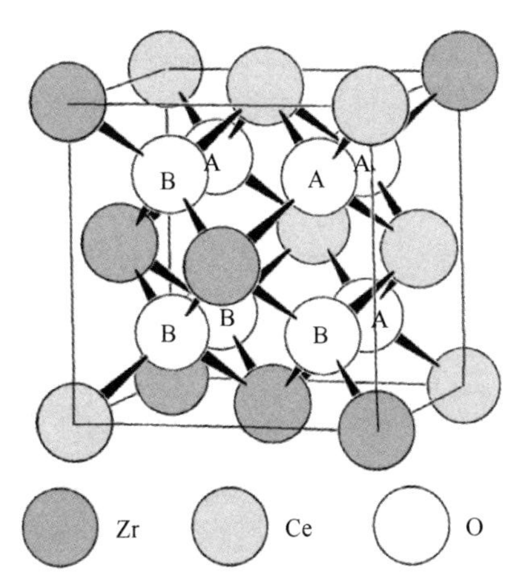

图 2-5　$Ce_{0.5}Zr_{0.5}O_2$ 面心立方晶胞可能的结构模型

此外，Mamontov 等[33]采用中子衍射技术证明了 CeO_2 和 CeO_2-ZrO_2 固溶体中氧空缺位和间隙氧离子的存在。研究发现，在两种体系中都存在萤石结构的 Frenkel-type 阴离子缺陷，其中间隙阴离子是由电荷补偿产生的。文中采用 Rietveld 拟合，得出了间隙氧离子是以 O^{2-}的形式存在，被相应的空缺位电荷补偿。对于 CeO_2-ZrO_2，Rietveld 分析显示空缺位的数量远远超过间隙离子，表明存在大量的氧空缺。因此，可以得出空缺位除了来自纯粹的氧离子迁移进入八面体间隙位，大部分空缺位的来源需要 Ce^{3+}($4f^1$)阳离子的存在来维持电中性。而 CeO_2 中 ZrO_2 的掺杂可促进 Ce^{3+}离子的形成，这是由于 Zr^{4+}离子的半径更小，它可以部分地消除由 $Ce^{4+}\rightarrow Ce^{3+}$转变伴随的离子尺寸增大而产生的应力。当缺氧材料氧化成 CeO_2 或（Ce，Zr）O_2 时，吸附的氧离子首先会进入更宽敞的八面体位点而不是去填充空间紧密的四面体位点。如果处理温度不够高，它们就不能克服进入有规律的四面体位点的势垒，而留在八面体位点上。由于 Zr^{4+}的半径更小，Zr 和 Ce 的混合会降低晶格常数，并减小在四面体位点上产生的原子水平的压力，使得间隙离子比在纯的 CeO_2 中更难以到达四面体位点。只有在更高的温度活化下，间隙离子才会与空缺位发生再结合。这也解释了为什么 CeO_2-ZrO_2 固溶体中氧空缺位的高温稳定性比纯的 CeO_2 更高。

综合文献可知，在 CeO_2 中掺杂 ZrO_2 可在 3 个不同的水平上提高 CeO_2 的储氧性能（OSC）：①在微观结构上，Zr 的存在可以阻碍表面的扩散，稳定高温下的比表面积；②在介观水平上，掺杂大量的 Zr 会形成界面结构，这促进了氧从体相到表面的传输；③在原子水平上，晶格中的 Zr 可以稳定氧缺陷结构，这有利于氧气的存储，并提高其 OSC 的热稳定性。

CeO_2-ZrO_2 固溶体的相结构一直备受关注，并且至今仍是研究的热点之一[34]。

由于 Zr^{4+}（0.84Å）和 Ce^{4+}（0.97Å）离子半径的差异（13%），一般认为其互相的溶解度是有限的。并且在室温条件下，纯的 ZrO_2 为单斜相，空间点群是 $P2_1/c$，纯的 CeO_2 为立方相，空间点群是 *Fm3m*。因此，在整个 CeO_2-ZrO_2 的组成范围内是不利于形成热力学稳定的固溶体的，也就是说，在高温下会有相的转换或者分相的发生。如图 2-6 所示，在低于 1273 K 的条件下，CeO_2 的含量≤10%时为单斜对称（*m*），当 CeO_2 的含量 >80%时为立方相（*c*），而在中间组成的区域则是亚稳定相（*t*'，*t*''）的过渡区[35, 36]。Yashima 等[35, 36]基于 CeO_2-ZrO_2 的 XRD 和 Raman 特征峰以及四方相变形的类型和性质，将四方相分类为 *t*，*t*'和 *t*''相，其晶胞参数比（*a*/*c*）分别为 1.02，1.001～1.02 和 1。其中 *t* 相是稳定存在的，由扩散相的分解形成；*t*'相是亚稳定的，由非扩散的过渡形成；而 *t*''相同样是亚稳定的，它介于 *t*'和 *c* 之间，没有四方性，只是晶格中的 O 从理想的立方相位点发生了位移[37]，但晶格中的阳离子仍然在立方相位点上。*t*'和 *t*''相间亚稳定界限取决于不同的参数，包括 Ce/Zr 比例和颗粒尺寸等[38]。亚稳定相的存在给研究者们造成了严重的困扰，尤其是在评估得到的混合氧化物的均一性时，亚稳定相增加了表征的复杂性。此外，最近在 $Ce_{0.5}Zr_{0.5}O_2$ 中又检测到两个新的相 *κ* 和 *t**，这些相是通过控制烧绿石 $Ce_2Zr_2O_{7+y}$ 结构的再氧化得到。

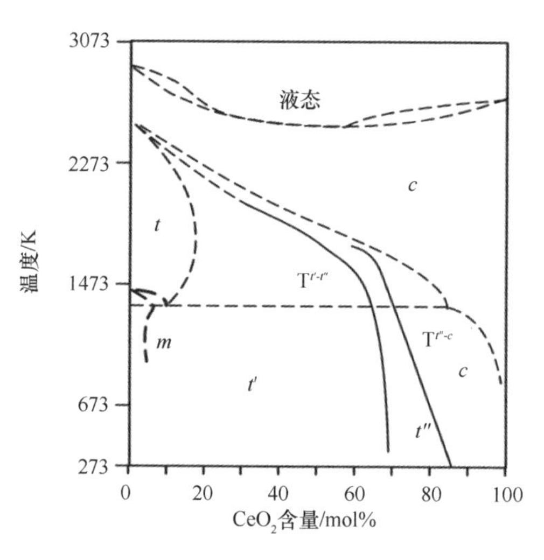

图 2-6　CeO_2-ZrO_2 的相图

Vegard 规则可用于评估固溶体的形成，由于 Zr(Ⅳ)的离子半径比 Ce(Ⅳ)小，随着进入 CeO_2 晶格中的 ZrO_2 含量的增加可观察到晶胞参数的线性降低。为此，许多研究者们建立了大量的经验主义模型，描述这种晶格常数随铈锆组成的变化趋势，可从 Vegard 规则中推测出 ZrO_2 是否进入了 CeO_2 晶格。但是，当这一准则应用在纳米尺寸的CeO_2-ZrO_2中时遇到了很多困难。例如在XRD表征中，合成出的比表面积高、颗粒尺寸小的样品会使XRD的谱图宽化，不能够合理地评估混合物的均一性，但在有亚稳定相存在的中间组成的样品中，高温烧结后的材料晶粒尺寸变大，XRD谱峰变尖锐，可能会观察到不对称的衍射峰，这是由于发生相分离形成了富CeO_2相和富ZrO_2相[39]。研究发现，这种相分离并不是由烧结引起的，可能与合成过程中形成的Ce、Zr组成的不均一性相关。也就是说，相分离的动力学差异与合成过程中得到的阳离子分布的均一性相关。Kašpar等[40]采用柠檬酸法制备的样品$Ce_{0.5}Zr_{0.5}O_2$在1273 K焙烧5 h后，在XRD中没有检测到分相的产生；而采用传统的方法制备的样品，在相同的焙烧条件下相结构明显分离成了富CeO_2相和富ZrO_2相。因此，优化制备条件可得到组成均一的单相产物。可能的机理是：使用最佳的合成条件，在混合氧化物的晶格中，Ce和Zr是按统计学分布的，局部的一种或另一种的富相几乎可以忽略；相反，采用不适当的合成方法，则得到的是非均匀的阳离子分布，形成的富CeO_2和富ZrO_2纳米区域会成为分离出的热稳定相的核心，并从动力学上加速这种相分离过程[41]。

2. CeO_2-ZrO_2固溶体的氧化还原性能

由于Zr进入到CeO_2晶格中能够显著地提高材料中晶格氧的移动性，因此，CeO_2-ZrO_2体系的体相还原温度大大低于CeO_2。研究显示[27]，CeO_2-ZrO_2的还原曲线有几个重要的特征：①还原程度几乎不受表面积的影响，比表面积为1～2 m^2/g和70～90 m^2/g的样品还原程度类似；②中间组成的CeO_2-ZrO_2固溶体，其还原性能最优；③在整个组分范围内，CeO_2-ZrO_2固溶体的还原性能都优于纯的CeO_2。从前面的描述可知，CeO_2-ZrO_2体系氧化还原性能的提高与引入ZrO_2之后结构性能的变化相关，尤其是与晶格中缺陷结构的增加密切相关。

在材料$Ce_xZr_{1-x}O_2$（$1\geqslant x\geqslant 0.2$）中（微晶），用TG表征的还原过程动力学显示样品存在两个还原过程，并且每个过程的还原程度是由发生还原的混合氧化物的化学计量点决定[42]。如图2-7所示，在第二个还原过程开始前，混合氧化物已经达到了一个几乎不变的组成。这表明对于所有的CeO_2-ZrO_2组成，还原的第一步是稳定相同数量的空缺位。四面体缺陷在fcc晶格中形成的同时会在周围的四面体中引入压力并提高晶格的局部能量[43]。这种压力的大小与中心缺陷的距离成反比，并且在离得最近的四面体中特别大，这不利于形成新的缺陷结构。Zr(Ⅳ)和Ce(Ⅳ)离子半径的差异，有利于晶格中缺陷结构和氧空缺位的形成，也有助于减缓CeO_2在还原过程中晶格膨胀产生的压力（Ce(Ⅲ)的离子半径为0.110 nm）。因此，ZrO_2的关键作用是通过在CeO_2-ZrO_2体系中形成有序的结构，消除CeO_2相图中不连续的间断，从而在体相中得到较低的还原温度。

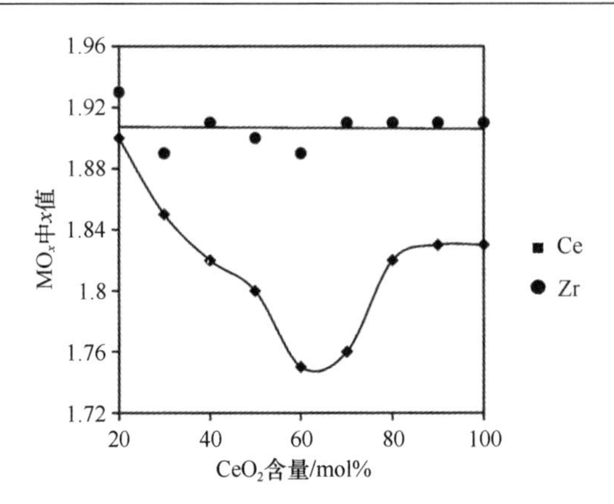

图 2-7　$Ce_xZr_{1-x}O_2$ 固溶体微晶在还原过程中检测的 Ce 或 Zr 达到的还原度

除了结构因素对 CeO_2-ZrO_2 的氧化还原性能有重要的影响以外，材料的织构性能、烧结程度、预处理条件和相的纯度等都对其还原过程有影响[44-49]。文献表明[9]，当 CeO_2-ZrO_2 固溶体经氧化还原预处理后（过程包括：高温氧化（SO）/高温还原（TPR）/温和氧化（MO））得到的样品能够在特别低的温度下发生还原。值得注意的是，这种氧化还原预处理对材料低温还原性能的提高并不稳定，可被高温氧化过程可逆地破坏[47]。此外，对比氧化还原预处理对烧结的和热稳定的 $Ce_{0.2}Zr_{0.8}O_2$ 还原行为发现，烧结的 $Ce_{0.2}Zr_{0.8}O_2$（1273 K 焙烧后 BET 表面积为 4 m^2/g）的 TPR 行为在氧化还原预处理后发生改变，而织构稳定的材料则对这种预处理不敏感（1273 K 焙烧后 BET 表面积为 22 m^2/g），也就是说烧结的氧化物其还原行为更容易受预处理的影响[47,50]。

如图 2-8 所示，对 CeO_2-ZrO_2 固溶体的这种氧化还原老化处理可能会形成烧绿石 $Ce_2Zr_2O_{7+y}$ 结构，呈现有序的阳离子子格。先通过一个 1573 K 高温的深度还原，然后经过温和的氧化（873 K），与老化前的材料相比，其还原温度大大降低[51, 52]。氧化/还原处理的结合可以得到多种不同的相结构，因而具有很高程度的亚稳定性。即使再氧化过程的温度很低也能够得到错位的阳离子结构，并且形成的结构与其单氧化物相关。在烧绿石 $Ce_2Zr_2O_7$ 结构中，Zr 和 Ce 阳离子排列在立方结构中，氧原子坐落在四面体位点。这种结构与萤石结构相关，但缺失了 1/8 的阴离子，这是一种具有有序的缺陷位点的结构（$Fd\bar{3}m$）[43]，而氧空缺位的存在使得材料很容易发生再氧化，形成 $Ce_2Zr_2O_{7+y}$ 相。这种氧化甚至出现在室温下，间隙氧原子会选择性地进入 8b 位，在烧绿石结构中为空位，但在 8a 位上的氧原子也会出现位移，组成 $Ce_2Zr_2O_{7.2}$ 的过渡形式[54]。如图 2-8 所示，形成的这种高度有序的 $Ce_xZr_{1-x}O_2$ 混合氧化物（κ 相）可在非常低的温度下发生还原。Fornasiero 等[55]研究发现，在 CeO_2-ZrO_2 体系中，表面过程并非还原过程中的决速步骤，其速度远远大于体相中的氧原子向表面迁移的过程。因此，未来以结构与氧化还原性能之间的关系为基础，设计新一代高性能的 CeO_2-ZrO_2 基储氧材料是可行的。

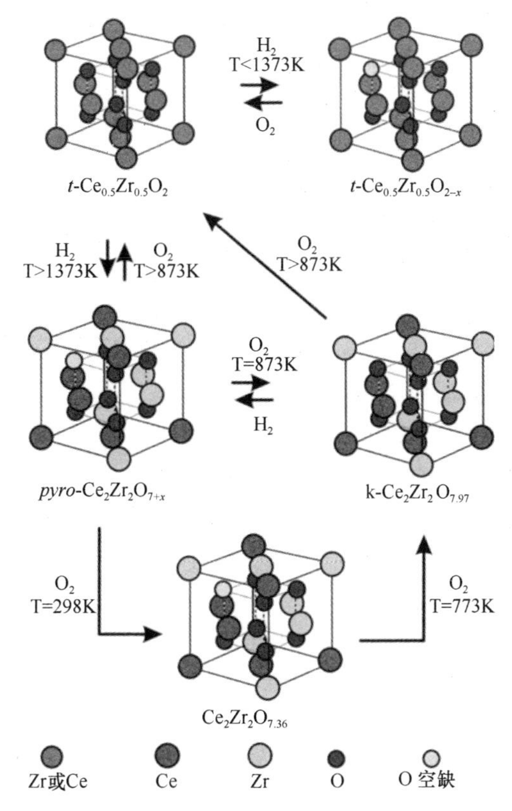

图 2-8　$Ce_{0.5}Zr_{0.5}O_2$ 微晶在还原和氧化处理过程中的反应路径[43]

3. CeO_2-ZrO_2 固溶体的织构性能和热稳定性能

对于任何催化应用来说，较高的比表面积和优异的热稳定性能是提高催化剂活性和耐久性的必要前提。由于汽车尾气条件（温度和组成）的广泛易变性和反应物的高空速，通常需要在短时间内转化为浓度很低的污染物，因此，对尾气净化催化剂活性和选择性的要求比工业催化剂要高得多。随着我国国Ⅴ轻型车排放标准的全面实施和国Ⅵ标准的提出，迫切需要进一步提高汽车尾气净化三效催化剂（TWCs）的催化活性和耐久性能[56,57]。而 CeO_2-ZrO_2 固溶体在 TWCs 的配方中作为关键的载体材料，除了对其氧化还原性能有要求以外，进一步提高其织构性能和高温热稳定性在实际的应用中尤其重要[1,19,58]。一方面，高的比表面积有利于活性组分的分散，并增大催化剂与反应物的接触面积；另一方面，优异的热稳定性可降低在使用过程中孔道结构的坍塌而导致活性组分的包埋，提高催化剂的耐久性能。

CeO_2-ZrO_2 固溶体的热稳定主要受 3 个方面的影响：①ZrO_2 的含量，在相同的合成条件下，相对较高的 ZrO_2 含量有利于得到织构稳定性更好的材料，这可与 ZrO_2 嵌入 CeO_2 晶格中降低了氧化物的烧结速率相联系[30,32,59]；②相结构的纯净性，相结构越纯净，表明不同离子在原子层面上的分布越均匀，发生相分离的温度就越高，材料的稳定性能就越高[40]；③孔道结构，文献中的结果显示[41,43]，材料的烧结行为受孔道结构的影响，其中孔径越大孔曲率为负的孔有利于抑制材料的烧结。当多孔材料在高温下发生烧结时，双峰分布的孔结构拥有更优异的热稳定性能，这是由于半径较小的孔道在高温焙烧过程中会发生坍塌，但也可能会随晶粒的生长而变大，这部分变大的孔道补偿了部分烧结坍塌的孔道结构，是保持材料孔道结构的来源，使其受热老化的影响较小[60, 61]。随后的研究结果证实，材料中纳米颗粒不同的堆积方式也能显著地影响其烧结行为[62,63]，这是由于晶粒间堆积得越紧密，在高温焙烧过程中就越容易与邻近的晶粒烧结在一起形成较大的晶粒；而晶粒间堆积得越松散，邻近晶粒间的空隙就越多，那么在同样的焙烧温度下，需要克服的传质能垒越大，晶粒烧结长大的程度就越低。

五、CeO_2-ZrO_2-MO_x 多元复合氧化物的主要性能

研究显示，氧化物中的掺杂效应可产生晶格应力，显著影响体系中的氧离子传导性能，并降低产生氧空缺的能量，从而影响其宏观上表现出来的性能[64, 65]。早在 1997 年，Vidmar 等[14]就发现将三价阳离子（Y^{3+}、La^{3+}和 Ga^{3+}）引入到 $Ce_{0.6}Zr_{0.4}O_2$ 的晶格中可稳定高温下材料的相结构，并且可以通过降低固溶体的体相还原温度来提高其低温储氧性能。随后的研究表明[10,66-68]，在 CeO_2-ZrO_2 固溶体中引入稀土离子（La^{3+}、Pr^{3+}、Nd^{3+}和 Y^{3+}），一方面可有效地稳定相结构，降低材料烧结速率，提高其热稳定性能；另一方面可提高体相氧的移动性能，促进其低温还原性能。

结果显示，引入三价稀土离子能通过提高材料的氧空缺浓度来提高体系中氧的移动性能：一方面，由于掺杂离子与 Ce^{4+}和 Zr^{4+}半径的差异，会导致晶胞的收缩或者膨胀，此过程会导致与阳离子相关的结构缺陷的形成；另一方面，由于掺杂离子的价态较低（通常为+2 或+3 价），要维持电中性就会在晶格中产生更多的氧空缺[43]。在掺杂的 CeO_2-ZrO_2 体系中，氧空缺的来源一般有两个方面[30]：固有的和外来的。前者的产生是由 $Ce^{4+} \leftrightarrow Ce^{3+}$间的价态变化产生的：

$$2Ce_{CeO_2}^{x} \longrightarrow 2Ce'_{Ce} + V_{O}^{\cdot\cdot} + \frac{1}{2}O_2 \tag{2-2}$$

而后者是由引入的掺杂阳离子产生的：

$$MO \xrightarrow{CeO_2} M'_{Ce} + V_{O}^{\cdot\cdot} + \frac{1}{2}O_2 \tag{2-3}$$

$$M_2O_3 \xrightarrow{CeO_2} 2M'_{Ce} + 2O_{O}^{x} + V_{O}^{\cdot\cdot} + \frac{1}{2}O_2 \tag{2-4}$$

这两种来源的氧空缺位都能够提高体系中氧的移动性能，对材料储氧量（OSC）的提高均有促进作用。

掺杂离子对材料织构性能和热稳定性能的提高主要与材料在高温下的烧结速率相关。在 CeO_2 中掺杂离子半径小于 Ce^{4+}的离子（Th^{4+}、Zr^{4+}、Si^{4+}、La^{3+}、Y^{3+}、Sc^{3+}、Al^{3+}、Ca^{2+}和 Mg^{2+}）能够有效地抑制高温下 CeO_2 的烧结过程，这可能与还原的 Ce^{3+}上的电子与附近的掺杂离子相互关联形成了（Me_{Ce}，Ce'_{Ce}）型缺陷位相关。在高温焙烧过程中，这种缺陷结构的移动性低于 Ce'_{Ce}，这可部分解释其相对较低的烧结速率（表 2-1）。此外，三价掺杂离子对比表面积的稳定效应与 M^{3+}的表面富集相关，它可以阻碍 CeO_2 晶粒在高温条件下的烧结长大。因此，表面掺杂离子和氧空缺的共同作用能够有效地稳定材料的比表面积。

表 2-1　高温焙烧下三价掺杂物对 CeO_2 表面积的稳定作用

掺杂物（mol%）	焙烧 1h 后 BET 表面积/（m^2/g）	
	813 K	1253 K
—	80	5
La_2O_3（5%）	84	33
Nd_2O_3（5%）	80	26
Y_2O_3（5%）	92	26
Al_2O_3（5%）	88	11

除了稀土元素以外，近年来研究者们发现碱土金属（Sr 和 Ca 等）[6-8]以及过渡金属（Mn、Fe、Co、Ni、Cr 和 Cu 等）[15-18]的掺杂对提高 CeO_2-ZrO_2 固溶体的性能同样有效。目前文献中研究最多的主要是以 Ce-Zr-M 为主的三元混合氧化物体系，而在 CeO_2-ZrO_2 固溶体中掺杂两种或多种金属离子的研究少有报道。但是从 Rhodia、BASF、Daiichi Kigenso Kagaku Kogyo 以及国内的淄博加华等公司的专利中可知[69-72]，以 CeO_2-ZrO_2 固溶体为基础，掺杂两种或多种金属离子的材料已经在工业上广泛应用于汽车尾气净化三效催化剂的配方中。

六、CeO_2基储氧材料的制备方法

为了满足实际应用的需求，在CeO_2基储氧材料的发展过程中，除了掺杂热稳定助剂，对其制备方法的不断优化也是进一步提高CeO_2基储氧材料各方面性能的重要手段。CeO_2基储氧材料的制备方法对其结构和性能有着显著的影响，制备方法不同，得到的储氧材料在织构性能、物相结构、颗粒形貌及热稳定性等方面都会存在一定的差异。

目前文献中报道的制备方法主要有：高能球磨法、共沉淀法（包括：室温共沉淀、中到高温共沉淀、表面活性剂改性共沉淀、超声波诱导共沉淀、电化学共沉淀等）、溶胶凝胶法（包括：采用醇盐前驱体、草酸、柠檬酸、聚丙烯酸、肼、聚合醇、尿素等）、水热合成法、微乳液法、喷雾水解、燃烧合成、化学气相沉积等[37, 73-83]。共沉淀法是在搅拌情况下，通过合适的沉淀剂将金属盐溶液中的离子以氢氧化物或碳酸盐形式沉淀下来，再将生成的沉淀物经洗涤、过滤、干燥和焙烧后得到载体材料，该方法可以同时将两种甚至两种以上的组分同时沉淀。共沉淀法具有操作简单易行、工艺过程易于控制、便于商业化的优点，是一种经济可行并且具有工业推广价值的方法，也是目前CeO_2-ZrO_2体系储氧材料制备应用最广泛的方法。水热法能够控制形成材料的晶型结构，是液相制备法中合成特定纳米晶体催化材料的最佳方法。用来制备金属氧化物的水热法主要包括水热合成、水热氧化和水热晶化3种方法，其中水热晶化法是制备CeO_2基储氧材料纳米级微粒最常用的方法之一，典型的制备过程为：将过量的沉淀剂加入到含铈盐溶液中，形成的沉淀密封于带有四氟乙烯内衬的高压反应釜中，在423～573 K的温度下水热处理几小时，骤冷后形成粉状晶体，经洗涤、干燥即可。传统的溶胶—凝胶法多以Ce和Zr的有机盐作为前驱体，加入适当的凝固剂使盐水解、醇解或者聚合生成均匀、稳定的溶胶，再经干燥处理成为凝胶，最后经热分解获得粉体材料。目前许多无机盐也可用于作为前驱体原料，扩大了该法的应用范围。溶胶—凝胶法是低温条件下制备高比表面积超细氧化物载体材料最适宜的方法，但是其制备的材料耐高温烧结能力比较差。模板剂法是利用表面活性剂作为模板剂，获得规则的介孔结构，制备高比表面积介孔材料的方法。目前模板剂法也是催化材料设计和制备研究的热点之一。在CeO_2-ZrO_2氧化物成分和焙烧条件相似的情况下，采用模板剂法制备的CeO_2-ZrO_2储氧材料往往具有更高的比表面积和更小的粒径，这是因为在干燥和焙烧的过程中，表面活性剂能够通过降低毛细管力来降低孔内的表面张力，从而抑制材料在干燥过程中骨架的塌陷和初级粒子的团聚。

在这些制备方法中，共沉淀法是公认的简单、经济并且工业应用得最多的

方法。近年来，在共沉淀制备方法的基础上，发展了许多新的技术。周仁贤课题组[11, 13, 18, 84-88]在传统共沉淀法的基础上采用乙醇超临界干燥法（265 ℃，7 MPa）制备得到了比表面积大且高温热稳定性好的 CeO_2-ZrO_2 基储氧材料。其 La 改性的 CeO_2-ZrO_2 固溶体，经 1100 ℃老化 4 h 后，比表面积可高达 39.6 m^2/g，孔容为 0.126 mL/g[86]。陈耀强课题组[89]同样采用共沉淀法和乙醇超临界干燥技术制备了 La 和 Pr 改性的 CeO_2-ZrO_2 固溶体，得到的样品经 600 ℃焙烧后的比表面积和孔容高达 130 m^2/g 和 0.75 mL/g。并且样品经 1000 ℃老化 5 h 后，其比表面积和孔容仍然保持在 52 m^2/g 和 0.52 mL/g。乙醇超临界干燥技术可通过消除气液界面，达到消除材料干燥过程中表面张力的目的，这一过程有效地降低了孔道网络结构的坍塌，得到了织构性能和热稳定性能优异的 CeO_2-ZrO_2 固溶体。而在传统的干燥方式中，由于样品中的水分是以蒸发的方式除去，这个过程中水产生的表面张力会导致一部分初始的孔道结构收缩或者坍塌，因而得到的材料织构性能较差。同样地，Terribile 等[90-92]在 1997 年就发现，在制备 CeO_2-ZrO_2 固溶体的过程中，添加阳离子表面活性剂 CTAB（十六烷基三甲基溴化铵）可显著地提高材料的比表面积。其作用机理是在制备过程中表面活性剂可嵌入到含水氧化物的网络结构中，降低其干燥过程中孔道内的表面张力，从而减少材料孔道结构的收缩和坍塌。因此，在制备 CeO_2-ZrO_2 固溶体的过程中，应用乙醇超临界干燥技术和添加表面活性剂都可以降低干燥过程中的表面张力，从而达到提高材料织构性能的目的。

由于乙醇超临界干燥技术的条件不易控制并且原料和能量的消耗较高，因此，不利于大规模的工业应用。对比而言，采用添加表面活性剂的方式则更简单经济，且工业上更容易实现。根据表面活性剂中亲水基团的不同，一般可分为：阳离子表面活性剂、阴离子表面活性剂和非离子表面活性剂。目前文献中用到的表面活性剂主要有，阳离子表面活性剂：CTAB[93-95]、十四烷基三甲基溴化铵[96]；阴离子表面活性剂：十二烷基硫酸钠[10, 97]；非离子表面活性剂：P123（PEO-PPO-PEO）[98, 99]、F127($(HO(CH_2CH_2CO)_{106}(CH_2CH(CH_3)$-$O)_{70}$-$(CH_2CH_2CO)_{106}OH))$[100,101]、KLE($(CH_2CH_2CH_2(CH)CH_2CH_3)_{79}$-$(OCH_2$-$CH_2)_{89}OH))$[102, 103]、氨基酸[104]等。此外，Arandiyan 等[105]同时使用 CTAB 和 P123，采用气泡还原法合成了高分散的三维有序的大孔/介孔 $Pt/Ce_{0.6}Zr_{0.3}Y_{0.1}O_2$。Ho 等[106]结合表面活性剂 CTAB 和胶体晶体模板法制备了拥有介孔结构和大孔通道的 $Pd/Ce_xZr_{1-x}O_2$。

但是从文献中的结果来看，采用表面活性剂法制备的 CeO_2-ZrO_2 材料，普遍存在新鲜样品的比表面积较大，但老化之后热稳定性较差的问题，因此无法满足三效催化剂的实际应用需求。例如：Terribile 等[92] 采用阳离子表面活性剂 CTAB 制备的 CeO_2-ZrO_2 固溶体在 723 K 焙烧后的比表面积超过了 230 m^2/g，但样品经 1173 K 焙烧后就只剩下 40 m^2/g。总结和分析文献可得出以下两种因素影响了实际应用：①表面活性剂的添加方式。在大部分文献中，表面活性剂都是直接加入到金属盐溶液中，然后进行沉淀反应。采用这种方法可以使添加的表面活性剂与含水的金属氧化物发生反应形成有机/无机复合物，其具体过程如图 2-9[91]。但是得到的材料孔径较小，虽然新鲜样品的比表面积很大，但其抗烧结能力却很差。因此，探索其他更有效的添加方式非常必要；②表面活性剂的种类。大部分文献中采用的表面活性剂水溶性都较好。研究表明，表面活性剂的主要作用是通过降低界面能来降低材料孔道内水的表面张力，从而在干燥和焙烧过程中显著地降低网络结构的收缩和坍塌以达到提高材料比表面积的作用[90, 92]。

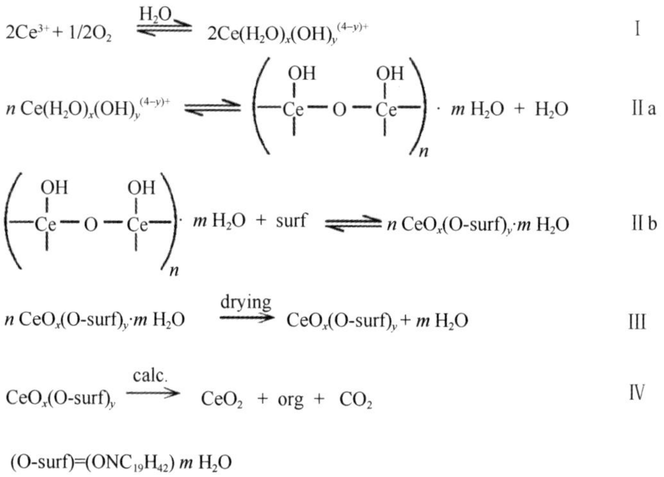

$$2Ce^{3+} + 1/2O_2 \xrightleftharpoons{H_2O} 2Ce(H_2O)_x(OH)_y^{(4-y)+} \quad \text{I}$$

$$n\,Ce(H_2O)_x(OH)_y^{(4-y)+} \rightleftharpoons \left(-\overset{OH}{\underset{|}{\overset{|}{Ce}}}-O-\overset{OH}{\underset{|}{\overset{|}{Ce}}}-\right)_n \cdot m\,H_2O + H_2O \quad \text{II a}$$

$$\left(-\overset{OH}{\underset{|}{\overset{|}{Ce}}}-O-\overset{OH}{\underset{|}{\overset{|}{Ce}}}-\right)_n \cdot m\,H_2O + \text{surf} \rightleftharpoons n\,CeO_x(\text{O-surf})_y \cdot m\,H_2O \quad \text{II b}$$

$$n\,CeO_x(\text{O-surf})_y \cdot m\,H_2O \xrightarrow{\text{drying}} CeO_x(\text{O-surf})_y + m\,H_2O \quad \text{III}$$

$$CeO_x(\text{O-surf})_y \xrightarrow{\text{calc.}} CeO_2 + \text{org} + CO_2 \quad \text{IV}$$

$$(\text{O-surf})=(ONC_{19}H_{42})\,m\,H_2O$$

图 2-9 表面活性剂在 CeO_2 制备过程中可能的反应机理

七、CeO_2 基储氧材料的发展趋势

近些年来，国内外的研究机构对 CeO_2-ZrO_2 基复合氧化物体系进行了大量研究，并取得了一定的进展。国外 Rhodia（现 Slovay）公司是 CeO_2 基储氧材料原创专利的拥有者，其主要采用共沉淀法，通过对制备参数的精细调控制备高比表面积、高储氧量及高还原性能的储氧材料。至少两种稀土元素掺杂后的 CeO_2-ZrO_2 材料经 700 ℃焙烧后，OSC≥1.2 mL O_2/g，1100 ℃老化 4 h 后，比表面积≥24 m^2/g。Daiichi Kigenso Kagaku Kogyo 公司也拥有一定数量的 CeO_2-ZrO_2 储氧材料专利，主要通过对铈盐和锆盐的预处理来拓宽材料的孔径分布，以提高其热稳定性，其制备的稀土掺杂的 CeO_2-ZrO_2 材料经 1000 ℃老化 3 h 后，比表面积≥40 m^2/g。这两家公司的稀土储氧材料产品占领了大部分市场。里雅斯特大学 Kašpar 课题组系统地研究了 CeO_2-ZrO_2 体系的结构特点及制备方法对材料性能的影响，并系统讨

论了 CeO_2-ZrO_2 体系的储/释氧能力。国内浙江大学周仁贤课题组近年来也系统地研究了各种稀土元素、碱土元素和过渡元素的掺杂对 CeO_2-ZrO_2 体系的织构、结构、氧化还原性能及储氧性能的影响，并发现适量助剂元素的引入能够有效地提高 CeO_2-ZrO_2 体系的综合性能，其制备的稀土元素改性后的 CeO_2-ZrO_2 材料经 1100 ℃老化 4 h 后，比表面积≥20 m^2/g。四川大学陈耀强课题组对 CeO_2-ZrO_2 体系储氧材料的制备方法和条件与材料的物相、织构和储氧性能之间的关系进行了深入系统的研究，在能承受 1000 ℃及以上高温老化的高性能稀土储氧材料的制备方面取得了重要的进展，其制备的稀土元素掺杂改性的 CeO_2-ZrO_2 材料经 1000 ℃老化 5 h 后，比表面积≥48 m^2/g。

综上所述，对 CeO_2-ZrO_2 体系储氧材料的研究贯穿始终的是关于其合成方法、微观结构、宏观性能及热稳定性之间的关系。今后 CeO_2-ZrO_2 体系储氧材料的研究重点仍将集中在增大储氧量、提高动态储/释氧速率、降低氧化还原温度及增强热稳定性等方面。

第二节　耐高温高比表面积 Al_2O_3 材料技术

一、Al_2O_3 材料的分类

Al_2O_3 由于其特有的高比表面积、表面酸性、晶格缺陷、良好的化学稳定性等[107,108]，是目前应用最广泛的催化剂载体之一，特别是在汽车尾气催化净化等环保领域和石油化工行业中，其作用无可取代，用量更是独占鳌头。早期催化剂的基体主要用的是颗粒状载体，是由 γ-Al_2O_3 小球堆积而成的。颗粒状基体的特点是比表面积大、价格便宜、机械强度高、装填容易等。但是，由于颗粒状基体是堆积式填充，容易引起发动机排气背压增大，造成油耗上升，并且导致发动机功率下降。因此，目前颗粒状基体基本上已经被淘汰[109]。与颗粒状基体相比，整体式基体呈现出许多优点，比如质轻、壁薄、开孔率高、排气阻力小，不会像颗粒状基体容易造成油耗上升，发动机功率下降。因此整体式基体得到了广泛的应用。但是催化剂常用的整体式基体堇青石的比表面积很小（<2～4 m^2/L），不利于活性组分的分散，因此普遍采用高比表面积的活性 Al_2O_3 来提高贵金属活性组分的分散度[109]。活性 Al_2O_3 一般是由氢氧化铝加热脱水得到的，氢氧化铝是氧化铝的“母体”，因此在讨论氧化铝之前先要介绍一下氢氧化铝[110]。

氢氧化铝也称水合氧化铝，其化学组成为 $Al_2O_3 \cdot nH_2O$。按所含结晶水数目的不同，主要可分为三水（合）氧化铝、一水（合）氧化铝和低结晶氧化铝水合物 3 大类。一般来说，用 X 射线衍射（XRD）可以鉴定各种氢氧化铝的晶相结构。

三水氧化铝（$Al_2O_3·3H_2O$）的变体主要有三水铝石、湃铝石及诺水铝石3种。三水铝石（Gibbsite或Hydrargillite）的化学表达式是α-$Al_2O_3·3H_2O$，它是铁矾土的基本组成，也是铁矾土生产金属铝的中间产物，在自然界中既呈结晶状也呈偏胶体及胶体析出。三水铝石为单斜晶系，是二轴晶矿物，有无色、白色、微灰、微绿、微红黄等颜色，通常含有SiO_2、Fe_2O_3、CaO等杂质。湃铝石（Bayerite）的化学表达式是β1-$Al_2O_3·3H_2O$，它在自然界中不存在，可用人工方法来合成，属六角晶系，是用铝酸钠溶液制备α-$Al_2O_3·3H_2O$的重要中间产物，也可以从用碱中和铝盐溶液所得的沉淀经老化来制备。由于得不到它的纯单晶，给人们用X射线衍射（XRD）分析来判断其严密结构带来了困难，但其结构无疑与三水铝石相似。诺水铝石（Nordstrandite或BayeriteⅡ）的化学表达式是β2-$Al_2O_3·3H_2O$，可以用氨水中和硝酸铝溶液，将得到的胶体悬浮在乙二胺溶液中经水洗、干燥得到，它也存在于自然界中，但是对其精确结构还不是太清楚，一些研究者认为它的结构可能是三水铝石及湃铝石堆积方式的组合。

一水氧化铝（$Al_2O_3·H_2O$）在自然界中除了作为典型的结晶析出外，也呈偏胶体及胶体析出，它们都属于正交晶系，晶体结构呈密堆积排列。一水氧化铝的变体主要有硬水铝石和一水软铝石两种。硬水铝石（Diaspore）的化学表达式是β-$Al_2O_3·H_2O$，在自然界存在于铁矾土和黏土中。在272～425 ℃范围内，蒸气压为140 MPa时铁矾土中的全部氢氧化物均可转变为β-$Al_2O_3·H_2O$。β-$Al_2O_3·H_2O$被加热到500 ℃时可直接转变为α-Al_2O_3，它既不溶于酸也不熔解。硬水铝石的结构可以用单晶测定，若不计氢原子，它基本上是由六角密堆积的氧原子所构成。硬水铝石的颜色有白色，灰色或黑褐色，晶体呈现玻璃光泽，且里面呈珍珠光泽。一水软铝石（Boehmite）的化学表达式是α-$Al_2O_3·H_2O$，是欧洲铝土矿的主要成分，是显微大小的结晶，属于正交晶系，可以由α-$Al_2O_3·3H_2O$、β1-$Al_2O_3·3H_2O$和假一水软铝石在压热釜中，于高温及水或水蒸气的作用下制备得到。一水软铝石实质上是聚合物双分子的变体，它与硬水铝石的区别在于双分子的排列方式不同。

低结晶氧化铝水合物主要包括假一水软铝石和无定形凝胶。假一水软铝石，又称拟薄水铝石（Pseudo Boehmite），化学表达式是$AlOOH·nH_2O$（n=0.08～0.62），它是制取活性Al_2O_3的重要中间产物，是细粒子的结晶不良的水合物，可以通过无定形氧化铝水合物在水溶液中于25 ℃以上老化制得。它的比表面积很大，可以达到400 m^2/g，但是当它再结晶为一水软铝石时，水含量下降，比表面积也随之下降。拟薄水铝石加热可转变为γ-Al_2O_3，常作为载体和黏结剂用于催化剂中。无定形凝胶是铝盐或铝酸盐被中和、铝汞齐水解、醇铝水解最初生成的胶体，它很不纯，吸附有大量的阴离子，如Cl^-，SO_4^{2-}等。在电子显微镜下，观察到这种无定形凝胶是球形粒子连起来的絮状物。

如上所述，Al_2O_3由氢氧化铝加热脱水即可得到。各种氢氧化铝经加热分解，可形成一系列铝原子和氧原子空间堆积方式不同和含水量各异的同质异晶体。这些同质异晶体，有些呈分散相，有些呈过渡态，然而，当热处理温度超过 1000 ℃时，它们都会转变成同一种稳定的最终产物——真正的无水氧化铝 α-Al_2O_3，也叫刚玉，所以其他形态的 Al_2O_3 都可以看作是 α-Al_2O_3 的中间过渡形态。按照 Al_2O_3 的生成温度，可将其分为低温 Al_2O_3 和高温 Al_2O_3 两大类。

（1）低温 Al_2O_3。低温 Al_2O_3 是各种氢氧化铝前驱体在热处理温度不超过 600 ℃时的脱水产物，其化学组成可表示为 $Al_2O_3 \cdot nH_2O$ （$0<n<0.6$），属于这一类的有 ρ-Al_2O_3、χ-Al_2O_3、γ-Al_2O_3 和 η-Al_2O_3。

（2）高温 Al_2O_3。高温 Al_2O_3 是氢氧化铝前驱体在热处理温度高于 850 ℃时的脱水产物，几乎不含水，属于这一类的有 κ-Al_2O_3、δ-Al_2O_3 和 θ-Al_2O_3。

由于不同前驱体的组成及所含的杂质和羟基含量等不同，在升温热处理的过程中就会出现不同的过渡晶型 Al_2O_3。不同过渡晶型的 Al_2O_3，它们在比表面积、热稳定性、密度、表面酸碱性、结构等方面都存在很大的差异[110,111]。即使是同一种晶型，制备方法的不同也会导致很大的物理化学性质的差异。所以 Al_2O_3 各种过渡晶型在性能和用途上的差异主要是由于它们的晶型结构不同造成的[112]。不同铝源前驱体得到的 Al_2O_3 在焙烧过程中的晶相变化如下[113]：

$$\text{Gibbite} \xrightarrow{540\text{ K}} \kappa\text{-}Al_2O_3 \xrightarrow{920\text{ K}} \chi\text{-}Al_2O_3 \xrightarrow{1300\text{ K}} \alpha\text{-}Al_2O_3$$

$$\text{Bochmite} \xrightarrow{730\text{ K}} \gamma\text{-}Al_2O_3 \xrightarrow{1000\text{ K}} \delta\text{-}Al_2O_3 \xrightarrow{1200\text{ K}} \theta\text{-}Al_2O_3 \xrightarrow{1300\text{ K}} \alpha\text{-}Al_2O_3$$

$$\text{Bayerite} \xrightarrow{520\text{ K}} \eta\text{-}Al_2O_3 \xrightarrow{1080\text{ K}} \theta\text{-}Al_2O_3 \xrightarrow{1290\text{ K}} \alpha\text{-}Al_2O_3$$

$$\text{Diaspore（}\alpha\text{-AlOOH）} \longrightarrow \alpha\text{-}Al_2O_3$$

虽然 Al_2O_3 有多种变体，但其晶体结构主要有两大类，一类是氧原子以立方体堆积，另一类是以六方体堆积的。两类晶体中的铝原子多半占据八面体位置，也有可能占据四面体位置，而氧原子在两种晶体结构中均为占据八面体位置最稳定。Al_2O_3 有多种晶体类型，在热处理过程中可以发生相变，Al_2O_3 的相变与晶粒的成核和长大有关，而且需要很大的活化能[114]。

常用的 γ-Al_2O_3 晶体属于立方面心紧密堆积构型，具有带缺陷的尖晶石结构[115]，铝原子不规则地排列在由氧原子围成的八面体和四面体孔穴中。这种 Al_2O_3 不溶于水，但能溶于酸或碱，加热至 1000 ℃即转变为 α-Al_2O_3。所以在高温下稳定的是 α-Al_2O_3，而 γ-Al_2O_3 只能在低温下稳定。γ-Al_2O_3 的粒子较小，不是十分致密，它是多孔性物质，有很大的比表面积（200～600 m^2/g），具有很强的吸附能力和催化活性，又名“活性 Al_2O_3”，可以用作吸附剂和催化剂载体，故被广泛用作汽车尾气净化催化剂的载体。α-Al_2O_3的晶体属于六方紧密堆积构型，氧原子按六方紧密堆积方式排列，6个氧原子围成一个八面体，在整个晶体中有2/3的八面体孔穴为铝原子所占据。由于这种紧密堆积结构，加上晶体中 Al^{3+}与 O^{2-}之间的引力较强，晶格能较大，所以α-Al_2O_3的熔点（2050 ℃）和硬度（8.8）都很高。α-Al_2O_3的比表面积通常小于10 m^2/g，它不溶于水，且耐酸、耐碱、耐磨、耐高温，故也有多种用途。

二、Al_2O_3材料在汽车尾气净化催化剂中的作用

前面已经提到，Al_2O_3是一种具有多种过渡态的氧化物，其中γ-Al_2O_3具有很高的比表面积，但是经高温处理后会转变成比表面积很低的α-Al_2O_3（<10 m^2/g）。而其他过渡态的Al_2O_3，如δ-Al_2O_3、θ-Al_2O_3，虽然比表面积较低，但是热稳定性比γ-Al_2O_3更好。所以在实际应用中，γ-Al_2O_3是使用最为广泛的机动车尾气净化催化剂的载体材料，而在高温条件下，如密偶催化剂（CCCs）中，也可能会用到δ-Al_2O_3和θ-Al_2O_3等。γ-Al_2O_3具有较高的比表面积，在机动车尾气净化催化剂中主要使用γ-Al_2O_3作为负载贵金属的载体材料。γ-Al_2O_3作为活性组分的骨架，起着分散活性组分并增加催化剂强度的作用，更重要的是它会对催化剂的活性及选择性产生很大的影响。由于Al_2O_3载体与活性组分间发生某种形式的物理、化学作用，以致活性表面的本质产生改变，导致Al_2O_3载体在催化剂中的作用十分复杂。Al_2O_3在机动车尾气净化催化剂中的作用大致可总结如下：

1. 增加有效表面，提供合适的孔结构

在Al_2O_3所承载的机动车尾气净化催化剂上所进行的催化反应主要经历以下几步：

（1）气体反应物分子向催化剂表面方向移动（扩散），部分反应物分子在催化剂表面发生化学反应。

（2）未反应的剩余反应物分子继续向催化剂孔道内部移动（扩散）。

（3）在催化剂孔道内部（内表面）发生反应。

（4）生成的产物分子由孔道内部向外移动（或脱附）。

（5）产物分子从催化剂外表面向外部空间移动（扩散）。

因此，Al_2O_3为这种催化反应历程提供适宜的表面及孔道或孔结构时，催化反应才能有效地进行。Al_2O_3可以使活性组分有较大的暴露表面、丰富的孔道、使活性组分颗粒得到更好的分散，因此使用少量的活性组分就能获得较好的活性。

2. 提高催化剂的机械强度

Al_2O_3 作为载体材料应用于机动车尾气净化催化剂中时，可以提高催化剂的机械强度，使催化剂具有更好的耐磨损性能。

3. 提高催化剂的热稳定性

机动车尾气净化催化剂在使用过程中，最高温度可达 1000 ℃以上，因此提高催化剂的热稳定性是延长催化剂寿命、保持良好的催化活性的重要前提。当活性组分负载于具有高比表面积的 Al_2O_3 载体上时，可以使催化剂活性组分的颗粒得到更好的分散，防止颗粒在高温条件下发生严重的聚集；具有良好热稳定性的 Al_2O_3 载体还可以避免因载体孔道的塌陷而覆盖活性组分，导致催化剂活性下降；同时分散度的提高、散热面积和导热系数的增加还有利于热量除去，维持催化剂的高温活性。

4. 提供反应活性中心

活性中心是指催化剂表面上具有催化活性的最活泼区域。在机动车尾气净化催化剂中 Al_2O_3 载体的表面酸性可为其中的 HC 化合物提供活化 H-C 键的活性中心，增强 HC 化合物的反应活性，从而提高催化剂的活性。

5. 减少活性组分的用量，降低催化剂的生产成本

Al_2O_3 作为载体材料用在机动车尾气净化催化剂中可以减少活性组分的用量，降低催化剂的生产成本，这对于使用昂贵的、稀有的贵金属 Pt、Pd、Rh 的机动车尾气净化催化剂来说具有十分重要的意义。

6. 提高催化剂的抗中毒性能

此外，Al_2O_3 作为载体材料用在机动车尾气净化催化剂中还能有效地提高催化剂的抗中毒性能。

三、Al_2O_3 材料的烧结和相变

如上所述，γ-Al_2O_3 只在低温下稳定，其高温热稳定性较差。随着热处理温度的升高，Al_2O_3 的微晶或颗粒会发生烧结现象。Johnson[116]描述了 γ-Al_2O_3 的烧结模型，他认为 γ-Al_2O_3 的烧结和其表面的羟基基团有直接的关系。依照他所提出的模型，γ-Al_2O_3 的烧结实际上是其表面相邻羟基间发生脱水反应，产生 Al-O-Al 键，随着脱水反应的进行，Al_2O_3 颗粒间形成了一个规整的瓶颈状区域（如图 2-10 所

示）。当焙烧温度进一步升高时，烧结不断发生，导致颗粒逐渐长大。水蒸气存在的情况下 Al_2O_3 的烧结更加严重，这是因为高温条件下，水蒸气会持续地与表面 Al_2O_3 发生水化反应，维持了 Al_2O_3 的表面羟基数目，促使反应向生成 Al-O-Al 键的方向进行。1150 ℃下，水蒸气处理的 Al_2O_3 其比表面积比无水条件下减少 50%以上。因此，Al_2O_3 颗粒的烧结是导致其比表面积下降的主要因素之一，随着比表面积的急剧减小，表面活性急剧降低，从而造成催化剂活性下降，其热稳定性在很大程度上影响了机动车尾气净化催化剂的活性和稳定性，因此提高 γ-Al_2O_3 的高温热稳定性对保持机动车尾气净化催化剂的活性、延长催化剂的使用寿命非常重要。

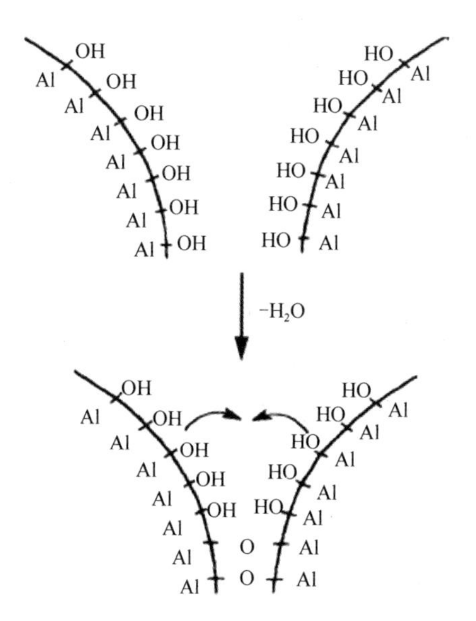

图 2-10　γ-Al_2O_3 的“瓶颈烧结”

同时在 Al_2O_3 烧结的过程中，Al_2O_3 的晶相也会随着温度的升高而发生改变。Al_2O_3 前驱体随着温度的升高发生晶相转变的顺序一般为 $\gamma \rightarrow \theta \rightarrow \delta \rightarrow \alpha$[111]，其中只有 α-Al_2O_3 在热力学上是稳定的，其他相均处于介稳态。相变是引起 Al_2O_3 比表面积下降的另一个重要因素[117]，尤其是当热处理温度超过 1000 ℃时，Al_2O_3 发生相变生成晶相完整、热力学上稳定的 α-Al_2O_3，导致比表面积急剧下降。相变时，Al_2O_3 晶格中的活化原子在高温下发生迁移扩散，Al^{3+} 从八面体或四面体空隙中的随机分布转变为均匀分布在八面体空隙中，而 O^{2-} 则由立方紧密堆积向六方紧密堆积转化，形成热力学上稳定的 α-Al_2O_3[118]。Schaper 等[119]指出，焙烧温度低于 1000 ℃时，γ-Al_2O_3 比表面积的降低主要是由颗粒的烧结引起，当热处理温度高于 1000 ℃后，颗粒烧结和 α 相变共同引起 γ-Al_2O_3 比表面积的下降，他们还对 γ-Al_2O_3

烧结过程中比表面积下降的数据进行了动力学分析，得到了 γ-Al_2O_3 烧结的发生先于相变过程的结论。即，焙烧温度较低时（<1000 ℃），Al_2O_3 颗粒的烧结是引起比表面积下降的主要原因，当温度较高时（≥1000 ℃），α 相变是引起比表面积剧减的主要原因。

机动车尾气净化催化剂在使用过程中，最高温度可达 1000～1100 ℃以上，因上述的 Al_2O_3 载体的高温烧结和向 α 晶相的转变，使得载体的比表面积急剧下降、孔容降低，导致催化剂活性因活性组分的聚集、孔道的堵塞而严重下降。因此，提高 Al_2O_3 的热稳定性，对稳定和提高催化剂的活性、延长催化剂的使用寿命具有十分重要的意义。为了得到耐高温高比表面积的 Al_2O_3 载体材料，研究者对 γ-Al_2O_3 的制备和改性进行了大量的研究工作，主要从两个方面入手，一是 Al_2O_3 材料的掺杂，二是 Al_2O_3 材料的制备方法。

四、Al_2O_3 材料的掺杂

在 Al_2O_3 中添加稳定剂或者引入某些阳离子，可以提高 Al_2O_3 的热稳定性，阻止 Al_2O_3 的高温烧结和向 α 晶相的转变，即通过稳定 Al_2O_3 的结构从而有利于保持其高比表面积。因此，在 Al_2O_3 中引入稳定剂是提高其热稳定性的重要手段之一。这些稳定剂大体可以分为以下 4 类：稀土金属氧化物、碱土金属氧化物、二氧化硅、其他氧化物。研究表明 La_2O_3、BaO 和 ZrO_2 等氧化物的掺杂对 Al_2O_3 的稳定效果较好[120-135]，但是它们的稳定机理并不相同。

1. 稀土金属氧化物的掺杂

稀土金属氧化物，即 La、Ce、Yb、Pr、Sm、Er 等的氧化物都能提高 Al_2O_3 的热稳定性[124, 127-130]。Church 等[128]考察了添加不同稀土元素对 Al_2O_3 热稳定性的影响，各种掺杂后的 Al_2O_3 在 1200 ℃高温热处理 4 h 后的比表面积结果表明（图 2-11），所有稀土元素改性的 Al_2O_3 样品中，添加 La^{3+}后 Al_2O_3 的比表面积最大，改性效果最好，添加 Pr^{3+}的效果次之，添加 Sm^{3+}、Yb^{3+}和 Ce^{4+}的效果没有 La^{3+}和 Pr^{3+}明显；同时还发现：添加稀土元素后 Al_2O_3 的热稳定性次序与所添加的稀土元素离子半径大小次序正好一致，为 $La^{3+}>Pr^{3+}>Sm^{3+}>Yb^{3+}>Ce^{4+}$，说明添加的稀土元素离子半径越大，对 Al_2O_3 的稳定效果越明显。此外，掺杂元素的离子价态也会影响其对 Al_2O_3 的稳定效果，这主要是因为离子半径大和价态高都会降低离子的移动性，高温时稀土元素离子能够更好地固定在 Al_2O_3 的表面从而阻止 Al_2O_3 的烧结。

因为 La^{3+}对 Al_2O_3 的稳定效果较好，对其提高 γ-Al_2O_3 热稳定性的机理研究也较多，但是目前关于 La^{3+}对 γ-Al_2O_3 的稳定作用机理的认识仍存在分歧。Damyanova

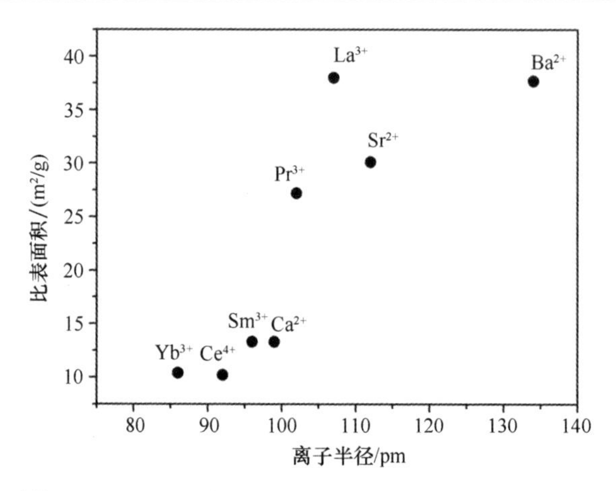

图 2-11　改性 $Al_2O_3$1200 ℃焙烧 4 h 后的比表面积与添加剂离子半径的关系

等[131]从表面酸性角度研究了 La^{3+}稳定 Al_2O_3 的机理，认为是由于 La^{3+}的引入改变了 Al_2O_3 的表面酸性，从而提高了其热稳定性。另外，也有大量研究[119,132]表明，La^{3+} 引入后在 Al_2O_3 表面形成耐热化合物钙钛矿型 $LaAlO_3$ 层，抑制了 γ-Al_2O_3 因表面扩散而引起的烧结和比表面积的损失，从而提高了其热稳定性。也有学者认为是 La_2O_3 与 Al_2O_3 发生高温固相反应生成的另一种耐热性化合物 $La_2O_3{\cdot}11Al_2O_3$，阻止了 γ-Al_2O_3 的相变从而稳定 Al_2O_3。还有一种比较普遍的观点认为，La^{3+}插入 γ-Al_2O_3 的晶格中后提高了 γ-Al_2O_3 的相变活化能，离子半径较大的 La^{3+}插入 γ-Al_2O_3 中抑制了 Al^{3+}或 O^{2-}的扩散，推迟了 γ-Al_2O_3 的相变温度，从而阻止了 γ-Al_2O_3 向热力学上稳定的 α-Al_2O_3 发生转变。

研究者对 CeO_2 的加入用以稳定 Al_2O_3 也做了大量的研究，根据文献报道[109]，当 CeO_2 被用作 Al_2O_3 的稳定剂时，CeO_2 的添加量为 5 wt%时可以达到最佳的稳定效果。但是也有研究者发现[133,134]，把 CeO_2 加入到 γ-Al_2O_3 中时，对材料的比表面积几乎没有什么稳定效果，但是对材料的表面性能会起到显著的修饰作用。用 CO 作为表面分子探针来研究 CeO_2-Al_2O_3 体系的表面 Lewis 酸性，发现 CeO_2 倾向于在尖晶石结构的低指数晶面方向上聚集，所以高温下 CeO_2 的存在可以稳定大部分的 Lewis 酸性位。另外，也有报道认为，相比于在氧化气氛中，CeO_2-Al_2O_3 体系在还原条件下，由于生成 $CeAlO_3$ 能够取得更好的稳定效果[135]，尤其是当 Ce^{3+}高度分散在 Al_2O_3 表面上时，这种稳定效果更明显。这种 CeO_2 对 Al_2O_3 的稳定机理类似于 La^{3+}对 Al_2O_3 的稳定机理，并且在 CeO_2 的含量比较低的时候更容易生成 $CeAlO_3$[136,137]。但是在氧化氛围中高温处理时，会发生 Ce^{3+} 的再氧化，在 Al_2O_3 表面上形成 CeO_2 的大颗粒，从而降低 CeO_2 对 Al_2O_3 的稳定效果。

2. 碱土金属氧化物的掺杂

经研究发现碱土金属氧化物也能够提高 Al_2O_3 的热稳定性。具有稳定作用的碱土金属元素有 Ba^{2+}、Sr^{2+}、Ca^{2+}[110, 121, 128, 138-141]。其中 Ba^{2+}的稳定作用最佳，其次为 Sr^{2+}、Ca^{2+}的效果最差，即它们对 Al_2O_3 的稳定效果次序同稀土元素一样，也与碱土金属元素的离子半径大小次序一致。Monte 等[149]用 $Ba(NO_3)_2$ 溶液浸渍改性 γ-Al_2O_3，制备得到 BaO 质量分数为 16%的 Al_2O_3 样品经 1200 ℃焙烧后，比表面积为 42 m^2/g，说明 BaO 能稳定 Al_2O_3。Liu 等[121]研究还发现，在 1150 ℃时 BaO 摩尔百分含量超过 5%时，BaO 对 Al_2O_3 的稳定作用趋于平缓，超过 15%时高温稳定作用反而下降。Liu 等[140]用 $Sr(NO_3)_2$ 水溶液浸渍法对 γ-Al_2O_3 进行改性，结果表明高温下 Sr 物种的引入明显地抑制了 Al_2O_3 比表面积的损失和 α 相变的发生。Liu 等[142]研究了以 $Ca(NO_3)_2$ 浸渍改性对 γ-Al_2O_3 的高温热稳定性的影响，结果表明引入 Ca 是通过抑制 Al_2O_3 比表面积的减少和 α 相变的发生来提高 Al_2O_3 的稳定性。

关于 BaO 对 Al_2O_3 热稳定性的机理，许多研究者认为 BaO 之所以能稳定 Al_2O_3，根本原因是由于高温下 BaO 与 Al_2O_3 发生固相反应生成铝酸盐相（$BaAl_2O_4$ 和 $BaAl_{12}O_{19}$ 或 $BaO·6Al_2O_3$），阻止了 Al^{3+}的体相扩散，且 BaO 还消除了引起烧结的可移动物种 AlOH，降低了烧结的动力学速度，抑制了烧结，从而提高了 Al_2O_3 的热稳定性[143]。而 Liu 等[110]则认为 BaO 物种的稳定作用主要是由于分散态的 BaO 抑制了 Al_2O_3 焙烧过程中最初 l h 内的烧结和 α 相变引起的比表面积的损失。

3. 二氧化硅的掺杂

另外，许多研究表明 SiO_2 对稳定 Al_2O_3 的结构非常有效[120, 126, 144, 145]。Kosuge 等[126]以仲丁醇铝为铝源，采用蒸发诱导自组装方法（Evaporation-Induced Self-Assembly，EISA）制备的 SiO_2 改性的 Al_2O_3 在 900 ℃热处理后其比表面积可达 232 m^2/g。Horiuchi 等[145]以四乙氧基硅烷和有机醇铝盐异丙醇铝为底物，制备得到的 SiO_2 改性的 Al_2O_3 经 1200 ℃高温热处理 5 h 后其比表面积高达 150 m^2/g，但由于成本较高，使其应用受到限制。Yue 等[144]以非有机醇铝盐和水玻璃为底物制备了 SiO_2 改性的 Al_2O_3 材料，结果表明掺杂的 SiO_2 质量分数为 10%时，得到的改性 Al_2O_3 经 1100 ℃焙烧 2 h 后，比表面积高达 233 m^2/g，且主要晶相为 δ-Al_2O_3。关于 SiO_2 提高 Al_2O_3 热稳定性的机理有以下几种观点：一是添加的 SiO_2 生成了玻璃状表面层，包裹在 γ-Al_2O_3 粒子表面，高温热处理时，虽然 γ-Al_2O_3 发生了 θ 相变，但是由于表面玻璃层的存在，阻碍了 Al_2O_3 粒子间的接触，抑制了 α 相变的发生，从而抑制了 Al_2O_3 比表面积的损失；二是在高温下 Al_2O_3 粒子表面的 AlOH 被不易移动的 SiOH 取代，在脱羟基时形成 Si-O-Si 或 Si-O-Al 桥键，消除了 Al_2O_3 表面的阴离子空穴，从而稳定了 Al_2O_3[107]。

4. 其他氧化物的掺杂

除了上述几种研究较多的氧化物外，ZrO_2、TiO_2、SnO_2 等的掺杂也可以在一定程度上提高 Al_2O_3 的热稳定性[146-148]。ZrO_2 和 TiO_2 是常用的催化剂载体材料，因具有较强的氧离子传导能力，可以促进 Al_2O_3 的氧传递。Horiuchi 等[148]用浸渍法制备了不同含量 ZrO_2 改性的 Al_2O_3，样品经 1200 ℃高温热处理后，低含量的 ZrO_2 的添加能使 Al_2O_3 的比表面积保持在 50 m^2/g。Dominguez 等[147]用溶胶－凝胶法并采用超临界干燥，制备了一系列 ZrO_2 稳定的 Al_2O_3，得到了较好的结果。一般来说，研究者们普遍认为 ZrO_2 对 Al_2O_3 的稳定作用是基于 ZrO_2 可以很好地分散在 Al_2O_3 的表面上[148]。虽然也有研究者报道 ZrO_2-Al_2O_3 固溶体的形成，但是经过高温焙烧后 ZrO_2-Al_2O_3 也会再度分相成 ZrO_2 和 Al_2O_3[147]。将 ZrO_2 引入到 Al_2O_3 体系中，经过 1200 ℃老化后，材料的比表面积仍能保持在 50 m^2/g[148]。与 CeO_2 相比，ZrO_2 对 Al_2O_3 具有更好的稳定作用。同样地，当 CeO_2-ZrO_2 复合氧化物用来稳定 Al_2O_3 时，富 Zr 的 CeO_2-ZrO_2 比富 Ce 的 CeO_2-ZrO_2 对 Al_2O_3 具有更好的稳定效果[149, 150]。另外，Hernandez 等[146]采用 3 种不同方法制备了 TiO_2 改性的 Al_2O_3，结果表明 Al_2O_3 的相变与其前驱体密切相关。

此外，Al_2O_3 的稳定效果除了与所添加的稳定剂的种类有关外，稳定剂的添加量和添加方式也对 Al_2O_3 的稳定性有很大影响[124,131,138,151,152]。Ozawa 等[151]用共沉淀方法制备了不同 La 添加量稳定的 Al_2O_3，结果表明低含量的 La（0.5～1.5 mol%）能更好地稳定 Al_2O_3——抑制 Al_2O_3 的烧结和相变，1300 ℃高温热处理 3 h 后，La 添加量为 1.5 mol%时得到的改性 Al_2O_3 的比表面积为 27 m^2/g。Barrera 等[152]人用溶胶—凝胶法制备了不同 La 添加量的 La-Al_2O_3 材料，并负载了单 Pd 催化剂用于甲烷氧化反应，结果发现 La_2O_3 的添加量为 6 wt%时，催化剂具有最大的比表面积和最为优异的甲烷转化活性。张丽娟等[153]研究了胶溶法制备的 La 改性 Al_2O_3 的结构和织构特点，结果发现，当 La_2O_3 的添加量为 2.5 wt%时，得到的改性 Al_2O_3 样品具有最佳的热稳定性，在水热条件下经 1000 ℃老化处理 5 h 后，样品的比表面积和孔容最大，分别为 142.3 m^2/g 和 0.33mL/g，另外，La_2O_3 的掺杂有效地抑制了老化过程中 γ-Al_2O_3 向 α-Al_2O_3 的相变。Wang 等[154]用超声波辅助浸渍法制备了一系列不同 Y 添加量的 Ce-Zr/Al_2O_3 材料，并负载了 Pd 催化剂用于丙烷完全氧化反应，结果表明，当 Y_2O_3 的添加量为 5 wt%时，得到的催化剂中 Pd 的分散度最高，并且抗水热老化性能最好。Damyanova

等[131]采用湿浸渍法制备了不同含量 CeO_2（0.5～12 wt%）掺杂的 Al_2O_3，结果发现，当 CeO_2 的含量≤6 wt%时，CeO_2 以无定形的形式存在于 Al_2O_3 的表面，能很好地稳定 Al_2O_3 的织构性能。因此，稳定剂的添加量有一个最佳值，不同的稳定剂对应不同的最佳添加量。温度较低时，各稳定剂之间的稳定效果差别不明显，它们对比表面积起到稀释作用。但在高温条件下，它们的稳定效果得以体现，对抑制 Al_2O_3 比表面积的损失和推迟 α 相变温度起重要作用。Ismagilov 等[155]考察了 BaO 的添加方式和添加量对不同温度下 Al_2O_3 材料比表面积的影响，如图 2-12 所示，当 BaO 的掺杂量都为 10%时，溶胶—凝胶法制得的 BaO-Al_2O_3 材料比表面积在所有温度下都大于共沉淀法得到的样品。在温度较低时（<700 ℃），掺杂少量 BaO（5%）的 BaO-Al_2O_3 样品比表面积较大，但是其高温热稳定性不如掺杂 10% BaO 的 BaO-Al_2O_3 样品。

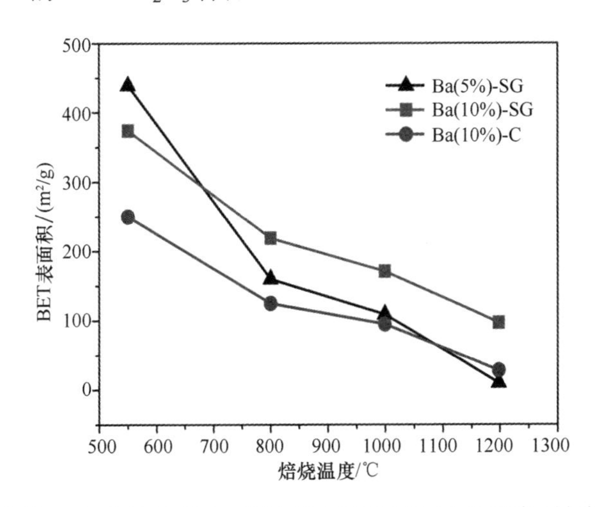

图 2-12　制备方法和 BaO 含量对 Al_2O_3 在指定温度下焙烧 3 h 后比表面积的稳定性的影响。SG：溶胶—凝胶法，C：共沉淀法

此外，当添加两种或两种以上的稳定剂时，它们之间存在协同效应。而且添加顺序的不同，也会导致对 γ-Al_2O_3 的高温稳定效果不同。这可能是因为，添加剂离子是通过消除占据六方晶系排列的氧原子晶格间空穴来抑制烧结和阻碍 Al_2O_3 初级粒子的形成，因此对于先后添加的双组分体系，当一种离子占据晶格中空穴后，它会对第二种离子的负载产生正电荷间的排斥作用，从而阻碍了第二种离子占据晶格空穴，但是由于竞争效应，先负载的离子会部分被后负载的离子所取代。因此先添加稳定作用强的添加剂，稳定效果较好，但此方式并不能加强双组分稳定剂的稳定作用。

对于多组分稳定剂共同掺杂改性 Al_2O_3 的研究也比较多。Liotta 等[156]用溶胶—凝胶法制备了 CeO_2 和 BaO 共同稳定的 $A1_2O_3$，并考察了其负载的 Pd 催化剂的甲烷燃烧性能。结果表明，CeO_2 和 BaO 能提高 $A1_2O_3$ 的热稳定性，使其在 1000 ℃焙烧 5 h 后能保持较大的比表面积，然而 $A1_2O_3$ 热稳定性提高的程度依赖于添加元素的性质及添加量，BaO 比 CeO_2 能更有效地提高 Al_2O_3 的稳定性，而少量的 CeO_2 的加入可以进一步提高 BaO-$A1_2O_3$ 的比表面积，由于 CeO_2 的烧结，添加更高含量的 CeO_2 时，反而会导致载体的比表面积发生降低。卢伟光等[157]研究了 La 和 Ce 改性的 Al_2O_3 以及其在裂化反应和脱氢反应中的活性，发现 La 能较好地稳定 Al_2O_3，Ce 则有利于提高其活性，同时加入 La 和 Ce 可以达到同时提高 Al_2O_3 的稳定性和活性的目的。Wu 等[158]研究了 Ce-Zr 共改性的 Al_2O_3 在高温焙烧下的稳定性。结果表明，Ce-Zr 的添加量为 20%时，Al_2O_3 表现出最好的稳定性，其比表面积为 24 m^2/g。研究者还研究了 Ce、Zr 共改性 Al_2O_3 的热稳定性对机动车尾气净化催化剂 Rh-Pd/γ-Al_2O_3 的影响[159]，结果表明，添加了 $Ce_{0.75}Zr_{0.25}O_2$ 之后，催化剂显示出了良好的热稳定性和三效催化活性，1000 ℃老化 20 h 后，Al_2O_3 没有发生向 α 相的转变，并且涂层的比表面积下降率低于 30%。Yue 等[160]则研究了 Ce、Zr 共添加对甲烷在催化剂 Pd/Al_2O_3 上催化燃烧活性的影响，发现 Ce、Zr 同时添加可以明显地提高催化剂的耐热稳定性。牛国兴等[161]研究发现在水溶液成胶过程中同时加入 Si、La 和 Ba、La 时，不同助剂可以相互协同进一步提高 Al_2O_3 的稳定性。张丽娟等[162]研究了 La、Ba 共同掺杂对 Al_2O_3 的改性作用，发现 La、Ba 对 Al_2O_3 的热稳定性存在协同作用，1000 ℃以下时对 Al_2O_3 起稳定作用的主要是 La_2O_3，而 1000 ℃以上时 BaO 可以很好地稳定 Al_2O_3，最终导致 La、Ba 共同掺杂的改性 Al_2O_3 性能优于单组分掺杂的 Al_2O_3。

综上所述，添加各种稀土金属氧化物、碱土金属氧化物、SiO_2、ZrO_2、TiO_2 等助剂均能对 Al_2O_3 材料起到一定的稳定作用，其中 La_2O_3、BaO、ZrO_2 等对 Al_2O_3 材料的稳定效果最好，目前在汽车尾气净化催化剂领域应用最为广泛的也是添加 La_2O_3、BaO、ZrO_2 等稳定剂的 Al_2O_3 材料。另外，多种稳定剂的共同添加可以发生协同作用，进一步改善 Al_2O_3 材料的稳定性，在实际应用中应该根据需要选择合适的稳定剂来改性 Al_2O_3 材料。

五、Al_2O_3 材料的制备方法

除了添加稳定剂外，通过改变和优化 Al_2O_3 的制备方法也可以控制 Al_2O_3 颗粒的烧结、抑制相变的发生，从而减少 Al_2O_3 比表面积的损失、提高 Al_2O_3 的热稳定性。Al_2O_3 的制备方法可分为物理法和化学法两大类，多采用化学法制备。化学法包括固相法、气相法和液相法。固相法工艺设备要求相对简单、产率高、成

本低、环境污染小，但是最后得到的产品粒度分布不均，易发生团聚[162]；气相法原料在反应前必须完全气化，成本高，不适合大批量工业化生产；液相法是目前研究合成纳米粒子使用较多的方法。常使用的液相法包括沉淀法、胶溶法、溶胶－凝胶法、水热合成法等。

1. *沉淀法*

沉淀法是在溶液状态下，通过向铝盐溶液中加入沉淀剂来制备氢氧化铝沉淀，经过滤、干燥后煅烧得到 Al_2O_3 粉末。它包括直接沉淀法、共沉淀法和均匀沉淀法[163]。直接沉淀法是仅用沉淀操作从溶液中制备氧化物纳米微粒的方法；共沉淀法是把沉淀剂加入到混合后的金属盐溶液中，促使各组分均匀混合沉淀，然后加热分解得超细微粒；均匀沉淀法是在溶液中加入某种物质，使之通过溶液中的化学反应缓慢生成沉淀剂，只要控制沉淀剂的生成速度，就可以避免浓度不均匀现象，使过饱和度控制在适当的范围内，从而控制粒子的生长速度，获得团聚少、纯度高的超细粉。沉淀法具有操作安全，易于工业放大，能够精确控制粒子的化学组成，易添加微量有效成分，制得多种成分均一的高纯复合物的优点[162]；缺点是制备过程中影响因素较多，诸如溶液的组成，沉淀时的 pH 值、沉淀时盐溶液的浓度、沉淀时的温度、时间、沉淀时的搅拌速度等，使形成分散粒子的条件苛刻，且所制备的 Al_2O_3 比表面积相对较小。

2. *胶溶法*

胶溶法是利用氧化铝前驱体（以拟薄水铝石为例）胶溶指数较大采用酸作胶溶剂而制备 Al_2O_3 的一种方法。胶溶是凝胶形成的逆过程，在胶溶过程中，胶溶剂中的 H^+离子吸附在拟薄水铝石颗粒上，形成新的颗粒。在搅拌的作用下，新颗粒不断吸附其他拟薄水铝石颗粒。通过 H^+离子这种“酸性桥”将多个拟薄水铝石颗粒以网状的形式连接在一起，从而使拟薄水铝石颗粒失去流动性，使拟薄水铝石溶液变为胶溶状态。胶溶主要有两个目的：一是提高成型时 Al_2O_3 粒子的强度和堆比重；二是改善 Al_2O_3 的织构性能、表面性能和热稳定性。

胶溶法具有操作灵活、制备过程简单，无废水生成、重现性好、后处理方便且原料价格便宜、易于工业化等优点。但胶溶法所制备的 Al_2O_3 的热稳定性、织构性能与所使用的氧化铝水合物的性能密切相关。

3. *溶胶—凝胶法*

溶胶—凝胶法是利用金属醇铝盐或无机铝盐的水解和聚合反应制备氢氧化铝溶胶，待胶体稳定后再陈化、干燥浓缩成透明凝胶，对凝胶在不同热处理条件下进行后处理，最后得到不同晶型的 Al_2O_3[163]。溶胶—凝胶技术能够通过低温化学手段在介观层次上裁剪和控制材料的显微结构，使材料的均匀性达到亚微米级、纳米级甚至分子级的水平，因此近年来在合成陶瓷、氧化物涂层、高温超导材料、复杂氧化物材料等方面取得了广泛的应用。但合成过程中需要使用大量有毒的有机试剂作溶剂，制备周期相对较长且重复性差，因而限制了其工业化生产应用。

4. 水热合成法

水热合成法作为一种液相制备纳米粒子的新方法，近些年受到科研工作者的青睐。其基本原理是：在高温高压水溶液中，一些氢氧化物的溶解度大于其对应的氧化物在水中的溶解度，使得氢氧化物溶于水中的同时析出氧化物。然而，在高温高压下氧化铝的溶解度大于氢氧化铝，所以需添加有机溶剂或其他物质以达到使氧化铝析出的目的。具体过程为：以水或有机溶剂为反应介质，将铝源与模板剂、溶剂充分混合形成的溶胶置于带聚四氟乙烯内衬的不锈钢高压反应釜内，在一定温度（100～350 ℃）和高压条件下使无机化合物或有机化合物与水化合，进行溶剂热反应，通过对过程的控制，得到改进的产物，待反应结束、反应釜冷却后，再过滤、洗涤、干燥，从而得到纳米材料[163]。水热合成法使用范围广泛，各种铝盐、模板剂等均适用，制备的氧化铝粉末结晶良好、无团聚，但由于工艺条件较为复杂从而限制了其规模化的应用。

Ozawa 等[151]以环六亚甲基四胺$(CH_2)_6N_4$为均相沉淀剂，并与冷冻干燥技术相结合制备了 La 改性的 γ-Al_2O_3，结果表明 La 添加量为 0.5～1.5 mol%时的样品经 1200 ℃高温热处理 3 h 后比表面积高达 92 m^2/g。Barrera 等[164]采用三仲丁基醇(氧)铝和乙酰丙酮镧为原料，用溶胶－凝胶法制备了不同 La_2O_3 含量的 Al_2O_3，所得样品在 450 ℃焙烧 12 h 后，比表面积可达 400 m^2/g。Zhang 等[165]采用胶溶法制备了 La、Ba 共同改性的 Al_2O_3，在 1000 ℃高温焙烧 5 h 后改性 Al_2O_3 均以 γ-Al_2O_3 相存在，比表面积和孔容分别为 165 m^2/g 和 0.51 mL/g。Li 等[166]考察了水热改性对 Al_2O_3 载体织构和表面性质的影响，结果表明在温和的中性水热环境（140 ℃，2 h）中处理后，Al_2O_3 的比表面积由 204.6 m^2/g 显著增加至 244.7 m^2/g，水热改性后载体表面羟基浓度提高，表面酸性增强，增大了反应活性中心数目，有利于提高催化活性。Dong 等[167]考察了制备方法对 La、Ba 共同改性 Al_2O_3 性能的影响，结果表明制备方法会影响 La、Ba 共改性 Al_2O_3 的织构性能、表面性能，采用胶溶法制备的改性 Al_2O_3 经 1100 ℃高温焙烧 5 h 后具有最大的比表面积和孔容，分别为 125 m^2/g 和 0.48 mL/g，且 La、Ba 体相引入比表面引入得到的改性 Al_2O_3 热稳定性更好。

许多研究者研究了制备方法和制备条件对 Al_2O_3 热稳定性的影响，更多的则是将添加稳定剂和改变制备方法、优化制备过程等结合起来，实现阻止 Al_2O_3 颗粒的烧结和提高 α 相变温度的目的，从而提高 Al_2O_3 的高温热稳定性。但因 Al_2O_3 前驱体和稳定剂的种类繁多、添加量的多少，制备方法的缺陷和制备条件、制备过程的控制都会因人而异等使 Al_2O_3 制备过程中总会或多或少引入少量杂质；且 Al_2O_3 存在多种变体，很难准确地得到一种完全单一物相的 Al_2O_3，使制得的 Al_2O_3 的性质差别较大。目前对 Al_2O_3 表面结构和稳定机理的认识也还没有达成共识。因此，选用合适的方法添加合适的稳定剂，制备出性能更为优异且热稳定性好的活性 Al_2O_3 任重而道远。

六、Al_2O_3 材料的发展趋势

在汽油车尾气净化催化剂中，Al_2O_3 材料的发展趋势主要有以下几点：

（1）作为汽油车尾气净化催化剂的载体，为了获得更高的贵金属分散度，需要制备出高温稳定性更好，具有更高比表面积的 Al_2O_3 材料。

（2）高温下 Al_2O_3 的相变会严重影响其负载的催化剂的性能，所以需要进一步提高 Al_2O_3 材料的热稳定性，提高 Al_2O_3 的相变温度。

（3）在工业应用中还需要考虑成本问题，所以需要通过选择合适的原材料和添加剂，调变制备过程来实现降低 Al_2O_3 材料制备成本的目的。

（4）由于 Al_2O_3 材料的黏度较大，工业上以 Al_2O_3 材料为载体制备的催化剂在制浆涂覆时还存在问题，需要改善 Al_2O_3 的涂覆性能。

第三节　CeO_2-ZrO_2-Al_2O_3 材料技术

一、CeO_2-ZrO_2-Al_2O_3 材料的产生

正如本章开头所述，汽油车尾气净化催化剂的两类载体材料 CeO_2 基复合氧化物和 Al_2O_3 早期是单独用在汽油车尾气净化催化剂中，发挥着各自的作用。后来发现，将两种材料结合起来，得到的 CeO_2-ZrO_2-Al_2O_3 复合氧化物可以综合二者的优点，既能保持高的比表面积，良好的储氧性能，又能提高材料的热稳定性，因此近年来 CeO_2-ZrO_2-Al_2O_3 复合氧化物材料得到了越来越多研究者的关注。Shinjoh 等[168]研究发现，含 CeO_2-ZrO_2-Al_2O_3 的三效催化剂的储氧量是含 CeO_2 的催化剂的 23 倍。2001 年，含 CeO_2-ZrO_2-Al_2O_3 的三效催化剂被应用于汽车上，满足了更严格的加州低排放（LEVΠ）法规和日本 2000 年法规。2002 年，安装了改进的含 CeO_2-ZrO_2-Al_2O_3 催化剂的汽车满足了加州最严格的部分零排放

（PZEV）法规[169]。Toyota 研究人员发现[170, 171]，CeO_2-ZrO_2 中引入 Al_2O_3 可以明显提高其高温稳定性，抑制老化过程中比表面积的损失和晶粒的烧结，并且 CeO_2-ZrO_2-Al_2O_3 负载的催化剂储氧量和储氧速率都明显优于 CeO_2-ZrO_2 负载的催化剂，而且，含 CeO_2-ZrO_2-Al_2O_3 的催化剂与含 CeO_2-ZrO_2 的催化剂相比，CO、HC 和 NO_x 的起燃温度都显著降低，并且 NO_x 的排放降低了 20%。因此，CeO_2-ZrO_2-Al_2O_3 这种新型材料的深入研究对于提高三效催化剂各方面的性能具有非常重要的意义。

二、CeO_2-ZrO_2-Al_2O_3 材料的结构特征

CeO_2-ZrO_2-Al_2O_3 材料作为一种三元复合氧化物，其结构特征与其他元素掺杂的 CeO_2-ZrO_2-MO_x 固溶体体系有着明显的区别。由于 CeO_2-ZrO_2-Al_2O_3 的结构特征会显著影响其氧化还原性能、热稳定性和及其负载的催化剂的催化性能，因此我们需要对 CeO_2-ZrO_2-Al_2O_3 的结构特征有一个清晰的认识。对于 CeO_2-ZrO_2-Al_2O_3 体系的微观结构的认识，其实也经历了一个发展历程。CeO_2-ZrO_2-Al_2O_3 材料中由于含有 3 种组分（CeO_2、ZrO_2、Al_2O_3），所以它的结构特征与 3 种组分之间的相互作用密切相关。众所周知，CeO_2 和 ZrO_2 之间的相互作用是很强的，早期人们为了提高 CeO_2 的储氧性能和热稳定性，采用在 CeO_2 中引入 ZrO_2 的方式，ZrO_2 可以进入 CeO_2 的晶格形成均匀的 CeO_2-ZrO_2 固溶体。而 CeO_2 和 ZrO_2 都可以用作稳定 Al_2O_3 的助剂，但是 ZrO_2 对 Al_2O_3 的稳定效果要优于 CeO_2 对 Al_2O_3 的稳定效果，并且 CeO_2 和 ZrO_2 同时加入 Al_2O_3 体系中时，富 Zr 的 CeO_2-ZrO_2 对 Al_2O_3 的稳定效果要优于富 Ce 的 CeO_2-ZrO_2[109, 150]，说明 ZrO_2 与 Al_2O_3 之间的相互作用要强于 CeO_2 与 Al_2O_3 之间的相互作用。这一点对 CeO_2-ZrO_2-Al_2O_3 体系的结构影响非常大。

CeO_2-ZrO_2-Al_2O_3 的结构与它的制备方法密切相关。对于采用机械混合法制备的 CeO_2-ZrO_2-Al_2O_3 材料，由于 CeO_2-ZrO_2 和 Al_2O_3 两种组分是在分别制备成型之后再进行混合的，所以它们各自的结构已经成型，互相之间的影响很小，主要是由 CeO_2-ZrO_2 固溶体和 γ-Al_2O_3（或其他类型的 Al_2O_3，如 θ-，δ-Al_2O_3 等）简单地物理混合组成。这种方法制备的 CeO_2-ZrO_2-Al_2O_3 由于两种组分 CeO_2-ZrO_2 和 Al_2O_3 之间的相互作用较弱，所以对热稳定性的改善效果不是很明显。在老化过程中，两种组分的老化行为类似于单独的 CeO_2-ZrO_2 和 Al_2O_3 组分的老化行为，即，CeO_2-ZrO_2 组分在高温下发生明显的烧结和分相，Al_2O_3 组分随着温度的升高也会发生严重的烧结，甚至伴随着相变的发生，形成稳定的 α-Al_2O_3 物相，最终导致材料的织构性能和结构性能都被明显破坏。

而对于浸渍法制备的CeO_2-ZrO_2-Al_2O_3材料，早期研究者们认为CeO_2会与ZrO_2结合形成CeO_2-ZrO_2固溶体，CeO_2-ZrO_2固溶体分散在Al_2O_3表面上，起到稳定Al_2O_3的作用。但是后来研究者发现，CeO_2、ZrO_2在Al_2O_3上很难形成均匀的固溶体，特别是当CeO_2-ZrO_2中Ce含量较高时。Yao等[172]用共浸渍法制备了一系列不同Zr/Ce比的$Zr_xCe_{1-x}O_2/Al_2O_3$，结果发现，当Zr含量在x=0～0.5之间时，虽然在XRD中检测到的是单一的立方相CeO_2-ZrO_2的衍射峰，但是通过对晶胞参数的分析发现，检测到的立方相CeO_2-ZrO_2晶粒中Zr的含量明显低于Zr的实际负载量，说明还有一部分没有被检测到的ZrO_2很可能是以无定形或者高度分散的状态分散在Al_2O_3的表面上。经过老化后，可以检测到两种CeO_2-ZrO_2的物相，一种是原来的立方相的CeO_2-ZrO_2，另一种是富Zr的CeO_2-ZrO_2相。而且随着样品中Zr含量的升高，这种新生成的富Zr的CeO_2-ZrO_2相的组成逐渐接近于四方相的ZrO_2。而这第二种CeO_2-ZrO_2固溶体的出现很可能是由于原来高度分散在Al_2O_3表面上的ZrO_2物种发生烧结团聚形成的。也就是说，当把CeO_2和ZrO_2浸渍到Al_2O_3表面上时，一部分CeO_2、ZrO_2结合形成CeO_2-ZrO_2固溶体，另外还有一部分CeO_2和ZrO_2高度分散在Al_2O_3表面上，并且以ZrO_2为主，这跟前面提到的ZrO_2与Al_2O_3之间的相互作用要强于CeO_2与Al_2O_3之间的相互作用是一致的，而老化过程中这部分高度分散的CeO_2和ZrO_2会发生烧结生成一个新的富Zr的CeO_2-ZrO_2固溶体。另外，Monte等[150]用改进的柠檬酸络合法把Ce、Zr浸渍在Al_2O_3上，也发现了类似的现象。

Fernández-García等[173]用微乳液法制备了两种CeO_2-ZrO_2质量分数分别为10%和33%的CeO_2-ZrO_2/Al_2O_3样品，结果发现，对于CeO_2-ZrO_2含量较低的样品（10%），形成了较为均匀的CeO_2-ZrO_2固溶体，固溶体中CeO_2的含量接近于理论值（50 mol%），而在CeO_2-ZrO_2含量较高（33%）的样品中，结构不均匀性比较明显，形成的CeO_2-ZrO_2固溶体组成接近$Ce_{0.6}Zr_{0.4}O_2$，说明与浸渍法制备的样品类似，有部分ZrO_2没有与CeO_2结合，而是以无定形态高度分散在Al_2O_3表面上。但是这篇文献中并没有报道材料的结构在高温老化过程中的变化。

Zhao等[174]用溶胶—凝胶法制备了一个CeO_2-ZrO_2-Al_2O_3复合氧化物材料，结果发现，经过不同温度焙烧处理后（500 ℃、800 ℃、900 ℃、1000 ℃、1100 ℃），所有的样品中都能同时检测到立方相和四方相CeO_2-ZrO_2固溶体的衍射峰，说明由于Al_2O_3的影响，CeO_2-ZrO_2并没有形成均匀的固溶体，这跟前面浸渍法和微乳液法制备的CeO_2-ZrO_2-Al_2O_3材料的情况类似。

对于共沉淀法制备的CeO_2-ZrO_2-Al_2O_3材料，有研究者认为[175-177]，将Al_2O_3引入到CeO_2-ZrO_2中，与其他助剂（如Y、La等）的添加类似，Al可以进入CeO_2-ZrO_2

的晶格形成三元 CeO_2-ZrO_2-Al_2O_3 固溶体，从而促进晶格缺陷的形成，提高体系的氧化还原性能。但是由于 Al^{3+}（0.57 Å）的离子半径要小于 Ce^{4+}（0.97 Å）和 Zr^{4+}（0.84 Å），假如说 Al 进入了 CeO_2-ZrO_2 的晶格形成三元 CeO_2-ZrO_2-Al_2O_3 固溶体，那么固溶体势必要发生晶胞收缩，晶胞参数变小。然而实际情况并非如此，实际上将 Al 引入 CeO_2-ZrO_2 体系之后，通过 XRD 检测出来的固溶体的晶胞参数要大于不含 Al 的 CeO_2-ZrO_2 体系，这就排除了传统观念认为的 CeO_2-ZrO_2-Al_2O_3 固溶体的形成。后来 Li 等[178]提出了新的观点，他们认为，在 CeO_2-ZrO_2 体系中，Zr 可以进入 CeO_2 的晶格形成置换型固溶体，而对于 CeO_2-Al_2O_3 体系，Al 是以插入 CeO_2 的晶格间隙或者分散在 CeO_2 的晶粒之间的形式形成间隙型固溶体。而在 CeO_2-ZrO_2-Al_2O_3 中，ZrO_2 以置换型存在，Al_2O_3 以间隙型存在，形成的是置换型和间隙型共存的 CeO_2-ZrO_2-Al_2O_3 固溶体。具体的结构示意图如图 2-13 所示。

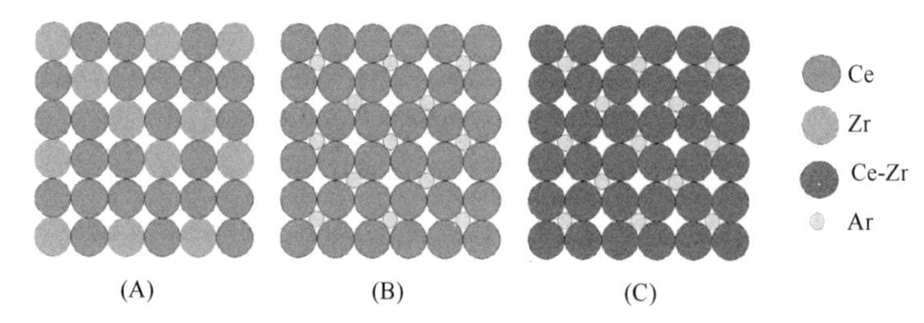

图 2-13 （A）CeO_2-ZrO_2、（B）CeO_2-Al_2O_3 和（C）CeO_2-ZrO_2-Al_2O_3 的结构示意图

但是更多的研究者认为[170,179,180]，在共沉淀法制备的 CeO_2-ZrO_2-Al_2O_3 材料中，Al 并不能进入 CeO_2-ZrO_2 的晶格形成三元 CeO_2-ZrO_2-Al_2O_3 固溶体，CeO_2-ZrO_2-Al_2O_3 的微观组成应该是由 CeO_2-ZrO_2 初级粒子和 Al_2O_3 初级粒子在纳米尺度上组成的混合结构，Al_2O_3 作为一个扩散障碍物分布在 CeO_2-ZrO_2 颗粒之间，起到隔离 CeO_2-ZrO_2 颗粒的作用，从而抑制高温下 CeO_2-ZrO_2 颗粒的烧结团聚，同样 Al_2O_3 颗粒的烧结也可以被分散在 Al_2O_3 颗粒之间的 CeO_2-ZrO_2 颗粒抑制，从而体系的热稳定性得以提高，如图 2-14 所示[179]，这就是所谓的“扩散障碍效应”。目前，CeO_2-ZrO_2 与 Al_2O_3 之间的“扩散障碍效应”是被大部分研究者所认可的观点。然而，前面已经提到，CeO_2 和 ZrO_2 与 Al_2O_3 之间都存在相互作用，并且作用强弱存在差异，这种差异可以导致浸渍法、微乳液法、溶胶—凝胶法等方法制备的 CeO_2-ZrO_2-Al_2O_3 材料中不能形成均匀的 CeO_2-ZrO_2 固溶体。那么在共沉淀法制备的 CeO_2-ZrO_2-Al_2O_3 体系中，Al_2O_3 难道只是单纯地作为一个扩散障碍存在于 CeO_2-ZrO_2 之间吗，它对 CeO_2-ZrO_2 的结构会不会产生影响呢？

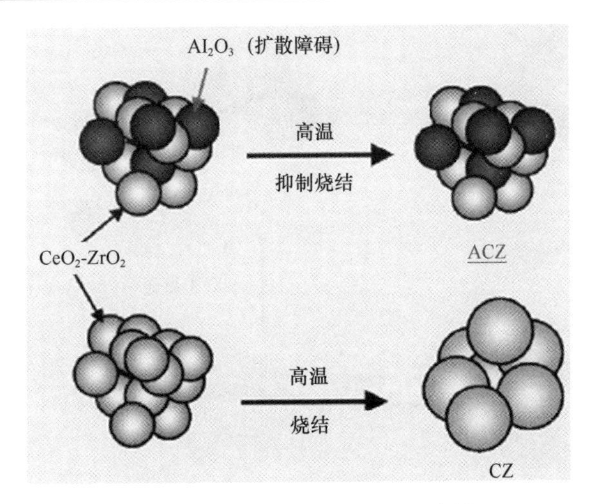

图 2-14　“扩散障碍效应”示意图

为了解析共沉淀法制备的 CeO_2-ZrO_2-Al_2O_3 材料的微观结构特征及其在高温老化过程中的变化，Lan 等[181]用共沉淀法制备了组成为 $Ce_{0.5}Zr_{0.5}O_2$-Al_2O_3 的复合氧化物材料，详细表征了材料经不同温度焙烧处理后的结构特征。结果发现，如图 2-15 所示，对于不含 Al_2O_3 的纯 CeO_2-ZrO_2 体系，Ce 原子和 Zr 原子均匀分布形成均匀的 $Ce_{0.5}Zr_{0.5}O_2$ 固溶体。当把 Al_2O_3 引入到 CeO_2-ZrO_2 体系中后，CeO_2-ZrO_2 固溶体的均一性被破坏。对于低温（600 ℃）焙烧得到的 CeO_2-ZrO_2-Al_2O_3，一些富 Zr 的 CeO_2-ZrO_2 物种高度分散在 Al_2O_3 上不能被 XRD 检测到，使得检测到的 CeO_2-ZrO_2物种呈现富 Ce 状态，CeO_2-ZrO_2-Al_2O_3的微观组成是由富 Ce 的 CeO_2-ZrO_2 颗粒和富 Zr 的 CeO_2-ZrO_2 稳定的 Al_2O_3 颗粒形成的混合结构。高温老化处理会导致 CeO_2-ZrO_2-Al_2O_3 样品中发生原子的迁移和重排。从 600 ℃到 900 ℃，原子重排使得更多的 ZrO_2 与 CeO_2 结合，形成越来越均匀的 CeO_2-ZrO_2 固溶体。900 ℃处理后，CeO_2-ZrO_2-Al_2O_3 中形成了 Ce/Zr 比接近理论值 1 的均匀的 CeO_2-ZrO_2 固溶体，所以此时材料的微观组成是由 $Ce_{0.5}Zr_{0.5}O_2$ 初级粒子和 Al_2O_3 初级粒子形成的混合结构。但是进一步在更高温度处理后（1000 ℃），材料发生严重的烧结，CeO_2-ZrO_2 发生分相，CeO_2-ZrO_2-Al_2O_3 的微观结构中同时含有富 Ce 的 CeO_2-ZrO_2 颗粒、富 Zr 的 CeO_2-ZrO_2 颗粒以及 Al_2O_3 颗粒、这个过程同时伴随着 CeO_2-ZrO_2 和 Al_2O_3 晶粒的明显长大。

这个研究结果为进一步优化 CeO_2-ZrO_2-Al_2O_3 材料提供了很好的思路。比如，可以通过优化制备条件/制备方法，调变 CeO_2-ZrO_2-Al_2O_3 材料中 CeO_2-ZrO_2 与 Al_2O_3 之间的相互作用，或者通过引入其他助剂，如 La、Ba 等，达到同时保持 CeO_2-ZrO_2 固溶体的均一性和体系的热稳定性的目的。

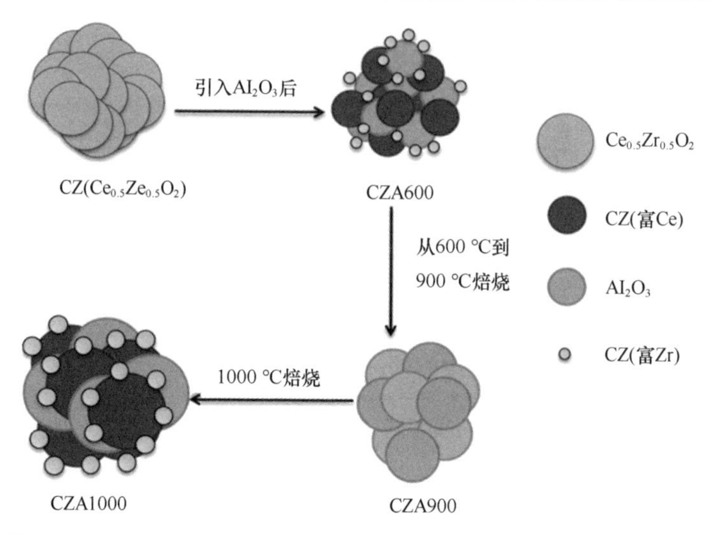

图 2-15 CZ600、CZA600、CZA900 和 CZA1000 的微观结构示意图

当然，CeO_2-ZrO_2-Al_2O_3 体系的结构特征受很多因素的影响，包括制备方法、制备条件、后处理条件、Ce/Zr 比、CeO_2-ZrO_2 与 Al_2O_3 的比例、不同助剂的添加等，而这些因素对结构的影响也会进一步影响 CeO_2-ZrO_2-Al_2O_3 材料的氧化还原性能及其负载贵金属后催化剂的性能。

三、CeO_2-ZrO_2-Al_2O_3 材料的制备方法

CeO_2-ZrO_2-Al_2O_3 材料的制备方法对其结构特征会产生很大影响，进一步导致材料其他性能的差异，因此，着重介绍并对比几种常见的 CeO_2-ZrO_2-Al_2O_3 材料的制备方法，包括：浸渍法[150,182,183]、机械混合法[158,184]、微乳法[173,185]、溶胶—凝胶法[186,187]、胶溶法和沉淀法[180,188]等。

1. 浸渍法

浸渍法是一种操作比较简单的制备方法。基本步骤是将一种组分的粉体材料浸泡在含有另一种组分的化合物溶液中，经过搅拌、加热等处理除去多余的液体，然后经干燥、焙烧等过程制备出载体材料。常用的浸渍法有等体积浸渍法和过量溶液浸渍法。具体方法是将铈和锆的可溶性盐配成水溶液，再浸渍到 γ-Al_2O_3（或 δ-Al_2O_3，θ-Al_2O_3）粉体上。Monte 等[149]将 Ce、Zr 的柠檬酸盐溶液浸渍到 γ-Al_2O_3 上，发现经过 1100 ℃/4 h 老化处理后，$Ce_{0.2}Zr_{0.8}O_2/Al_2O_3$ 仍然保持了较高的比表面积（63 m^2/g）。此外，CeO_2-ZrO_2 和 Al_2O_3 之间存在协同稳定作用，老化后 CeO_2-ZrO_2 保持了稳定的四方晶相和较小的晶粒尺寸，α-Al_2O_3 晶相的生

成也被有效地抑制了。TPR 测试结果表明，$Ce_{0.2}Zr_{0.8}O_2/Al_2O_3$ 老化后没有生成 $CeAlO_3$ 物种，因此老化后保持了优异的还原能力和储氧性能。另外，Monte 等[150]采用共浸渍法制备了一系列 $Ce_xZr_{1-x}O_2/Al_2O_3$，研究了 $Ce_xZr_{1-x}O_2$ 的组成、添加量、前驱体的选择等因素对 $Ce_xZr_{1-x}O_2/Al_2O_3$ 材料性能的影响。结果发现，高温焙烧会导致 $Ce_xZr_{1-x}O_2$ 和 Al_2O_3 之间重要的相互作用，使得材料具有很好的热稳定性。ZrO_2/CeO_2 比对材料的稳定性也会产生很大的影响：ZrO_2 含量较高时有利于稳定 γ-Al_2O_3 的物相，CeO_2 含量较高时只对 θ-Al_2O_3 和 δ-Al_2O_3 的物相具有稳定作用。对于 $Ce_{0.2}Zr_{0.8}O_2/Al_2O_3$ 体系，$Ce_{0.2}Zr_{0.8}O_2$ 含量很低时就可以得到很高的热稳定性。另外，$Ce_xZr_{1-x}O_2$ 柠檬酸盐前驱体的使用比硝酸盐有更好的效果。Yue 等[160]采用共浸渍法将一定比例的 $Ce(NO_3)_3$ 和 $ZrO(NO_3)_2$ 混合盐溶液共浸渍到比表面积为 218 m^2/g 的 Al_2O_3 上，在 100 ℃烘干后，于 1000 ℃焙烧 2 h 制备了一系列老化样品，其中样品 $Ce_{0.2}Zr_{0.8}/Al_2O_3$ 的比表面积为 84 m^2/g。此外，Ce-Zr 的加入提高了 Al_2O_3 的热稳定性，抑制了 γ-Al_2O_3 向 α-Al_2O_3 的相转变过程，并且 $Ce_xZr_{1-x}O_2/Al_2O_3$ 的热稳定性随 Zr 含量的增加而增强，将 $Ce_{0.2}Zr_{0.8}O_2/Al_2O_3$ 应用于甲烷催化燃烧表现出了很好的活性和热稳定性。Yao 等[172]将一定比例的 $Ce(NO_3)_3$ 和 $ZrO(NO_3)_2$ 混合盐溶液共浸渍到比表面积为 100 m^2/g 的 Al_2O_3 上，在 120 ℃烘干后，于 400 ℃焙烧 4 h 制得新鲜样品。Ce/Zr 比为 1 的样品在 1000 ℃焙烧 4 h 后比表面积为 51 m^2/g，但 XRD 结果表明材料中同时出现了富铈、富锆及 Al_2O_3 的物相。

2. 机械混合法

机械混合法指的是将 CeO_2-ZrO_2 复合氧化物和 Al_2O_3 材料分别制备出来之后，再经过简单的机械混合将两种材料混合在一起得到最终的产物。Wu 等[158]将不同含量的 $Ce_{0.7}Zr_{0.3}O_2$ 和 Al_2O_3 进行机械混合，干燥后再于不同温度焙烧处理，结果发现 Ce-Zr 的引入显著地提高了 γ-Al_2O_3 发生相变生成 α-Al_2O_3 的温度（～1222 ℃），并且 20 wt%含量的 $Ce_{0.7}Zr_{0.3}O_2$ 对 Al_2O_3 的改性效果最好，经 1050 ℃老化 5 h 后，仍然保持了 30 m^2/g 的比表面积。崔梅生等[189]采用机械混合法，把 CeO_2-ZrO_2 储氧材料与活性 Al_2O_3 载体进行机械混合，然后通过 500 ℃焙烧制得新鲜样品。新鲜样品的比表面积有 188.9 m^2/g，经 1050 ℃煅烧 4 h 后的老化样品，比表面积在 70 m^2/g 左右。但是机械混合法得到的 CeO_2-ZrO_2-Al_2O_3 材料由于两种组分是在分别制备成型之后再物理混合的，所以 CeO_2-ZrO_2 和 Al_2O_3 之间的相互作用通常比较弱，材料的热稳定性一般不如浸渍法、微乳法、共沉淀法等方法制备的材料好。

3. 微乳法

一般来说，在表面活性剂作用下，将两种或多种互不相溶的液体形成热力学稳定的、外观透明的的分散体系成为微乳液，制备微乳液的技术称为微乳技术。制备微乳液的常用方法主要有两种：一种是将有机溶剂、水和乳化剂均匀混合，然后加入醇，体系瞬间变得透明；另一种是将有机溶剂、醇和乳化剂混合，然后加入水，体系瞬间透明。

Fernandez-Garcia 等[173]用微乳法制备了两个 CeO_2-ZrO_2/Al_2O_3 样品，CeO_2-ZrO_2 质量分数分别为10%和33%，500 ℃焙烧后的样品比表面积分别为 186 m^2/g 和 164 m^2/g。具体方法是将 $Ce(NO_3)_3$ 和 $ZrO(NO_3)_2$ 分散在庚烷里，同时加入表面活性剂和助表面活性剂，就会得到乳状溶液，然后向该溶液中加入比表面积为 180 m^2/g 的 γ-Al_2O_3，经过 24 h 搅拌后，离心分离，用甲醇溶液冲洗。然后在 80 ℃条件下干燥 12 h 后，在 500 ℃下焙烧 2 h 得到上述两个样品。结果表明，使用微乳法制备的 CeO_2-ZrO_2/Al_2O_3 样品中，CeO_2-ZrO_2 高度分散在 Al_2O_3 上。CeO_2-ZrO_2 含量较低的时候（10 wt%），CeO_2-ZrO_2 主要以二维形式存在，CeO_2- ZrO_2 含量较高的情况下（33 wt%），CeO_2-ZrO_2 会发生团聚，大部分以体相的三维形式存在。

4. 溶胶—凝胶法

溶胶—凝胶法制备粉体是一个复杂的过程。溶胶是固体颗粒分散于液体中形成的胶体，当移去稳定剂粒子或悬浮液时，溶胶中的粒子形成稳定的三维网络结构。凝胶是由固体骨架和连续液相形成的，除去液相后，凝胶收缩成干凝胶，将干凝胶煅烧即可得到均匀的粉体。此方法具有混合均匀、化学计量易于控制（不需要抽滤）、粒径分布窄、合成温度低等优点，但反应周期长，凝胶容易板结[190, 191]。

Kozlov 等[192]将异丙醇铝加入到 2-甲基-2、4-戊二醇液体中，在 120 ℃下不断搅拌。然后冷却至 90 ℃，加入水（摩尔比 H_2O/Al=10/1）。另外将乙酰丙酮铈的水合物和乙酰丙酮氧锆的水合物置于另一个容器中，并将其加热升温至 90 ℃，再向混合溶液中加入少量硝酸以使乙酰丙酮铈溶解，将混合溶液搅拌 1 h。将两个容器中的液体混合在一起，在 90 ℃继续搅拌 20 h 可使其固化，过滤后在 100 ℃下烘干，所得粉末在 700 ℃焙烧得新鲜样品。采用该溶胶—凝胶法制备出的 CeO_2-ZrO_2-Al_2O_3 基储氧材料比表面积较大，材料的低温还原性能良好，大约在 200 ℃左右出现还原峰。但是此法所用的原料价格成本高，不适合大规模工业化生产的需要。

邵潜等[193]以化学纯的 $AlCl_3$、$LaCl_3$ 和分析纯的 $ZrOCl_2$、$CeCl_3$ 为原料，添加少量的 PEG，以氨水为沉淀剂制备得湿凝胶，经过洗涤、干燥、焙烧，得到 $Al_2O_3/CeO_2/ZrO_2/La_2O_3$ 系复合氧化铝载体。在经过 850 ℃焙烧 2 h 后仍然保持 142 m^2/g 的高比表面积和 0.33 ml/g 的孔容。其台架实验结果预计能够使汽车尾气排放达到欧Ⅱ排放标准。

Zhao 等[174]采用溶胶—凝胶结合超临界干燥法制备了 CeO_2-ZrO_2-Al_2O_3 材料，500 ℃焙烧后材料的比表面积高达 362 m^2/g，并且热稳定性非常好，1100 ℃焙烧 4 h 后材料仍然具有 97 m^2/g 的比表面积，并且没有发生相变生成 α-Al_2O_3。

5. 胶溶法

胶溶是凝胶形成的逆过程。影响胶溶操作的因素有温度、酸用量、前驱体性质等。比如温度升高时，由于反离子热运动加剧可以加速胶溶作用。对于此方法，如果加入的酸过多，会使胶体发生凝聚；加入的酸过少又会导致胶溶效果较差。另外，使用不同的前驱体，最后得到的材料性质也不同。胶溶法所制备的 CeO_2-ZrO_2-Al_2O_3 材料的热稳定性、织构性能较强地依赖于所使用的氧化铝水合物的性能。胶溶法具有过程简单，没有废水、重现性能好、易于工业化等优点。

Jiao 等[194]采用胶溶法制备了 $Ce_{0.5}Zr_{0.5}O_2$(12 wt%)-Al_2O_3，在一定量的拟薄水铝石中加入 $Ce(NO_3)_3 \cdot 6H_2O$ 和 $Zr(NO_3)_4 \cdot 6H_2O$ 的混合溶液，然后加入硝酸使其发生胶溶，再经干燥焙烧后得到 CeO_2-ZrO_2-Al_2O_3 材料。结果发现，1000 ℃焙烧后材料的比表面积为 128.9 m^2/g，并且 XRD 中没有检测到 CeO_2-ZrO_2 的分相以及 γ-Al_2O_3 的相变，但是 1100 ℃焙烧后材料的比表面积下降至 72 m^2/g，而且 XRD 中能明显看到发生了 γ-Al_2O_3 向 α-Al_2O_3 的相转变。

6. 沉淀法

沉淀法是经典的且广泛使用的一种载体制备方法。基本原理是，将沉淀剂加入含有金属盐的溶液中，通过发生沉淀反应，使得金属水合氧化物或难溶的盐从溶液中沉淀出来，经过陈化、过滤、洗涤、干燥和焙烧等步骤得到载体材料。常用的沉淀剂是碳酸铵、氨水、草酸铵和醋酸铵等，因为它们在沉淀后的步骤中易处理且不易留下杂质而较为常用。而比较常用的沉淀法有：共沉淀法和均匀沉淀法。共沉淀法，又称为多组分共沉淀法，是在含多种阳离子的溶液中加入沉淀剂后，所有离子同时沉淀来制备载体材料。这种方法各组分比例恒定，分布较为均匀。但是一般的共沉淀过程是不平衡的，操作过程中难免会出现各组分混合不均匀、沉淀颗粒粗细不均等不良现象，均匀沉淀法则可以克服这些缺点。均匀沉淀法不是将沉淀剂直接加入待沉淀的溶液中，而是将沉淀剂的母液与待沉淀溶液混合，形成均匀的体系，然后调节温度、pH 值等条件使沉淀缓慢生成。均匀沉淀法通过溶液中的化学反应逐渐生成沉淀剂，不必从外部将沉淀剂向溶液中加入，这样就不会造成沉淀剂的局部不均，使整个溶液能够均匀沉淀。

通过共沉淀法制备 CeO_2-ZrO_2-Al_2O_3 材料的具体做法是，将含 CO_3^{2-}和 OH^-等的沉淀剂加入到含 Ce^{3+}（或 Ce^{4+}）、Zr^{4+}和 Al^{3+}等金属盐类的混合水溶液中，同时伴随着合适速度的搅拌，调节溶液 pH 值，使沉淀尽可能完全，然后将所生成的氢氧化物或碳酸盐沉淀经陈化、抽滤、干燥和焙烧分解后得到所需样品。沉淀法制备材料简单易行，但前驱物的后处理过程是比较关键的，对材料的性能有着重要的影响。沉淀法的主要优点是可以加强 CeO_2-ZrO_2-Al_2O_3 各组分之间的相互作用，容易制备出热稳定性更高的 CeO_2-ZrO_2-Al_2O_3 材料。

Wei 等[175]用共沉淀法制备了一系列不同 Al_2O_3 含量的 CeO_2-ZrO_2-Al_2O_3 材料，结果发现，经过 1000 ℃老化处理后，所有样品的 XRD 衍射峰仍保持了单一的 CeO_2-ZrO_2 相和 γ-Al_2O_3 的物相，没有发生分相和相转变。并且 Al_2O_3 的含量为 75 wt% 时，样品 1000 ℃老化后比表面积仍然高达 114.5 m^2/g，而且样品具有很好的氧化还原性能。

早期 CeO_2-ZrO_2-Al_2O_3 复合氧化物通常是采用浸渍法[150, 172, 182, 195, 196]，溶胶—凝胶法[174, 197]，或简单的机械混合法[158, 184]来制备的，后来才使用共沉淀法来制备 CeO_2-ZrO_2-Al_2O_3 材料，以达到在分子水平上均匀混合各个组分的目的。很多文献中也对比了用不同制备方法得到的 CeO_2-ZrO_2-Al_2O_3 储氧材料的性能。

Hernández-Garrido 等[188]用一锅法制备了 $Ce_xZr_{1-x}O_2$-$BaO{\cdot}nAl_2O_3$ 纳米复合氧化物材料，跟早期用浸渍法制备的 Ce-Zr/Al_2O_3 材料相比[149, 150]，性能得到了很大的改善。1100 ℃焙烧后，比表面积由原来的 68 m^2/g 增大到 118 m^2/g，动态储氧性能也大大提升。根据文献[188]中对实验过程的描述，这里的一锅法其实类似于前文提到的沉淀法。

Morikawa 等[179]对比了共沉淀法和机械混合法制备的 CeO_2-ZrO_2-Al_2O_3。结果表明，机械混合法制备的 CeO_2-ZrO_2-Al_2O_3 中两种组分 CeO_2-ZrO_2 和 Al_2O_3 是二级颗粒在微米层次上的混合，CeO_2-ZrO_2 和 Al_2O_3 之间的相互作用较弱，所以材料的热稳定性能并不理想。而共沉淀法制备的 CeO_2-ZrO_2-Al_2O_3 中两种组分 CeO_2-ZrO_2 和 Al_2O_3 是初级粒子在纳米层次上的交替混合，也就是说，Al_2O_3 纳米颗粒分布在 CeO_2-ZrO_2 纳米颗粒之间，形成了一个扩散障碍，起到隔离 CeO_2-ZrO_2 纳米颗粒的作用，从而可以有效地抑制高温条件下 CeO_2-ZrO_2 纳米颗粒之间的团聚烧结。同样地，Al_2O_3纳米颗粒的团聚烧结也因CeO_2-ZrO_2颗粒的存在而受到抑制，因而，共沉淀法制备的 CeO_2-ZrO_2-Al_2O_3 材料表现出了优异的高温热稳定性。与机械混合法制备的 CeO_2-ZrO_2-Al_2O_3 材料相比，共沉淀法制备的材料老化后表现出了较高的比表面积、较小的CeO_2-ZrO_2晶粒尺寸，并且其负载的Pt催化剂也表现出了优异的储氧性能和较小的Pt颗粒尺寸。

Lin 等[198]分别采用机械混合法和共沉淀法制备了 CeO_2-ZrO_2-Al_2O_3材料，并负载了单Pd三效催化剂，研究了催化剂的各项性能。结果发现，由于CeO_2-ZrO_2和Al_2O_3之间存在较强的相互作用，共沉淀法制备的CeO_2-ZrO_2-Al_2O_3负载的催化剂高温稳定性明显优于机械混合法制备的 CeO_2-ZrO_2-Al_2O_3 负载的催化剂。在高温处理之后，共沉淀法制备的 CeO_2-ZrO_2-Al_2O_3 负载的催化剂保持了较高的比表面积和较小的晶粒尺寸，而且机械混合法得到的样品 1100 ℃老化后出现了α-Al_2O_3的物相，但是共沉淀法的使用却有效地抑制了高温下α-Al_2O_3相的生成。另外，共沉淀法制备的CeO_2-ZrO_2-Al_2O_3载体与贵金属Pd之间的相互作用较强，可以使更多的 Pd 物种稳定在氧化态（PdO），从而使得催化剂的还原性能和三效催化活性都明显优于机械混合法得到的样品。

Papavasiliou 等[182]用同时沉淀法、顺序沉淀法和浸渍法分别制备了一系列Ce-Zr-La/Al_2O_3材料，结果表明同时共沉淀法制备的材料具有最佳的结构性能和最好的热稳定性，由于材料组成的高度均匀性可以有效地抑制其负载的Pt颗粒的烧结，因而相应的催化剂表现出了最为优异的三效催化活性。

Wang 等[199]分别用共沉淀法（干燥过程分别采用超临界干燥法和普通干燥法）、溶胶—凝胶法、微乳液法、浸渍法制备了一系列 CeO_2-ZrO_2-Al_2O_3 材料。结果表明，共沉淀法结合超临界干燥法制备的材料具有较小的晶粒尺寸、较大的比表面积和良好的热稳定性。所以其负载的Pd催化剂也具有优异的氧化还原性能和三效催化活性。除此之外，微乳液法制备的 CeO_2-ZrO_2-Al_2O_3 材料也表现出了很好的效果。

Wang 等[177]研究了不同的制备方法产生的CeO_2-ZrO_2和Al_2O_3之间的相互作用对 CeO_2-ZrO_2-Al_2O_3 材料的结构、热稳定性和储氧性能的影响。制备方法包括共沉淀法（Ce、Zr、Al的盐溶液混合后再与沉淀剂进行共沉淀）、分别沉淀法（Ce-Zr的盐溶液和 Al 的盐溶液分别沉淀之后再混合）、机械混合法（Ce-Zr 的盐溶液和Al的盐溶液分别进行沉淀、陈化、干燥、焙烧之后，得到的两种粉末再进行机械混合），还有浸渍法（将 Ce、Zr 的硝酸盐溶液浸渍在Al_2O_3粉末上）。结果表明，使用不同的制备方法导致得到的CeO_2-ZrO_2-Al_2O_3材料中CeO_2-ZrO_2和Al_2O_3之间的相互作用程度不同，共沉淀法制备的 CeO_2-ZrO_2-Al_2O_3 材料中 CeO_2-ZrO_2 和Al_2O_3之间的相互作用最强，CeO_2-ZrO_2和Al_2O_3之间的相互作用可以抑制材料孔道的烧结坍塌，抑制 CeO_2-ZrO_2 的分相和 Al_2O_3 的相变，并且可以产生更多的晶格缺陷，从而改善材料的储氧性能。

Weng 等[180]用传统共沉淀和超临界共沉淀法制备了 $Ce_{0.6}Zr_{0.3}La_{0.05}Y_{0.05}O_{2-\delta}$/$\gamma$-$Al_2O_3$ 材料，发现后者制备的材料虽然新鲜状态下比表面积偏小（由于在 450 ℃的超临界水中处理，故导致比表面损失），但抗老化性能更好（1000 ℃/20 h）。并且通过 HAADF-STEM 分析发现，对于传统共沉淀法制备的 CeZrYLaAlO 材料，Ce、Zr、Y、La 的 HAADF 图像类似，说明 CeZrYLa 形成了固溶体，与 XRD 一致，但 Al 分布的区域却不一样，说明 CeZrYLaO 和 Al_2O_3 是独立存在的。对于超临界共沉淀法制备的 CeZrYLaAlO 材料，Ce、Zr、Y、La 的 HAADF 图像与 Al 的类似，说明 CeZrYLaO 在 Al_2O_3 上呈现高度分散的状态。另外，用超临界共沉淀法制备的 PdCeO_2-ZrO_2-Al_2O_3 可以得到较高的 Pd 分散度和较强的 Pd 和 CeO_2-ZrO_2-Al_2O_3 载体材料之间的相互作用，相应的三效催化活性也更为优异。

Jiao 等[194]采用共沉淀法、胶溶法、胶溶法和共沉淀法相结合（将 CeZr 沉淀在 Al_2O_3 溶胶上）3 种方法分别制备了同一组分的样品：$Ce_{0.5}Zr_{0.5}O_2$(12wt%)-Al_2O_3。XRD 测试结果发现，3 种样品经 1000 ℃焙烧处理后，均表现出 CeO_2-ZrO_2 固溶体和 γ-Al_2O_3 的物相。进一步提高处理温度，经 1100 ℃焙烧后，除了 CeO_2-ZrO_2 固溶体和 γ-Al_2O_3 的物相，所有样品中都出现了 α-Al_2O_3 的衍射峰，但是共沉淀法制备的样品中 α-Al_2O_3 的衍射峰最弱，热稳定性最好，而胶溶法和共沉淀法相结合制备的样品热稳定性最差，α-Al_2O_3 的衍射峰最强。

Cai 等[183]分别采用共沉淀法和浸渍法制备了 CeO_2-ZrO_2-La_2O_3-Al_2O_3（其中 CeO_2%=9%，ZrO_2%=9%，La_2O_3%=5%，Al_2O_3%=77%）。结果表明，共沉淀法制备的样品热稳定性优于浸渍法制备的样品，1000 ℃老化处理后共沉淀法制备的样品比表面积和孔容的下降程度较小，并且保持了稳定的结构特征，而浸渍法制备的样品老化后出现了 CeO_2-ZrO_2 的分相，结构被破坏。另外，共沉淀法制备的样品其储氧性能也优于浸渍法制备的样品。

综上所述，早期采用的机械混合法、浸渍法和溶胶—凝胶法制备的 CeO_2-ZrO_2-Al_2O_3 材料虽然相较于单独的 CeO_2-ZrO_2 材料和 Al_2O_3 材料有一些优势，但是其热稳定性不够理想。而共沉淀法可以达到均匀混合各个组分的目的，从而使得各组分之间的相互作用增强，有效地提高了体系的热稳定性，因此共沉淀法被广泛地应用于制备 CeO_2-ZrO_2-Al_2O_3 材料。为了进一步改善 CeO_2-ZrO_2-Al_2O_3 材料的热稳定性，众多研究者在共沉淀法的基础上，对 CeO_2-ZrO_2- Al_2O_3 材料的改性也做了系统的研究，包括制备方法的改进、制备条件的优化，后处理方式的优化、助剂的添加等。

（1）制备方法的改进对 CeO_2-ZrO_2-Al_2O_3 材料性能的改善作用。Cai 等[200]采用传统的共沉淀法和超声波改进的共沉淀法制备了两个组成一致的 CeO_2-ZrO_2-La_2O_3-Al_2O_3 材料，结果发现，超声波改进的共沉淀法制得的材料热稳定性要明显优于传统的共沉淀法制备的材料。经过不同温度（900 ℃、1000 ℃、1050 ℃、1100 ℃和 1150 ℃）老化处理后，超声波改进的共沉淀法制备的 CeO_2-ZrO_2-La_2O_3-Al_2O_3 材料均具有更高的比表面积和更大的孔容，并且其结构稳定性也更为优异，老化过程中晶粒的烧结和 Al_2O_3 的相变相对于传统的共沉淀法都得到了明显的抑制。此外，其负载的单 Pd 催化剂具有合适的 NO 吸附性能、大量的可还原物种和良好的热稳定性，因此比传统的共沉淀法制备的材料负载的催化剂表现出了更为优异的催化活性。

Lan 等[201]采用改进的共沉淀法制备了 CeO_2-ZrO_2-Al_2O_3，即在沉淀过程中将 Ce-Zr 和 Al 的盐溶液单独配制，再同时与沉淀剂进行沉淀。得到的 CeO_2-ZrO_2-Al_2O_3 材料与机械混合法相比，其中 CeO_2-ZrO_2 与 Al_2O_3 之间的相互作用增强，极大提高了材料的热稳定性。另外，与传统的共沉淀法相比，其中 CeO_2-ZrO_2 与 Al_2O_3 之间的相互作用有所减弱，使得 Al_2O_3 对 CeO_2-ZrO_2 结构的影响变小，从而提高了 CeO_2-ZrO_2 固溶体的均一性，增强了氧的移动性，改善了体系的氧化还原性能。并且其负载的 Pd 催化剂老化后也具有更为优异的氧化还原性能和三效催化活性。

此外，Lan 等[202]还采用分步沉淀法制备了 CeO_2-ZrO_2-Al_2O_3 材料，即 CeO_2-ZrO_2 和 Al_2O_3 两种组分并不是同时与沉淀剂发生沉淀反应，而是先沉淀一种组分，后沉淀另一种组分。与传统的共沉淀法相比，这种分步沉淀法也可以适当地减弱 Al_2O_3 对 CeO_2-ZrO_2 结构造成的影响，形成更为均匀的 CeO_2-ZrO_2 固溶体，从而改善材料的氧化还原性能。并且用分步沉淀法制备的 CeO_2-ZrO_2-Al_2O_3 材料负载的单 Pd 催化剂具有较高的 Pd 分散度和较小的 Pd 晶粒尺寸，以及良好的氧化还原性能和高温稳定性，所以其三效催化活性也较为优异，尤其是先沉淀 Al_2O_3 后沉淀 CeO_2-ZrO_2 组分得到的材料负载的催化剂。

（2）制备条件的优化对 CeO_2-ZrO_2-Al_2O_3 材料性能的改善作用。Wang 等[203]研究了共沉淀法中不同反应器的使用对 CeO_2-ZrO_2-Al_2O_3 材料性能的影响。结果发现，改进的反应器（CSTR）制备的 CeO_2-ZrO_2-Al_2O_3 材料具有更高的热稳定性，老化过程中其比表面和孔容下降的程度都比传统反应器（BR）制备的材料低。并且其制备的 CeO_2-ZrO_2-Al_2O_3 材料形貌结构较为疏松，具有丰富的纳米孔道结构，所以材料的热稳定性较好，老化过程中晶粒长大和颗粒团聚不如传统反应器（BR）制备的材料严重，同时也具有较好的氧化还原性能。将两种反应器制得的材料负载贵金属 Rh 制成催化剂后，发现改进的反应器（CSTR）制备的材料负载的催化剂表现出较好的还原性能，较高的 Rh 分散度，以及较为优异的三效催化活性和热稳定性。

Li 等[204]在共沉淀法制备 CeO_2-ZrO_2-Al_2O_3 材料的过程中使用了不同的沉淀剂，结果发现，使用复合沉淀剂氨水-碳酸铵组成的缓冲溶液，可以得到中等强度的 CeO_2-ZrO_2 和 Al_2O_3 之间的相互作用，从而更好地平衡 CeO_2-ZrO_2 固溶体的均一性和体系的热稳定性，使得得到的材料高温处理后织构、结构和还原性能都有所改善，相应地，其负载的催化剂也表现出了最佳的还原性能、催化活性和热稳定性。

（3）后处理方式的优化对 CeO_2-ZrO_2-Al_2O_3 材料性能的改善作用。此外，CeO_2-ZrO_2-Al_2O_3 材料的后处理温度和处理气氛也会对材料的性能产生很大的影响。对于 CeO_2-ZrO_2-Al_2O_3 体系来说，不同的焙烧温度对材料的性能会产生很大的影响。一般来说，随着焙烧温度的升高，材料的织构性能会逐渐下降。但是当将 CeO_2-ZrO_2-Al_2O_3 材料用于汽油车尾气净化催化剂中时，低温处理得到的 CeO_2-ZrO_2-Al_2O_3 其比表面积和孔结构性能往往会超过催化剂对载体材料织构性能的要求，同时低温处理下的 CeO_2-ZrO_2-Al_2O_3 由于其结构性能不理想，会导致其氧化还原性能和热稳定性也不够理想。所以，如果要把 CeO_2-ZrO_2-Al_2O_3 作为载体材料用来负载贵金属制备催化剂时，需要选择合适的处理温度先对 CeO_2-ZrO_2-Al_2O_3 材料处理之后再使用。Lan 等[202]研究了 CeO_2-ZrO_2-Al_2O_3 的不同焙烧温度对其织构、结构、氧化还原性能和其负载的 Pd 催化剂性能的影响，结果发现，在 900 ℃以下，随着焙烧温度的升高，CeO_2-ZrO_2-Al_2O_3 材料的比表面积缓慢下降，CeO_2-ZrO_2 的晶粒尺寸也呈现缓慢增长的趋势，而氧化还原性能则有所改善，但是经 1000 ℃焙烧后，材料的比表面积急剧下降，CeO_2-ZrO_2 的晶粒尺寸也显著增大，还发生了 CeO_2-ZrO_2 的分相。最终导致 900 ℃焙烧的 CeO_2-ZrO_2-Al_2O_3 材料负载的 Pd 催化剂氧化还原性能、催化活性和热稳定性都最为优异。当然，CeO_2-ZrO_2-Al_2O_3 体系的最佳处理温度还与 CeO_2-ZrO_2-Al_2O_3 体系的组成有关。比如说，在一定范围内，当 Ce/Zr 比例一定时，如果 CeO_2-ZrO_2-Al_2O_3 体系中 Al_2O_3 的含量升高，那么它所需要的最佳处理温度也会较高，当 Al_2O_3 含量一定时，富 Zr 的 CeO_2-ZrO_2-Al_2O_3 最佳处理温度一般会高于富 Ce 的 CeO_2-ZrO_2-Al_2O_3。如果 CeO_2-ZrO_2-Al_2O_3 体系中添加了其他可以提高热稳定性的助剂，如 La、Ba 等，那么其最佳处理温度也会高于纯 CeO_2-ZrO_2-Al_2O_3 材料。

另外，Xiao 等[205]将共沉淀法制备的 CeO_2-ZrO_2-Al_2O_3 复合氧化物分别在空气和 10% H_2-Ar 气氛下进行热处理，发现 CeO_2-ZrO_2-Al_2O_3 样品在还原气氛下热处理后其还原性能优于空气气氛下热处理的结果。但是 950 ℃还原热处理后，会出

现 $CeAlO_3$ 晶相，而 $CeAlO_3$ 晶相的形成会显著影响 CeO_2-ZrO_2-Al_2O_3 材料的储氧性能和还原性能。

（4）助剂的添加对 CeO_2-ZrO_2-Al_2O_3 材料性能的改善作用。向 CeO_2-ZrO_2-Al_2O_3 材料中掺杂各种助剂（Y_2O_3、La_2O_3、Nd_2O_3、BaO、SrO 等）也是一种可以有效地改善 CeO_2-ZrO_2-Al_2O_3 材料的氧化还原性能和热稳定性的方法。Papavasiliou 等[182]制备了系列 Ce-Zr-La/Al_2O_3 材料，结果发现，在这个体系中，La 主要起到稳定 Al_2O_3 的作用，而 ZrO_2 主要起到稳定 CeO_2 的作用。彭娜等[206]制备了一系列不同 Nd_2O_3 掺杂量的 CeO_2-ZrO_2-Al_2O_3-Nd_2O_3 材料，结果发现，掺杂适量的 Nd_2O_3 可以有效地抑制氧化物晶粒的长大，提高材料的热稳定性和氧化还原性能。Nd_2O_3 的掺杂量为 10 wt%时，得到的 CeO_2-ZrO_2-Al_2O_3-Nd_2O_3 材料织构性能和氧化还原性能的热稳定性最好。另外，Peng 等[207]还对比了 Nd_2O_3 在 CeO_2-ZrO_2-Al_2O_3 体系中的不同掺杂方法对材料性能的影响，结果发现，通过共沉淀法和浸渍法把 Nd_2O_3 引入到 CeO_2-ZrO_2-Al_2O_3 体系中，均能有效地改善材料的织构、结构和氧化还原性能，尤其是浸渍法制备的 CeO_2-ZrO_2-Al_2O_3-Nd_2O_3 材料具有更好的热稳定性和氧化还原性能，并且其负载的 Pd 催化剂表现出了最为优异的催化性能。Hernández-Garrido 等[188]用一锅法合成了 $Ce_xZr_{1-x}O_2$-BaO·$n$$Al_2O_3$ 纳米复合氧化物材料，结果表明，在适当的 BaO 掺杂量下，BaO 会选择性地与 Al_2O_3 结合生成 BHA（$BaAl_{12}O_{19}$ 或 BaO·6Al_2O_3）物相，从而显著地提高 $Ce_xZr_{1-x}O_2$-BaO·$n$$Al_2O_3$ 材料的热稳定性和催化氧化 CO 的活性。另外，Lan 等[208]用共沉淀法制备了不同 BaO 掺杂量的 CeO_2-ZrO_2-Al_2O_3-BaO 材料，也得到了类似的结果。当 BaO 的掺杂量低于 6 wt%时，BaO 会选择性地与 Al_2O_3 结合，形成 CeO_2-ZrO_2 组分和 BaO-Al_2O_3 组分在纳米尺度上的混合结构，当 BaO 的掺杂量为 8 wt%时，除了与 Al_2O_3 结合，多余的 BaO 可以进入 CeO_2-ZrO_2 的晶格，提高体系的氧移动性能。最终导致掺杂了 8 wt% BaO 的 CeO_2-ZrO_2-Al_2O_3-BaO 材料具有优异的氧化还原性能和热稳定性，其负载的 Pd 催化剂活性也最为优异。

四、CeO_2-ZrO_2-Al_2O_3 材料的发展趋势

综上所述，影响 CeO_2-ZrO_2-Al_2O_3 材料性能的因素非常复杂，包括制备方法和制备条件的选择，后处理条件（温度、气氛等），CeO_2-ZrO_2-Al_2O_3 的组成（Ce/Zr 比、Al_2O_3 的含量等），助剂的添加（助剂的种类、添加方式、添加量等）等，在制备过程中，可以通过控制和调变这一系列因素来得到符合需要的 CeO_2-ZrO_2-Al_2O_3 材料。CeO_2-ZrO_2-Al_2O_3 材料由于综合了 CeO_2-ZrO_2 材料和 Al_2O_3 材料的优点，并且具有

较好的稳定性，目前已经在汽油车尾气净化催化剂中得到了广泛的应用，但是由于其结构的特殊性，CeO_2-ZrO_2-Al_2O_3 材料仍然存在一些问题，未来需要从以下几方面对 CeO_2-ZrO_2-Al_2O_3 材料进行改性：

（1）作为汽油车尾气净化催化剂的载体，为了获得更高的贵金属分散度，需要制备出高温稳定性更好、具有更高比表面积的 CeO_2-ZrO_2-Al_2O_3 材料。

（2）CeO_2-ZrO_2-Al_2O_3 材料的热稳定性虽然优于 CeO_2-ZrO_2 材料，但是在 Al_2O_3 的含量较高的时候，材料的储氧性能可能会不理想，可以通过添加助剂、调变制备方法等方式来获得更好的储氧性能。

（3）CeO_2-ZrO_2-Al_2O_3 材料中，CeO_2-ZrO_2 和 Al_2O_3 组分之间的相互作用对材料的氧化还原性能和热稳定性有很大影响，所以需要进一步深入研究 CeO_2-ZrO_2 和 Al_2O_3 之间的相互作用，通过控制和调变 CeO_2-ZrO_2 和 Al_2O_3 组分之间的相互作用，达到调变材料性能的目的。

（4）CeO_2-ZrO_2-Al_2O_3 材料在高温下仍存在 CeO_2-ZrO_2 的分相和 Al_2O_3 的相变现象，需要进一步提高材料的热稳定性。

（5）共沉淀法是一种简单易行的材料制备方法，但是目前用共沉淀法制备的 CeO_2-ZrO_2-Al_2O_3 材料在工业应用中并不具有价格优势，所以需要通过选择合适的原材料和添加剂，调变制备过程来实现降低材料制备成本的目的。

（6）在汽油车尾气净化催化剂中，载体材料和贵金属之间的相互作用是影响催化剂活性的一个重要因素，所以除了材料本身，仍需深入研究 CeO_2-ZrO_2-Al_2O_3 材料和不同贵金属之间的相互作用，通过控制和调变 CeO_2-ZrO_2-Al_2O_3 材料和贵金属之间的相互作用来获得更为理想的催化剂性能。

参考文献

[1] Trovarelli A, Boaro M, Dolcetti G. The utilization of ceria in industrial catalysis. Catalysis Today, 1999, 50: 353-367.

[2] Lahaye J, Boehm S, Chambrion P, et al. Influence of cerium oxide on the formation and oxidation of soot. Combustion and Flame, 1996, 104: 199-207.

[3] Matatov-Meytal Y I, Sheintuch M. Catalytic abatement of water pollutants. Industrial & Engineering Chemistry Research, 1998, 37: 309-326.

[4] Flytzanistephanopoulos W M. Total oxidation of carbon monoxide and methane over transition metal-fluorite oxide composite catalysts. Journal of Catalysis, 1995,153: 304-316.

[5] Sahibzada M, Steele B C H, Zheng K, et al. Development of solid oxide fuel cells based on a $Ce(Gd)O_{2-x}$ electrolyte film for intermediate temperature operation. Catalysis Today, 1997, 38: 459-466.

[6] Fan J, Weng D, Wu X, et al. Modification of CeO_2–ZrO_2 mixed oxides by coprecipitated/ impregnated Sr: effect on the microstructure and oxygen storage capacity. Journal of Catalysis, 2008, 258:

177-186.

[7] Shen M Q, Wang J, Shang J, et al. Modification ceria-zirconia mixed oxides by doping Sr using the reversed microemulsionfor improved Pd-only three-way catalytic performance. The Journal of Physical Chemistry C, 2009, 113: 1543-1551.

[8] Fernández-García M, Martínez-Arias A, Guerrero-Ruiz A, et al. Ce-Zr-Ca ternary mixed oxides: structural characteristics and oxygen handling properties. Journal of Catalysis, 2002, 211: 326-334.

[9] Nikryannikova L, Aksenov A A, Markaryan G L, et al. The red–ox treatments influence on the structure and properties of M_2O_3-CeO_2-ZrO_2 (M=Y, La) solid solutions. Applied Catalysis A: General, 2001, 210: 225-235.

[10] McGuire N E, Kondamudi N, Petkovic L M, et al. Effect of lanthanide promoters on zirconia-based isosynthesis catalysts prepared by surfactant-assisted coprecipitation. Applied Catalysis A: General, 2012, 429-430: 59-66.

[11] Wang Q, Zhao B, Li G, et al. Application of rare earth modified Zr-based ceria-zirconia solid solution in three-way catalyst for automotive emission control. Environmental Science & Technology, 2010, 44: 3870-3875.

[12] Yue B, Zhou R, Wang Y, et al. Effect of rare earths (La, Pr, Nd, Sm and Y) on the methane combustion over Pd/Ce–Zr/Al_2O_3 catalysts. Applied Catalysis A: General, 2005, 295: 31-39.

[13] Zhao B, Wang Q, Li G, et al. Effect of rare earth (La, Nd, Pr, Sm and Y) on the performance of $Pd/Ce_{0.67}Zr_{0.33}MO_{2-\delta}$ three-way catalysts. Journal of Environmental Chemical Engineering, 2013, 1: 534-543.

[14] Vidmar P, Kašpar J, Gubitosa G, et al. Effects of trivalent dopants on the redox properties of $Ce_{0.6}Zr_{0.4}O_2$ mixed oxide. Journal of Catalysis, 1997, 171: 160-168.

[15] Gupta A, Waghmare U V, Hegde M S. Correlation of oxygen storage capacity and structural distortion in transition-metal-, noble-metal-, and rare-earth-ion-substituted CeO_2 from first principles calculation. Chemistry of Materials, 2010, 22: 5184-519.

[16] Li G, Wang Q, Zhao B, et al. The promotional effect of transition metals on the catalytic behavior of model $Pd/Ce_{0.67}Zr_{0.33}O_2$ three-way catalyst. Catalysis Today, 2010, 158: 385-392.

[17] Li G, Wang Q, Zhao B, et al. Promoting effect of synthesis method on the property of nickel oxide doped CeO_2-ZrO_2 and the catalytic behaviour of Pd-only three-way catalyst. Applied Catalysis B: Environmental, 2011, 105: 151-162.

[18] Li G, Wang Q, Zhao B, et al. A new insight into the role of transition metals doping with CeO_2-ZrO_2 and its application in Pd-only three-way catalysts for automotive emission control. Fuel, 2012 ,92: 360-368.

[19] Trovarelli A. Catalytic properties of ceria and CeO_2-containing materials. Catalysis Reviews, 1996, 38: 439-520.

[20] Tsunekawa S, Kawazoe Y, Ishikawa K. Lattice relaxation of monosize CeO_{2-x} nanocrystalline particles. Applied Surface Science, 1999, 152: 53-56.

[21] Montini T, Melchionna M, Monai M, et al. Fundamentals and catalytic applications of CeO_2-based materials. Chemical Review, 2016, 116: 5987-6041.

[22] Gao P, Fu W, Wang W, et al. Electrically driven redox process in cerium oxides. Journal of the American Chemical Society, 2010, 132: 4197-4201.

[23] Monte R D, Kašpar J. On the role of oxygen storage in three-way catalysis. Topics in Catalysis, 2004, 28: 47-57.

[24] Holmgren A, Andersson B. Oxygen storage dynamics in $Pt/CeO_2/Al_2O_3$ catalysts. Journal of Catalysis, 1998, 178: 14-25.
[25] Ahmidou L, Perrichon V, Badri A, et al. Reduction of CeO_2 by hydrogen. Journal of the Chemical Society, Faraday Transactions, 1991, 87: 1601-1609.
[26] Perrichon V, Bergeret G, Frety R, et al. Reduction of cerias with different textures by hydrogen and their reoxidation by oxygen. Journal of the Chemical Society, Faraday Transactions, 1994, 90: 773-781.
[27] Aneggi E, Boaro M, Leitenburg de C, et al. Insights into the redox properties of ceria-based oxides and their implications in catalysis. Journal of Alloys and Compounds, 2006, 408-412: 1096-1102.
[28] Bruce L A, Hoang M, Hughes A E, et al. Surface area control during the synthesis and reduction of high area ceria catalyst supports. Applied Catalysis A: General, 1996, 134: 351-362.
[29] Bulfin B, Lowe A J, Keogh K A, et al. Analytical model of CeO_2 oxidation and reduction. The Journal of Physical Chemistry C, 2013, 117: 24129-24137.
[30] Kašpar P F J, Grazinai M. Use of CeO_2-based oxides in the three-way catalysis. Catalysis Today, 1999, 50: 285-298.
[31] Dmowski E M W, Egami T, Putna S, et al. Energy-dispersive surface X-ray scattering study of thin ceria overlayer on zirconia: structural evolution with temperature. Physica B, 1998, 248: 95-100.
[32] Vlaic P F G, Geremia S, Kašpar J, et al. Relationship between the zirconia-promoted reduction in the Rh-Loaded $Ce_{0.5}Zr_{0.5}O_2$ mixed oxide and the Zr-O local structure. Journal of Catalysis, 1997, 168: 386-392.
[33] Mamontov T E E, Brezny R, Koranne M, et al. Lattice defects and oxygen storage capacity of nanocrystalline ceria and ceria-zirconia. The Journal of Physical Chemistry B, 2000, 104: 11110-11116.
[34] Monte R D, Kašpar J. Heterogeneous environmental catalysis-a gentle art: CeO_2-ZrO_2 mixed oxides as a case history. Catalysis Today, 2005, 100: 27-35.
[35] Yashima M, Ishizawa N, Yoshimura M. Diffusionless tetragonal-cubic tansformation temperature in zirconia-ceria solid solutions. Journal of the American Ceramic Society, 1993, 76: 2865-2868.
[36] Yashima M, Kakihana M, Yoshimura M. Raman scattering study of cubic-tetragonal phase transition in Zr_1-x$CexO_2$ solid solution. Journal of the American Ceramic Society, 1994, 77: 1067-1071.
[37] Martinez-Arias A, Fernandez-Garcia M, Ballesteros V, et al. Characterization of high surface area Zr-Ce (1:1) mixed oxide prepared by a microemulsion method. Langmuir, 1999, 15: 4796-4802.
[38] Chatterjee A, Pradhan S K, Datta A, et al. Stability of cubic phase in nanocrystalline ZrO_2. Journal of Materials Research, 2011, 9: 263-265.
[39] Lan L, Chen S, Cao Y, et al. Preparation of ceria-zirconia by modified coprecipitation method and its supported Pd-only three-way catalyst. Journal of Colloid and Interface Science, 2015, 450: 404-416.
[40] Kašpar P F J, Balducci G, Monte R D, et al. Effect of ZrO_2 content on textural and structural properties of CeO_2-ZrO_2 solid solutions made by citrate complexation route. Inorganica Chimica Acta, 2003, 349: 217-226.

[41] Kašpar J, Fornasiero P. Nanostructured materials for advanced automotive de-pollution catalysts. Journal of Solid State Chemistry, 2003, 171: 19-29.

[42] Fornasiero P, Dimonte R, Rao G R, et al. Rh-loaded CeO_2-ZrO_2 solid solutions as highly efficient oxygen exchangers: dependence of the reduction behavior and the oxygen storage capacity on the structural properties. Journal of Catalysis, 1995, 151: 168-177.

[43] Monte R D, Kašpar J. Nanostructured CeO_2-ZrO_2 mixed oxides. Journal of Materials Chemistry, 2005, 15: 633-648.

[44] Mamontov R B E, Koranne M, Egami T. Nanoscale heterogeneities and oxygen storage capacity of $Ce_{0.5}Zr_{0.5}O_2$. The Journal of Physical Chemistry B, 2003,107: 13007-13014.

[45] Fornasiero T, Graziani M, Kašpar J, et al. Effects of thermal pretreatment on the redox behaviour of $Ce_{0.5}Zr_{0.5}O_2$: isotopic and spectroscopic studies. Physical Chemistry Chemical Physics, 2002, 4: 149-159.

[46] Balducci P F G, Monte R D, Kašpar J, et al. An unusual promotion of the redox behaviour of CeO_2-ZrO_2 solid solutions upon sintering at high temperatures. Catalysis Letters, 1995, 33: 193-200.

[47] Vidal J K H, Pijolat M, Colonb G, et al. Redox behavior of CeO_2-ZrO_2 mixed oxides I. Influence of redox treatments on high surface area catalysts. Applied Catalysis B: Environmental, 2000, 27: 49-63.

[48] Yeste M P, Hernández J C, Bernal S, et al. Redox behavior of thermally aged ceria-zirconia mixed oxides. role of their surface and bulk structural properties. Chemistry of Materials, 2006, 18: 2750-2757.

[49] Fornasiero P, Monte R D, Vlaic G, et al. Graziani, Relationships between structural/textural properties and redox behavior in $Ce_{0.6}Zr_{0.4}O_2$ mixed oxides. Journal of Catalysis, 1999, 187: 177-185.

[50] Kašpar J, Fornasiero P, Graziani M, et al. Dependency of the oxygen storage capacity in zirconia-ceria solid solutions upon textural properties. Topics in Catalysis, 2001, 16/17: 83-87.

[51] Kishimoto H, Otsuka-Yao-Matsuo S, Ueda K, et al. Crystal structure of metastable k-CeZrO phase possessing an ordered arrangement of Ce and Zr ions. Journal of Alloys and Compounds, 2000, 312: 94-103.

[52] Omata T, Ono K, Otsuka-Yao-Matsuo S. Photodegradation of methylene blue aqueous solution sensitized by pyrochlore-related-$CeZrO_4$ oxide powder. Materials Transactions, 2003, 44: 1620-1623.

[53] Jampaiah D, Ippolito S J, Sabri Y M, et al. Ceria-zirconia modified MnOx catalysts for gaseous elemental mercury oxidation and adsorption. Catalysis Science & Technology, 2016, 6: 1792-1803.

[54] Piumetti M, Bensaid S, Russo N, et al. Investigations into nanostructured ceria-zirconia catalysts for soot combustion. Applied Catalysis B: Environmental, 2016, 180: 271-282.

[55] Fornasiero P, Graziani M. On the rate determining step in the reduction of CeO_2-ZrO_2 mixed oxides. Applied Catalysis B: Environmental, 1999, 22: 11-14.

[56] Twigg M V. Progress and future challenges in controlling automotive exhaust gas emissions. Applied Catalysis B: Environmental, 2007, 70: 2-15.

[57] Shelef M. Twenty-five years after introductionof automotive catalysts: what next. Catalysis Today, 2000, 62: 35-50.

[58] Sun C, Li H, Chen L. Nanostructured ceria-based materials: synthesis, properties, and applica-

tions. Energy & Environmental Science, 2012, 5: 8475-8505.
[59] Ozawa M. Role of cerium-zirconium mixed oxides as catalysts for car pollution: a short review. Journal of Alloys and Compounds, 1998, 275-277: 886-890.
[60] Hirano M. Oxygen storage capacity, specific surface area, and pore-size distribution of ceria-zirconia solid solutions directly formed by thermal hydrolysis. Journal of the American Ceramic Society, 2003, 86: 2209-2211.
[61] Dong F, Suda A, Tanabe T, et al. Dynamic oxygen mobility and a new insight into the role of Zr atoms in three-way catalysts of Pt/CeO_2-ZrO_2. Catalysis Today, 2004, 93-95: 827-832.
[62] Wang S N, Wang J L, Hua W B, et l. Designed synthesis of Zr-based ceria-zirconia-neodymia composite with high thermal stability and its enhanced catalytic performance for Rh-only three-way catalyst. Catalysis Science & Technology, 2016, 6: 7437-7448.
[63] Zhou Y, Gong M, Chen Y. Modification of the thermal stability of doped CeO_2-ZrO_2 mixed oxides with the addition of triethylamine and its application as a Pd-only three-way catalyst. Journal of Materials Science, 2016, 51: 4283-4295.
[64] Hu Z, Metiu H. Effect of dopants on the energy of oxygen-vacancy formation at the surface of ceria: local or global. The Journal of Physical Chemistry C, 2011, 115: 17898-17909.
[65] Shen W, Jiang J, Hertz J L. Beneficial lattice strain in heterogeneously doped ceria. The Journal of Physical Chemistry C, 2014, 118: 22904-22912.
[66] Yang X, Yang L, Lin S, et al. Investigation on properties of Pd/CeO_2-ZrO_2-Pr_2O_3 catalysts with different Ce/Zr molar ratios and its application for automotive emission control. Journal of Hazardous Materials, 2015, 285: 182-189.
[67] Wang Q, Li G, Zhao B, et al. The effect of Nd on the properties of ceria-zirconia solid solution and the catalytic performance of its supported Pd-only three-way catalyst for gasoline engine exhaust reduction. Journal of Hazardous Materials, 2011, 189: 150-157.
[68] Eufinger J P, Daniels M, Schmale K, et al. The model case of an oxygen storage catalyst-non-stoichiometry, point defects and electrical conductivity of single crystalline CeO_2-ZrO_2-Y_2O_3 solid solutions. Physical Chemistry Chemical Physics, 2014, 16: 25583-25600.
[69] Feng S, Pan D, Wang Z. Facile synthesis of cubic fluorite nano-$Ce_{1-x}Zr_xO_2$ via hydrothermal crystallization method. Advanced Powder Technology, 2011, 22: 678-681.
[70] 陈孝伟, 黄贻展, 王忠, 等. 铈锆基储氧材料的制备工艺. CN104001492A. 2014.
[71] Curran C D, Lu L, Jia Y, et al. Direct single-enzyme biomineralization of catalytically active ceria and ceria-zirconia nanocrystals. ACS Nano, 2017, 11: 3337-3346.
[72] Zhang Y, Zhang L, Deng J, et al. Controlled synthesis, characterization, and morphology-dependent reducibility of ceria-zirconia-yttria solid solutions with nanorod-like, microspherical, microbowknot-like, and micro-octahedral shapes. Inorganic Chemistry, 2009, 48: 2181-2192.
[73] Shigapov A N, McCabe R W, Plummer Jr H K. The preparation of high-surface area, thermally-stable, metal-oxide catalysts and supports by a cellulose templating approach. Applied Catalysis A: General, 2001, 210: 287-300.
[74] Bumajdad A, Eastoe J, Pasupulety L. Microemulsion-based synthesis of CeO_2 powders with high surface area and high-temperature stabilities. Langmuir, 2004, 20: 11223-11233.
[75] Baker R T. Synthesis of nanocrystalline CeO_2-ZrO_2 solid solutions by a citrate complexation route: a thermochemical and structural study. The Journal of Physical Chemistry C, 2009, 113: 914-924.
[76] Huang W, Wanga C, Zou B, et al. Effects of Zr/Ce molar ratio and water content on thermal

stability and structure of ZrO_2-CeO_2 mixed oxides prepared via sol-gel process. Materials Research Bulletin, 2012, 47: 2349-2356.

[77] Weng X, Perston B, Wang X Z, et al. Synthesis and characterization of doped nano-sized ceria-zirconia solid solutions. Applied Catalysis B: Environmental, 2009, 90: 405-415.

[78] Si R, Zhang Y W, Li S J, et al.Urea-based hydrothermally derived homogeneous nanostructured $Ce_{1-x}Zr_xO_2$ (x=0–0.8) solid solutions: a strong correlation between oxygen storage capacity and lattice strain. The Journal of Physical Chemistry B, 2004, 108: 12481-12488.

[79] Nakatani T, Okamoto H, Ota R. Preparation of CeO_2-ZrO_2 mixed oxide powders by the coprecipitation method for the purification catalysts of automotive emission. Journal of Sol-Gel Science and Technology, 2003, 26: 859-863.

[80] Alifanti M, Blangenois N, Naud J, et al. Characterization of CeO_2-ZrO_2 mixed oxides: comparison of the citrate and sol-gel preparation methods. Chemistry of Materials, 2003, 15: 395-403.

[81] Kim M, Laine R M. One-step synthesis of core-shell $(Ce_{0.7}Zr_{0.3}O_2)_x(Al_2O_3)_{1-x}[(Ce_{0.7}Zr_{0.3}O_2)$@$Al_2O_3]$ nanopowders via liquid-feed flame spray pyrolysis (LF-FSP). Journal of the American Chemical Society, 2009, 131: 9220-9229.

[82] Kozlov A. Effect of preparation method and redox treatment on the reducibility and structure of supported ceria-zirconia mixed Oxide. Journal of Catalysis, 2002, 209: 417-426.

[83] Liu J, Liu B, Fang Y, et al. Preparation, characterization and origin of highly active and thermally stable Pd-$Ce_{0.8}Zr_{0.2}O_2$ catalysts via sol-evaporation induced self-assembly method. Environmental Science & Technology, 2014, 48: 12403-12410.

[84] Wang Q, Li G, Zhao B, et al. The effect of La doping on the structure of $Ce_{0.2}Zr_{0.8}O_2$ and the catalytic performance of its supported Pd-only three-way catalyst. Applied Catalysis B: Environmental, 2010, 101: 150-159.

[85] Zhao B, Li G, Ge C, et al. Preparation of $Ce_{0.67}Zr_{0.33}O_2$ mixed oxides as supports of improved Pd-only three-way catalysts. Applied Catalysis B: Environmental, 2010, 96: 338-349.

[86] Wang Q, Li G, Zhao B, et al. Synthesis of La modified ceria-zirconia solid solution by advanced supercritical ethanol drying technology and its application in Pd-only three-way catalyst. Applied Catalysis B: Environmental, 2010, 100: 516-528.

[87] Li G, Zhao B, Wang Q, et al. The effect of Ni on the structure and catalytic behavior of model Pd/$Ce_{0.67}Zr_{0.33}O_2$ three-way catalyst before and after aging. Applied Catalysis B: Environmental, 2010, 97: 41-48.

[88] Li G, Wang Q, Zhao B, et al. Modification of $Ce_{0.67}Zr_{0.33}O_2$ mixed oxides by coprecipitated/impregnated Co: effect on the surface and catalytic behavior of Pd only three-way catalyst. Journal of Molecular Catalysis A: Chemical, 2010, 326: 69-74.

[89] Cui Y, Lan L, Shi Z, et al. Effect of surface tension on the properties of a doped CeO_2-ZrO_2 composite and its application in a Pd-only three-way catalyst. RSC Advances, 2016, 6: 66524-66536.

[90] Terribile D, Leitenburg de C, Dolcetti G. Unusual oxygen storage/redox behavior of high-surface-area ceria prepared by a surfactant-assisted route. Chemistry of Materials, 1997, 9: 2676-2678.

[91] Terribile D, Llorca J, Leitenburg de C, et al. The synthesis and characterization of mesoporous high-surface area ceria prepared using a hybrid organic/inorganic route. Journal of Catalysis, 1998, 178: 299-308.

[92] Terribile D, Llorca J, Leitenburg de C, et al. The preparation of high surface area CeO_2-ZrO_2 mixed oxides by a surfactant-assisted approach. Catalysis Today, 1998, 43: 79-88.

[93] Zou Z Q, Meng M, Li Q, et al. Surfactants-assisted synthesis and characterizations of multicomponent mesoporous materials Co-Ce-ZrO and Pd/Co-Ce-Zr-O used for low-temperature CO oxidation. Materials Chemistry and Physics, 2008, 109: 373-380.
[94] Sukonket T, Khan A, Saha B, et al. Influence of the catalyst preparation method, surfactant amount, and steam on CO_2 reforming of CH_4 over $5Ni/Ce_{0.6}Zr_{0.4}O_2$ catalysts. Energy & Fuels, 2011, 25: 864-877.
[95] Feng R, Yang X, Ji W, et al. Hydrothermal synthesis of stable mesoporous ZrO_2-Y_2O_3 and CeO_2-ZrO_2-Y_2O_3 from simple inorganic salts and CTAB template in aqueous medium. Materials Chemistry and Physics, 2008, 107: 132-136.
[96] Wang A, Montoya A, Castillo S, et al. New insights into the defective structure and catalytic activity of Pd/Ceria. Chemistry of Materials, 2002, 14: 4676-4683.
[97] Ghesti G F, Macedo de J L, Parente V C I, et al. Synthesis, characterization and reactivity of Lewis acid/surfactant cerium trisdodecylsulfate catalyst for transesterification and esterification reactions. Applied Catalysis A: General, 2009, 355: 139-147.
[98] Zhang Y, Deng J, Dai H, et al. Controlled synthesis, characterization, and morphology-dependent reducibility of ceria-zirconia-yttria solid solutions with nanorod-like, microspherical, microbowknot-like, and micro-octahedral shapes. Inorganic Chemistry, 2009, 48: 2181-2192.
[99] Lu X, Li X, Qian J, et al. The surfactant-assisted synthesis of CeO_2 nanowires and their catalytic performance for CO oxidation. Powder Technology, 2013, 239: 415-421.
[100] Hung I M, Wang H P, Lai W H, et al. Preparation of mesoporous cerium oxide templated by tri-block copolymer for solid oxide fuel cell. Electrochimica Acta, 2004, 50: 745-748.
[101] Li H, Dai H, He H, et al. Unique physicochemical properties of three-dimensionally ordered macroporous magnesium oxide, gamma-alumina, and ceria-zirconia solid solutions with crystalline mesoporous walls. Inorganic Chemistry, 2009, 48: 4421-4434.
[102] Brezesinski T, Iimura K, Smarsly B. Mesostructured crystalline ceria with a bimodal pore system using block copolymers and ionic liquids as rational templates. Chemistry of Materials, 2005, 17: 1683-1690.
[103] Markus B, Matthijs G, Nicola P, et al. The generation of mesostructured crystalline CeO_2, ZrO_2 and CeO_2-ZrO_2 films using evaporation-induced self-assembly. New Journal of Chemistry, 2005, 29: 237-242.
[104] Zhang G, Shen Z, Liu M, et al. Synthesis and characterization of mesoporous ceria with hierarchical nanoarchitecture controlled by amino acids. The journal of physical chemistry B, 2006, 110: 25782-25790.
[105] Arandiyan H, Dai H, Ji K, et al. Pt nanoparticles embedded in colloidal crystal template derived 3d ordered macroporous $Ce_{0.6}Zr_{0.3}Y_{0.1}O_2$: highly efficient catalysts for methane combustion. ACS Catalysis, 2015, 5: 1781-1793.
[106] Ho C, Yu J C, Wang X, et al. Meso- and macro-porous $Pd/Ce_xZr_{1-x}O_2$ as novel oxidation catalysts. Journal of Materials Chemistry, 2005, 15: 2193-2201.
[107] Arai H, Machida M. Thermal stabilization of catalyst supports and their application to high-temperature catalytic combustion. Applied Catalysis A: General, 1996, 138: 161-176.
[108] Zhang Z, Hicks R W, Pauly T R, et al. Mesostructured forms of γ-Al_2O_3. Journal of the American Chemical Society, 2002, 124: 1592-1593.
[109] Kašpar J, Fornasiero P, Hickey N. Automotive catalytic converters: current status and some perspectives. Catalysis Today, 2003, 77: 419-449.

[110] Liu Y, Wang J X, Yang Z X, et al. Thermal stabilization of barium on the alumina at high temperature. Acta Physico-Chimica Sinica, 2000, 16: 536-537.
[111] Yang Z, Chen X, Niu G, et al. Comparison of effect of La-modification on the thermostabilities of alumina and alumina-supported Pd catalysts prepared from different alumina sources. Applied Catalysis B: Environmental, 2001, 29: 185-194.
[112] Lippens B C, Boer de J H. Study of phase transformations during calcination of aluminum hydroxides by selected area electron diffraction. Acta Crystallographica, 1964, 17: 1312-1321.
[113] Tsukada T, Segawa H, Yasumori A, et al. Crystallinity of boehmite and its effect on the phase transition temperature of alumina. Journal of Materials Chemistry, 1999, 9: 549-553.
[114] 徐平坤, 董应榜. 刚玉耐火材料. 北京: 冶金工业出版社, 2007.
[115] Krokidis X, Raybaud P, Gobichon A E, et al. Theoretical study of the dehydration process of boehmite to γ-alumina. The Journal of Physical Chemistry B, 2001, 105: 5121-5130.
[116] Johnson M F L. Surface area stability of aluminas. Journal of Catalysis, 1990, 123: 245-259.
[117] Zou H, Ge X, Shen J. Surface acidity and basicity of γ-Al_2O_3 doped with K^+ and La^{3+} and calcined at elevated temperatures. Thermochimica Acta, 2003, 397: 81-86.
[118] Yong L, Chen X J C. Advance in improving the thermal stability of alumina. Chemistry, 2001, 64: 65-70.
[119] Schaper H, Amesz D J, Doesburg E B M, et al. The influence of high partial steam pressures on the sintering of lanthanum oxide doped gamma alumina. Applied Catalysis, 1984, 9: 129-132.
[120] Ahlström-Silversand A F, Odenbrand C U I. Combustion of methane over a Pd-$Al_2O_3SiO_2$ catalyst, catalyst activity and stability. Applied Catalysis A: General, 1997, 153: 157-175.
[121] Liu Y, Chen X, Niu G, et al. Effect of gelation on thermostability of alumina modified with barium. Chinese Journal of Catalysis, 1999, 20: 654-666.
[122] Rossignol S, Kappenstein C. Effect of doping elements on the thermal stability of transition alumina. International Journal of Inorganic Materials, 2001, 3: 51-58.
[123] Enache D, Roy-Auberger M, Esterle K, et al. Preparation of Al_2O_3-ZrO_2 mixed supports their characteristics and hydrothermal stability. Colloids and Surfaces A: Physicochemical and Engineering Aspects, 2003, 220: 223-233.
[124] Ersoy B, Gunay V. Effects of La_2O_3 addition on the thermal stability of γ-Al_2O_3 gels. Ceramics International, 2004, 30: 163-170.
[125] Wei Q, Chen Z X, Wang Z H, et al. Effect of La, Ce, Y and B addition on thermal stability of unsupported alumina membranes. Journal of Alloys and Compounds, 2005, 387: 292-296.
[126] Kosuge K, Ogata A. Effect of SiO_2 addition on thermal stability of mesoporous γ-alumina composed of nanocrystallites. Microporous and Mesoporous Materials, 2010, 135: 60-66.
[127] Wang J X, Liu Y, He A D. High temperature thermal stability of Al_2O_3 modified by La_2O_3 with different preparation method. Journal of Fudan University, 2000, 39: 450-454.
[128] Church J S, Cant N W, Trimm D L. Stabilisation of aluminas by rare earth and alkaline earth ions. Applied Catalysis A: General, 1993, 101: 105-116.
[129] Byrd A J, Gupta R B. Stability of cerium-modified γ-alumina catalyst support in supercritical water. Applied Catalysis A: General, 2010, 381: 177-182.
[130] Ferreira A P, Zanchet D, Rinaldi R, et al. Effect of the CeO_2 content on the surface and structural properties of CeO_2-Al_2O_3 mixed oxides prepared by sol-gel method. Applied Catalysis A: General, 2010, 388: 45-56.
[131] Damyanova S, Perez C A, Schmal M, et al. Characterization of ceria-coated alumina carrier,

Applied Catalysis A: General, 2002, 234: 271-282.

[132] Chen X, Liu Y, Niu G, et al. High temperature thermal stabilization of alumina modified by lanthanum species. Applied Catalysis A: General, 2001, 205: 159-172.

[133] Morterra C, Magnacca G, Bolis V, et al. Structural, morphological and surface chemical features of Al_2O_3 catalyst supports stabilized with CeO_2. Studies in Surface Science and Catalysis, 1995, 96: 361-373.

[134] Morterra C, Bolis V, Magnacca G. Surface characterization of modified aluminas part 4-surface hydration and lewis acidity of CeO_2-Al_2O_3 systems. Journal of the Chemical Society, Faraday Transactions, 1996, 92: 1991-1999.

[135] Piras A, Trovarelli A, Dolcetti G. Remarkable stabilization of transition alumina operated by ceria under reducing and redox conditions. Applied Catalysis B: Environmental, 2000, 28: 77-81.

[136] Shyu J Z, Otto K, Watkins W L H, et al. Characterization of Pd/γ-alumina catalysts containing ceria. Journal of Catalysis, 1988, 114: 23-33.

[137] Shyu J Z, Weber W H, Gandhi H S. Surface characterization of alumina-supported ceria. The Journal of Physical Chemistry, 1988, 92: 4964-4970.

[138] Sepulveda-Escribano A, Primet M, Praliaud H. Influence of the preparation procedure and of the barium content on the physicochemical and catalytic properties of barium-modified platinum/alumina catalysts. Applied Catalysis A: General, 1994, 108: 221-239.

[139] Labalme V, Garbowski E, Guilhaume N, et al. Modifications of Pt/alumina combustion catalysts by barium addition II. Properties of aged catalysts. Applied Catalysis A: General, 1996, 138: 93-108.

[140] Liu Y, Chen X, Niu G, et al. High temperature thermal stability of γ-Al_2O_3 modified by strontium. Chinese Journal of Catalysis, 2000, 21: 121-124.

[141] Firouzghalb H, Falamaki C. Fabrication of asymmetric alumina membranes: I. Effect of SrO addition on thermal stabilization of transition aluminas. Materials Science and Engineering: B, 2010, 166: 163-169.

[142] Liu D Y, Zhang Y L, Fan Y Z, et al. Surface area stability of Al_2O_3 modified by alkaline earths. Acta Physica Sinica, 2001, 17: 1036-1039.

[143] Stoyanova M, Konova P, Nikolov P, et al. Alumina-supported nickel oxide for ozone decomposition and catalytic ozonation of CO and VOCs. Chemical Engineering Journal, 2006, 122: 41-46.

[144] Yue B H, Zhou R X, Zheng X M. Influence of preparation conditions on thermal stability of alumina modified by SiO_2. Chinese Journal of Inorganic Chemistry, 2007, 23: 533-536.

[145] Horiuchi T, Osaki T, Sugiyama T, et al. Maintenance of large surface area of alumina heated at elevated temperatures above 1300°C by preparing silica-containing pseudoboehmite aerogel. Journal of Non-Crystalline Solids, 2001, 291: 187-198.

[146] Hernandez T, Bautista M C. The role of the synthesis route to obtain densified TiO_2-doped alumina ceramics. Journal of the European Ceramic Society, 2005, 25: 663-672.

[147] Dominguez J M, Hernandez J L, Sandoval G. Surface and catalytic properties of Al_2O_3-ZrO_2 solid solutions prepared by sol-gel methods. Applied Catalysis A: General, 2000, 197: 119-130.

[148] Horiuchi T, Teshima Y, Osaki T, et al. Improvement of thermal stability of alumina by addition of zirconia. Catalysis Letters, 1999, 62: 107-111.

[149] Monte R D, Fornasiero P, Kašpar J, et al. Stabilisation of nanostructured $Ce_{0.2}Zr_{0.8}O_2$ solid

solution by impregnation on Al_2O_3: a suitable method for the production of thermally stable oxygen storage/release promoters for three-way catalysts. Chemical Communications, 2000, 2167-2168.

[150] Monte R D, Fornasiero P, Desinan S, et al. Thermal stabilization of $Ce_xZr_{1-x}O_2$ oxygen storage promoters by addition of Al_2O_3: effect of thermal aging on textural, structural, and morphological properties. Chemistry of Materials, 2004, 16: 4273-4285.

[151] Ozawa M, Nishio Y. Thermal stabilization of γ-alumina with modification of lanthanum through homogeneous precipitation. Journal of Alloys and Compounds, 2004, 374: 397-400.

[152] Barrera A, Fuentes S, Díaz G, et al. Methane oxidation over Pd catalysts supported on binary Al_2O_3-La_2O_3 oxides prepared by the sol-gel method. Fuel, 2012, 93: 136-141.

[153] 张丽娟, 董文萍, 陈耀强, 等. 胶溶法制备改性氧化铝的结构及织构特点. 高等学校化学学报, 2007, 28: 968-970.

[154] Wang G, You R, Meng M. An optimized highly active and thermo-stable oxidation catalyst Pd/Ce-Zr-Y/Al_2O_3 calcined at superhigh temperature and used for C_3H_8 total oxidation. Fuel, 2013, 103: 799-804.

[155] Ismagilov Z, Shkrabina R, Koryabkina N, et al. Preparation and study of thermally stable washcoat aluminas for automotive catalysts. Studies in Surface Science and Catalysis, 1998, 116: 507-511.

[156] Liotta L, Deganello G. Thermal stability, structural properties and catalytic activity of Pd catalysts supported on Al_2O_3-CeO_2-BaO mixed oxides prepared by sol-gel method. Journal of Molecular Catalysis A: Chemical, 2003, 204: 763-770.

[157] 卢伟光, 龙军, 田辉平. 镧和铈改性对氧化铝性质的影响. 催化学报, 2003, 24: 574-578.

[158] Wu X, Yang B, Weng D. Effect of Ce–Zr mixed oxides on the thermal stability of transition aluminas at elevated temperature. Journal of Alloys and Compounds, 2004, 376: 241-245.

[159] Wu X, Xu L, Weng D. The thermal stability and catalytic performance of Ce-Zr promoted Rh-Pd/γ-Al_2O_3 automotive catalysts. Applied Surface Science, 2004, 221: 375-383.

[160] Yue B, Zhou R, Wang Y, et al. Study on the combustion behavior of methane over Ce-Zr-modified Pd/Al_2O_3 catalysts. Applied Surface Science, 2005, 246: 36-43.

[161] 牛国兴, 何坚铭, 陈晓银, 等. 不同添加物和制备方式对 Al_2O_3 热稳定性的影响. 催化学报, 1999, 20: 535-540.

[162] 张丽娟, 董文萍, 郭家秀, 等. 胶溶法制备镧-钡共稳定氧化铝的性能. 物理化学学报, 2007, 23: 1738-1742.

[163] Du M, Sun Z X. Recent development in the preparation of nano-alumina. Inorganic Chemicals Industry, 2005, 37: 9-11.

[164] Barrera A, Viniegra M, Lara V H, et al. Radial distribution function studies of Al_2O_3-La_2O_3 binary oxides prepared by sol-gel. Catalysis Communications, 2004, 5: 569-574.

[165] Zhang L J, Dong W P, Guo J X, et al. Performance of La-Ba Co-modified alumina prepared by peptizing method. Acta Physico-Chimica Sinica, 2007, 23: 1738-1742.

[166] Li J C, Xiang L, Feng X, et al. The effect of hydrothermal modification on the texture and surface properties of alumina support. Chinese Journal of Inorganic Chemistry, 2005, 21: 212-216.

[167] Dong W P, Zhang L J, Wen Y Y, et al. Effect of preparation methods on property of La, Ba Co-modified alumina. Chinese Journal of Inorganic Chemistry, 2008, 24: 998-1002.

[168] Shinjoh H, Takahashi N, Yokota K, et al. Effect of periodic operation over Pt catalysts in

simulated oxidizing exhaust gas. Applied Catalysis B-environmental, 1998, 15: 189-201.

[169] Kidokoro T, Hoshi K, Hiraku K, et al. Development of PZEV exhaust emission control system. SAE Technical Paper, 2003-01-0817.

[170] Kanazawa T, Suzuki J, Takada T, et al. Development of three-way catalyst using composite alumina-ceria-zirconia. Studies in Surface Science and Catalysis, 2003, 145: 415-418.

[171] Morikawa A, Suzuki T, Kanazawa T, et al. A new concept in high performance ceria–zirconia oxygen storage capacity material with Al_2O_3 as a diffusion barrier. Applied Catalysis B: Environmental, 2008, 78: 210-221.

[172] Yao M, Baird R, Kunz F, et al. An XRD and TEM investigation of the structure of alumina-supported ceria-zirconia. Journal of Catalysis, 1997,166: 67-74.

[173] Fernández-García M, Martínez-Arias A, Iglesias-Juez A, et al. Structural characteristics and redox behavior of CeO_2-ZrO_2/Al_2O_3 supports. Journal of Catalysis, 2000, 194: 385-392.

[174] Zhao B, Yang C, Wang Q, et al. Influence of thermal treatment on catalytic performance of Pd/(Ce,Zr)O_x-Al_2O_3 three-way catalysts. Journal of Alloys and Compounds, 2010, 494: 340-346.

[175] Wei Z, Li H, Zhang X, et al. Preparation and property investigation of CeO2-ZrO_2-Al_2O_3 oxygen-storage compounds. Journal of Alloys and Compounds, 2008, 455: 322-326.

[176] Lin S, Yang L, Yang X, et al. Redox behavior of active PdOx species on $(Ce,Zr)_xO_2$-Al_2O_3 mixed oxides and its influence on the three-way catalytic performance. Chemical Engineering Journal, 2014, 247: 42-49.

[177] Wang J, Wen J, Shen M. Effect of Interaction between $Ce_{0.7}Zr_{0.3}O_2$ and Al_2O_3 on structural characteristics, thermal stability, and oxygen storage capacity. The Journal of Physical Chemistry C, 2008, 112: 5113-5122.

[178] Li H M, Zhou J F, Zhu Q C, et al. Investigation of the properties of CeO_2-ZrO_2-Al_2O_3 prepared by co-precipitation. Chemical Journal of Chinese Universities, 2009, 30: 2484-2486.

[179] Morikawa A, Suzuki T, Kanazawa T, et al. A new concept in high performance ceria-zirconia oxygen storage capacity material with Al_2O_3 as a diffusion barrier. Applied Catalysis B: Environmental, 2008, 78: 210-221.

[180] Weng X, Zhang J, Wu Z, et al. Continuous syntheses of highly dispersed composite nanocatalysts via simultaneous co-precipitation in supercritical water. Applied Catalysis B: Environmental, 2011, 103: 453-461.

[181] Lan L, Chen S, Cao Y, et al. New insights into the structure of a CeO_2-ZrO_2-Al_2O_3 composite and its influence on the performance of the supported Pd-only three-way catalyst. Catalysis Science & Technology, 2015, 5: 4488-4500.

[182] Papavasiliou A, Tsetsekou A, Matsouka V, et al. Development of a Ce-Zr-La modified Pt/γ-Al_2O_3 TWCs' washcoat: effect of synthesis procedure on catalytic behaviour and thermal durability. Applied Catalysis B: Environmental, 2009, 90: 162-174.

[183] Cai L, Zhao M, Pi Z, et al. Preparation of Ce-Zr-La-Al_2O_3 and supported single palladium three-way catalyst. Chinese Journal of Catalysis, 2008, 29: 108-112.

[184] Chen Z H, Ho N J, Shen P. Microstructures of laser-treated Al_2O_3-ZrO_2-CeO_2 composites. Materials Science and Engineering: A, 1995, 196: 253-260.

[185] Zhang Q, Wen J, Shen M, et al. Effect of different mixing ways in palladium/ceria-zirconia/alumina preparation on partial oxidation of methane. Journal of Rare Earths, 2008, 26: 700-704.

[186] Luo Y, Xiao Y, Cai G, et al. A study of barium doped Pd/Al_2O_3-$Ce_{0.3}Zr_{0.7}O_2$ catalyst for complete methanol oxidation. Catalysis Communications, 2012, 27: 134-137.

[187] Dumont M R, Nunes E H M, Vasconcelos W L. Use of a design-of-experiments approach for preparing ceria-zirconia-alumina samples by sol-gel process. Ceramics International, 2016, 42: 9488-9495.

[188] Hernández-Garrido J C, Desinan S, Monte R D, et al. Self-assembly of one-pot synthesized $Ce_xZr_{1-x}O_2$-$BaO\cdot nAl_2O_3$ nanocomposites promoted by site-selective doping of alumina with barium. Journal of Materials Chemistry A, 2013, 1: 3645-3651.

[189] 龙志奇, 崔梅生, 彭新林, 等. 铈锆复合氧化物制备及甲烷燃烧催化活性表征. 中国有色金属学报, 2006, 16: 1076-1080.

[190] 赵培峰, 孙乐民. 纳米钛酸钡微粉的制备. 材料开发与应用, 2003, 18: 39-42.

[191] 刘建良, 孙加林, 施安, 等. 高纯超细氧化铝粉制备方法最新研究进展. 昆明理工大学学报(自然科学版), 2003, 28: 22-24.

[192] Kozlov A I, Kim D H, Yezerets A, et al. Effect of preparation method and redox treatment on the reducibility and structure of supported ceria-zirconia mixed oxide. Journal of Catalysis, 2002, 209: 417-426.

[193] 邵潜, 贺振富, 沈宁元, 等. 改进溶胶凝胶法制备汽车尾气净化催化剂担体. 石油学报, 2003, 19: 35-39.

[194] Jiao Y, Tang S Y, Wang J L, et al. Effects of different preparation methods on the properties of CeO_2-ZrO_2-Al_2O_3. Journal of Inorganic Materials, 2011, 26: 813-818.

[195] Ozawa M, Matuda K, Suzuki S. Microstructure and oxygen release properties of catalytic alumina-supported CeO_2-ZrO_2 powders. Journal of Alloys and Compounds, 2000, 303-304: 56-59.

[196] Zhou R, Zhao B, Yue B. Effects of CeO_2-ZrO_2 present in Pd/Al_2O_3 catalysts on the redox behavior of PdO_x and their combustion activity. Applied Surface Science, 2008, 254: 4701-4707.

[197] Huang F, Zheng Y, Li Z, et al. Synthesis of highly dispersed ceria–zirconia supported on ordered mesoporous alumina. Chemical Communications, 2011, 47: 5247-5249.

[198] Lin S, Yang L, Yang X, et al. Redox behavior of active PdOx species on $(Ce,Zr)_xO_2$-Al_2O_3 mixed oxides and its influence on the three-way catalytic performance. Chemical Engineering Journal, 2014, 247: 42-49.

[199] Wang Q, Li Z, Zhao B, et al. Effect of synthesis method on the properties of ceria-zirconia modified alumina and the catalytic performance of its supported Pd-only three-way catalyst. Journal of Molecular Catalysis A: Chemical, 2011, 344: 132-137.

[200] Cai L, Wang K C, Zhao M, et al. Application of ultrasonic vibrations in the preparation of Ce-Zr-La/Al_2O_3 and supported pd three-way-catalyst. Acta Physico-Chimica Sinica, 2009, 25: 859-863.

[201] Lan L, Chen S, Zhao M, et al. The effect of synthesis method on the properties and catalytic performance of $Pd/Ce_{0.5}Zr_{0.5}O_2$-Al_2O_3 three-way catalyst. Journal of Molecular Catalysis A: Chemical, 2014, 394: 10-21.

[202] Lan L, Li H, Chen S, et al. Preparation of CeO_2-ZrO_2-Al_2O_3 composite with layered structure for improved Pd-only three-way catalyst. Journal of Materials Science, 2017, 52: 9615-9629.

[203] Wang S N, Lan L, Hua W B, et al. Ce-Zr-La/Al_2O_3 prepared in a continuous stirred-tank reactor: a highly thermostable support for an efficient Rh-based three-way catalyst. Dalton Transactions,

2015, 44: 20484-20492.

[204] Li H M, Li L, Chen S H, et al. Preparation of CeO_2-ZrO_2-Al_2O_3 with a composite precipitant and its supported Pd-only three-way catalyst. Acta Physico-Chimica Sinica, 2016, 32: 1734-1746.

[205] Xiao Y H. Influence of reductive treatment on the performance of CeO_2-ZrO_2-Al_2O_3 composite oxide. Acta Physico-Chimica Sinica, 2012, 28: 245-250.

[206] 彭娜, 周菊发, 陈耀强, 等. 掺杂不同量Nd_2O_3对CeO_2-ZrO_2-$A1_2O_3$材料性能的影响. 无机材料学报, 2012, 27: 1138-1144.

[207] Peng N, Zhou J, Chen S, et al. Synthesis of neodymium modified CeO_2-ZrO_2-Al_2O_3 support materials and their application in Pd-only three-way catalysts. Journal of Rare Earths, 2012, 30: 342-349.

[208] Lan L, Chen S, Cao Y, et al. Promotion of CeO_2-ZrO_2-Al_2O_3 composite by selective doping with barium and its supported Pd-only three-way catalyst. Journal of Molecular Catalysis A: Chemical, 2015, 410: 100-109.

第三章　汽油车尾气净化催化剂技术

第一节　我国汽油车发展现状

随着我国社会经济的持续快速发展，机动车保有量一直保持快速的增长态势。据《中国机动车环境管理年报》(2018)，截止到 2017 年底，全国的机动车保有量约达 3.1 亿辆。2017 年公安交通管理部门的新注册登记的机动车数量达 3352 万辆，其中新注册登记的汽车 2813 万辆，均创造了历史新高。2017 年，全国的汽车保有量达到 2.17 亿辆。与 2016 年相比，增加了 2304 万辆，增长率 11.85%。汽车占据机动车的比率不断提高，近五年内，汽车的占比从 54.93%提高到了 70.17%，已成为机动车的构成主体。从车辆类型来看，载客汽车的保有量达 1.85 亿辆，其中，以个人名义进行登记的小型和微型载客汽车（私家车）达到 1.7 亿辆，占载客汽车总数的 91.89%；载货汽车的保有量达 2341 万辆，新注册登记 310 万辆，为当前的历史最高水平。从分布的情况看，全国有 53 座城市的汽车保有量均超过了 100 万辆，有 24 座城市超过了 200 万辆，北京、上海、重庆、成都、深圳、苏州以及郑州等 7 座城市的保有量超 300 万辆。按燃料分类，汽油车占 88.5%，柴油车占 10.2%，燃气车占 1.3%；按排放标准分类，国Ⅰ前标准的汽车占 1.0%，国Ⅰ标准的汽车占 5.4%，国Ⅱ标准的汽车占 6.4%，国Ⅲ标准的汽车占 24.3%，国Ⅳ标准的汽车占 52.4%，国Ⅴ及以上标准的汽车占 10.5%。随着机动车保有量快速增加，我国部分城市空气开始呈现出煤烟和机动车尾气复合污染的特点，直接影响群众健康。北京、天津、上海等 15 座城市大气细颗粒物（$PM_{2.5}$）源解析工作结果显示，本地排放源中移动源对细颗粒物浓度的贡献范围为 13.5%至 41.0%。由以上数据可知，汽油机尾气已经成为中心城市的重要污染源，治理汽油机尾气已经迫在眉睫。

第二节　汽油车尾气排放特点

一、汽车发动机稳态排放特性

汽油车尾气主要包括有危害的 CO、HC、NO_x、颗粒物（PM），及无害的 CO_2 和 H_2O、H_2 和 O_2。

汽油车发动机排放污染物的浓度是随发动机的工况（负荷与转速）变化的。

各种排气污染物（CO、HC 等）的排放量随发动机运转工况参数如转速 n、平均有效压力 P_{me} 等的变化规律，称为发动机的排放特性。各种排放均用比排放量（每千瓦小时所排放出的污染物的质量）表示。

发动机有害排放物对大气污染的程度，不仅取决于其排放浓度 χ_i（mg/L），而且还取决于其质量排放量 G_i（g/h），二者之间的关系为：

$$G_i = V_g x_i \rho_i \times 10^{-3} \tag{3-1}$$

式中，V_g 为排气容积流量（m^3/h）；ρ_i 为污染物的密度（kg/m^3）。

在常用的部分负荷区 CO 的排放较低；在负荷很小时，CO 的排放略有上升；当工作负荷接近全负荷时，CO 的比排放量开始急剧升高，而绝对排放浓度和质量则上升更快（图 3-1）。

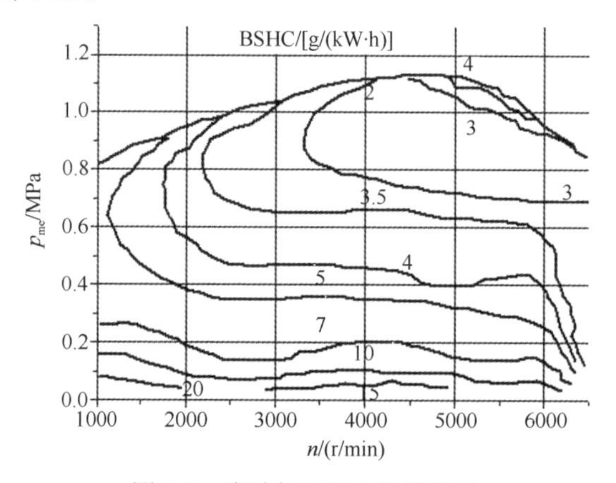

图 3-1　汽油机 CO 比排放特性

从图 3-2 中可见，HC 的变化趋势和 CO 比较相似，中等负荷时比排放量较小，大负荷和小负荷时相对增加。

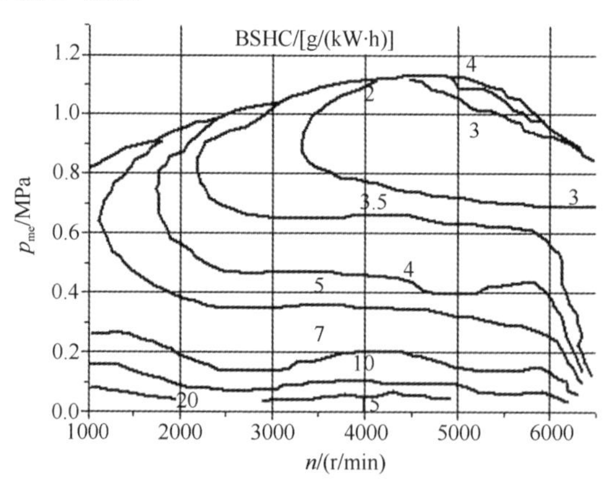

图 3-2　汽油机 HC 比排放特性

对汽油机的 NO_x 排放而言，当转速一定时，在中等负荷区，随着负荷的增大，NO_x 绝对排放量增加，但 NO_x 比排放量逐渐下降；在大负荷时，NO_x 绝对排放量下降，比排放量下降更快；当负荷一定时，转速增加，NO_x 的比排放量增大，其绝对排放量显著增加（图 3-3）。

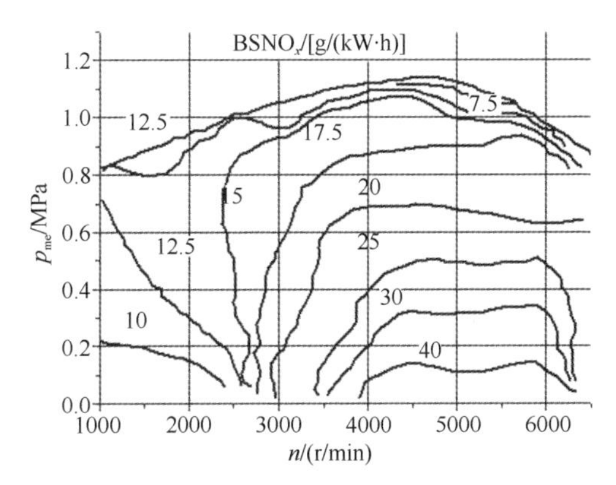

图 3-3 汽油机 NO_x 比排放特性

发动机的转矩和角速度随时间迅速变化的工况，称为发动机的瞬态工况。汽车的冷态及热态起动、加速、行驶时负载突然增加的工况，都是典型的瞬态工况，在这种工况下，其转速和负荷不断变化，发动机各部件的温度以及工作循环参数也在不断变化，此时汽车的排放与稳态工况有很大不同。

当在常温或低温启动工况时，由于浓混合气的压缩温度和壁面温度都较低，都使得燃烧不完全，CO 和 HC 的排放浓度增加；同时，混合气过浓及气体温度低、氧气的缺乏使得 NO_x 排放浓度低，但呈上升趋势（图 3-4）。热启动时，混合气浓 CO 的峰值高，HC 排放低，NO_x 在热启动后大约 30 s 内高于常温启动（图 3-5）。

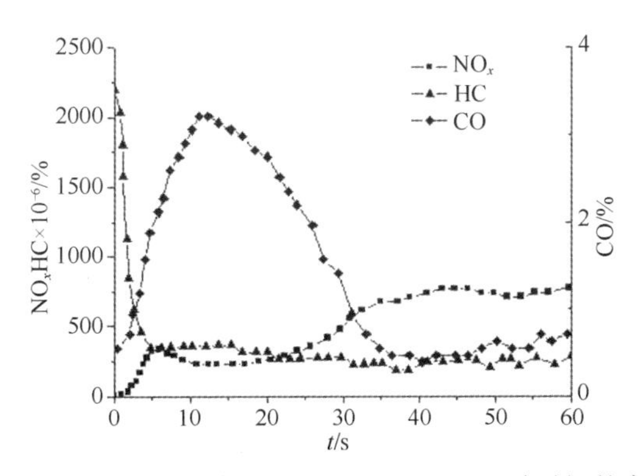

图 3-4 汽油机常温启动时 CO、HC 和 NO_x 随时间的变化

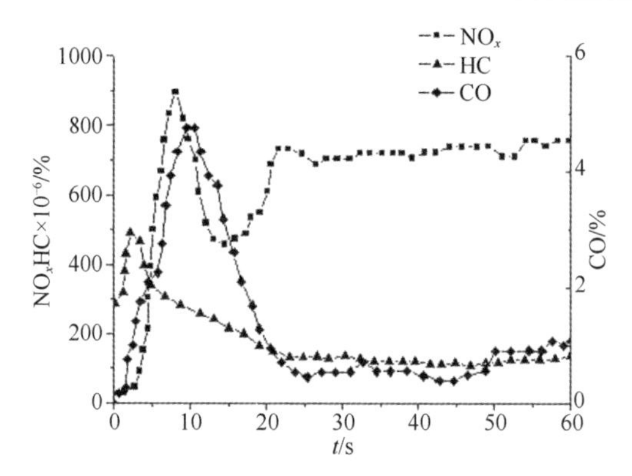

图 3-5　汽油机热启动时 CO、HC 和 NO_x 随时间的变化

当加减速工况时，发动机瞬间加速，由于进气量和喷油量增加，燃烧温度高，CO、HC 和 NO_x 排放量会增加；减速时由于发动机断油或燃油喷射量降低，CO、HC 和 NO_x 排放量减少。

二、影响汽油机排放的其他因素

影响汽油车排放的其他因素还包括发动机型式、发动机制造水平，氧传感器、节气门传感器、喷油嘴、火花塞等与排放相关的关键零部件的质量和灵敏度，整车标定水平和发动机 ECU 运算速度，喷油及反馈控制精度，燃油品质及车辆周期、驾驶习惯等。

三、汽油车尾气排放的特点

汽油车发动机排放污染物的浓度是随发动机的工况（负荷与转速）变化的，各种排气污染物（CO、HC 等）的排放量随运行工况不断变化。如是否加载、运行速率等，都会对排放物产生较大的影响，见表 3-1。

表 3-1　汽油车尾气成分含量与车速的关系

组成成分	空挡	满载	
		低速	高速
NO_x	0～50 μL/L	100 μL/L	400 μL/L
CO_2	6.5%～8%	7%～11%	12%～13%
H_2O	7%～10%	9%～11%	10%～11%
O_2	1%～1.5%	0.5%～2%	0.1%～0.4%
CO	3%～10%	3%～8%	1%～5%
H_2	0.5%～4%	0.2%～1%	0.1%～0.2%
HC	300～800 μL/L	200～500 μL/L	100～300 μL/L

汽油车尾气的反应体系复杂：汽油车尾气中有 HC、NO_x、CO、CO_2、H_2O 等，催化剂要经历氧化反应、还原反应、蒸气重整、水气变换等，多种反应过程同时存在。汽油车运行工况复杂：汽油车在运行过程中，处于不断地加速、减速、怠速等过程，导致尾气排放的成分和空速不断变化；同时尾气排放温度也不断变化，从冷启动到最高温度达 1100 ℃。汽油车运行过程中空燃比不断变化：富燃时尾气中氧气含量不足使得 HC 和 CO 转化困难，贫燃时氧气含量高使得 NO_x 转化困难。

第三节 汽油车三效催化器工作原理及工作方式

三效催化剂的工作原理为汽车尾气在一定的温度下（>250 ℃），汽车尾气中的 CO、HC、NO_x 3 类有害物在催化剂的作用下发生氧化还原化学反应，变成对人无害的 CO_2、H_2O 和 N_2，故名三效催化剂（图 3-6）。

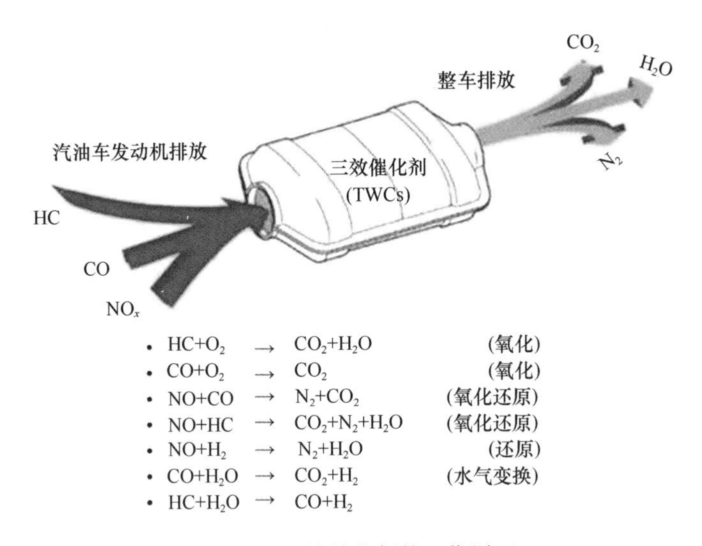

图 3-6 三效催化剂的工作原理

三效催化系统发生的主要化学反应如下：

氧化反应：

$$HC + O_2 \longrightarrow CO_2 + H_2O \tag{3-2}$$

$$CO + O_2 \longrightarrow CO_2 \tag{3-3}$$

还原反应：

$$NO + CO \longrightarrow N_2 + CO_2 \tag{3-4}$$

$$NO + HC \longrightarrow CO_2 + N_2 + H_2O \tag{3-5}$$

$$NO + H_2 \longrightarrow N_2 + H_2O \tag{3-6}$$

水煤气变换反应：

$$CO + H_2O \longrightarrow CO_2 + H_2 \tag{3-7}$$

蒸气重整反应：

$$HC + H_2O \longrightarrow CO + H_2 \tag{3-8}$$

这些反应都发生在一定的温度范围之内，在发动机刚刚开始工作的冷启动过程中，汽车引擎和催化剂都处在比较低的温度下，尚未达到催化反应要求的温度，所以发动机冷启动阶段会排放较多的污染气体，发动机冷启动之后，引擎热度逐渐达到了催化反应发生要求的温度，此时催化剂组成决定反应发生的速率。

将一定体积的三效催化剂安装在发动机歧管出口或底盘排气管道上，利用尾气本身的温度和发动机电控单元（ECU），控制空气进气和燃油供给在理论空燃比附近即可实现对汽车尾气污染物的净化。三效催化剂的体积一般为发动机排量的0.8～1.2。

尾气气氛偏氧化气氛时有利于 CO 和 HC 的氧化，而对 NO_x 的还原不利；气氛偏还原时有利于 NO_x 的还原，而对 CO 和 HC 的氧化不利。为了实现氧化和还原的同时高效进行，必需对汽车排气气氛进行控制，即控制空气和燃油的比例刚好能按理论空燃比（14.7∶1）燃烧，尾气中的氧化和还原性物质刚好接近化学剂计量比 1 时，可实现 3 种有害物的高效净化（图 3-7）[1]。

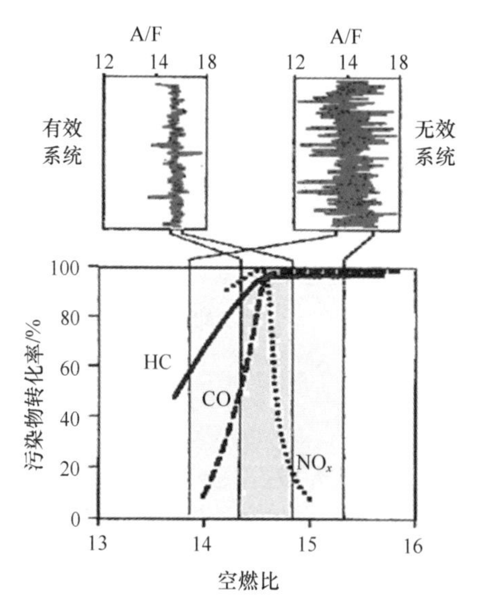

图 3-7　催化剂转化效率与空燃比关系

第四节　汽油车尾气净化催化剂的组成及种类

一、三效催化器的基本组成

典型的汽车尾气三效净化器结构见图 3-8。

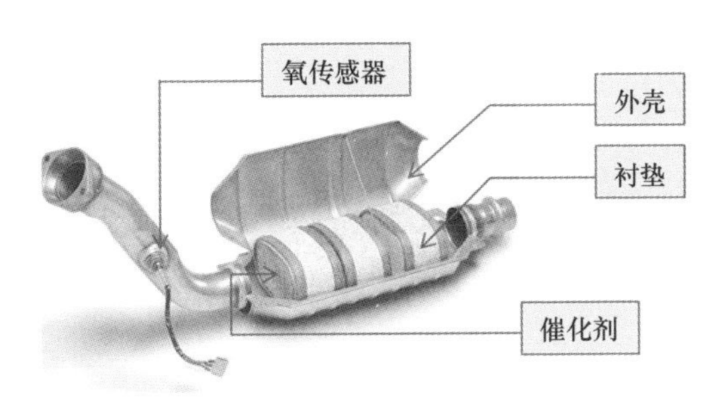

图 3-8　三效催化器的结构

三效催化器主要由金属外壳、膨胀缓冲衬垫、堇青石整体式催化剂以及连接管道和氧传感器组成。其核心是催化剂。

三效催化剂的组成示意图见图 3-9。

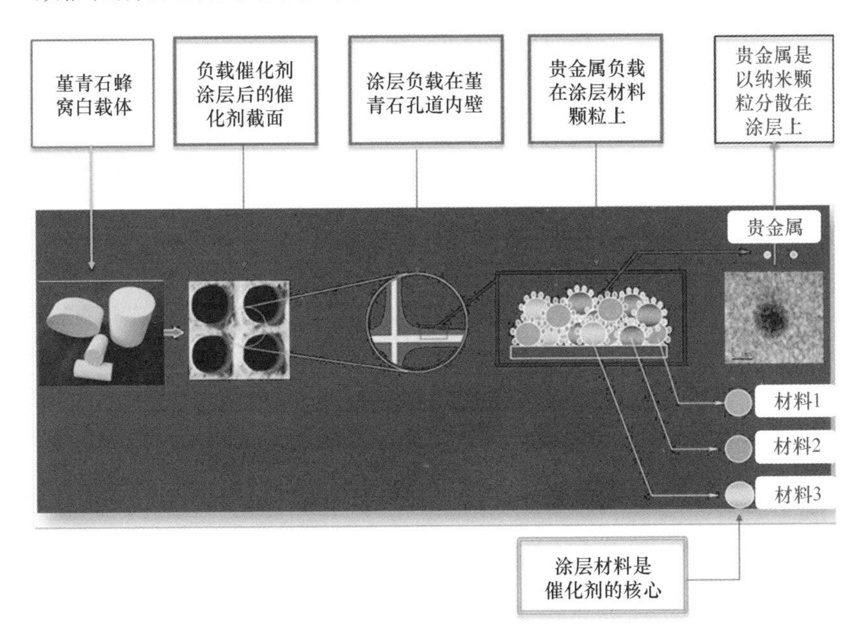

图 3-9　三效催化剂的组成示意图

为了克服高温下三效催化剂涂层贵金属与贵金属之间、贵金属与载体之间、载体与载体之间的不利相互作用，通常进行分层和多层涂覆（图 3-10）。图 3-11 是真实的三效催化剂的扫描电镜（SEM）和透射电镜（TEM）照片。图中显示催化剂涂层有明显的分层界限，贵金属粒子以 2～3 mm 的颗粒形式分散在载体材料上。

三效催化剂的核心技术之一就是高性能铈锆储氧材料和高比表面积高耐热性能的氧化铝涂层材料制备技术（图 3-12）。将两者进行组合应用并负载贵金属后涂覆于堇青石蜂窝载体上，即得三效催化剂。

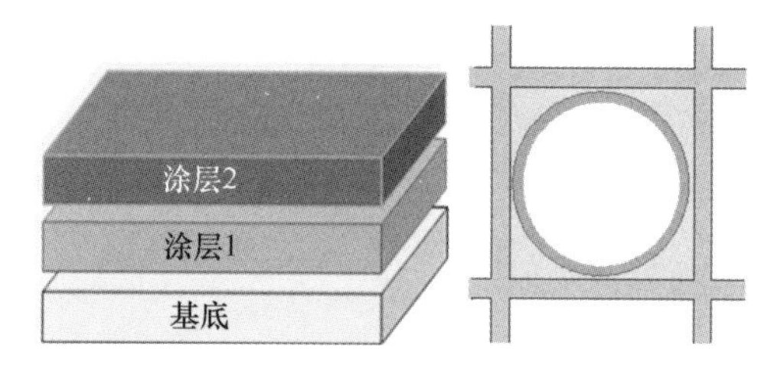

图 3-10　催化剂多涂层结构示意图

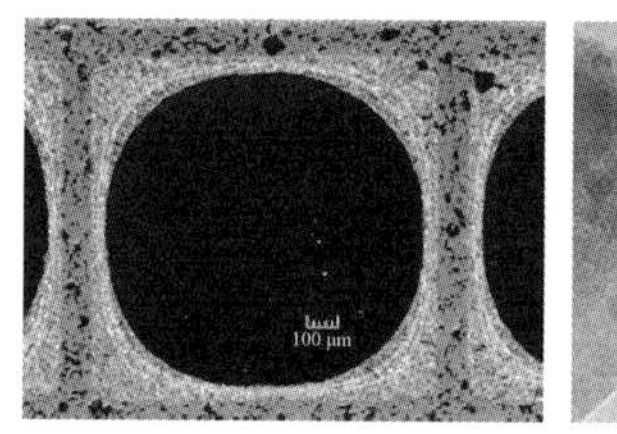

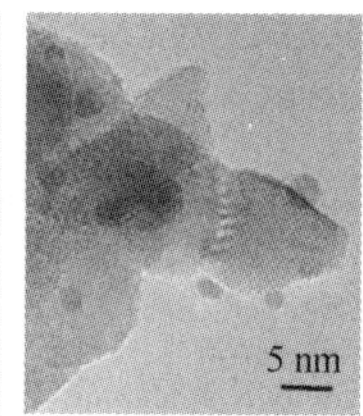

图 3-11　三效催化剂的 SEM 和 TEM 照片

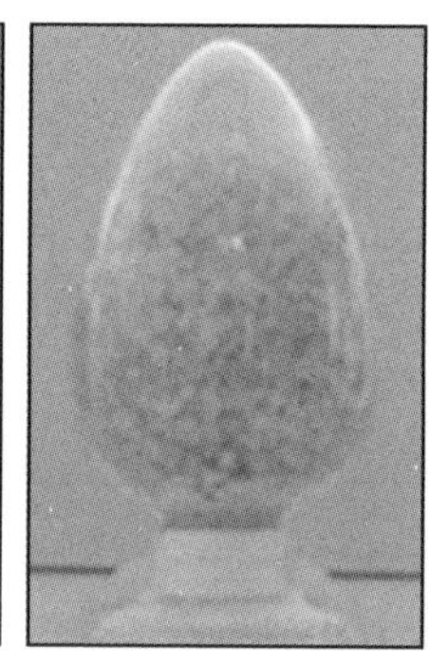

图 3-12　三效催化剂的储氧材料（右）和氧化铝材料（左）

二、三效催化器的分类

三效催化器按活性组分可分为贵金属和非贵金属。按安装位置分为紧耦合催化器（也叫密偶催化器）和底盘催化器。

汽油车尾气净化催化剂最早由美国开发并使用，主要经历了以下几个过程：

1. 氧化型催化剂

20 世纪 70 年代中期到末期使用的催化剂主要以铂、钯为活性组分。该类型催化剂可以有效控制 CO 和 HC 的排放，但其致命的弱点就是抗中毒能力差。

2. 三效催化剂

20 世纪 70 年代末到 80 年代中期，出现了铂铑三效双金属催化剂，为最早期的三效催化剂。这种催化剂可实现氧化反应与还原反应的同时进行，因此在较长时间内得到较为广泛的使用。

3. 三金属三效催化剂

20 世纪 80 年代中期到 90 年代初，由于要降低三效催化剂的成本，开始使用 Pd 代替部分的 Pt，产生了新的 Pt-Rh-Pd 三效催化剂。这类催化剂可有效控制汽车尾气中 CO、HC 和 NO_x 的排放。

4. 三效钯催化剂

20 世纪 80 年代末，福特公司推出了三效钯催化剂，这类钯催化剂的特点是可承受更高的温度，但由于其对空燃比和燃油的要求也更高，因此未得到广泛的工业应用。

5. NO_x 存储还原型三元催化材料

这种催化材料由贵金属、碱金属或碱土金属、稀土氧化物组成。基本原理是：贫燃条件下 NO_x 首先在贵金属上被氧化，然后与 NO_x 存储物发生反应，形成硝酸盐。在理论比或富燃状况燃烧时，硝酸盐分解形成 NO_x，然后 NO_x 与 CO、H_2、HC 反应被还原成 N_2。研究表明，NO_x 的存储能力与氧的浓度有关。氧浓度增加，NO_x 存储能力提高。当氧浓度达到 1%以上时，NO_x 存储能力基本不变。

第五节　汽油车尾气净化催化剂的发展

一、早期的尾气净化催化剂

20 世纪 60 年代中期美国的机动车尾气问题最初是先通过改动发动机解决的，后来随着排放标准的提高，单纯对发动机改造已经难以满足净化要求，所以必须引入催化剂。1975年以前研究的是非贵金属催化剂，主要是从成本和贵金属的可获得性上考虑；然而，很快就发现过渡金属（如：Ni、Cu、Co、Mn和Cu/Cr的氧化物）本身活性、稳定性较低，抗毒性也很差，而这正是汽车用催化剂必须克服的。起初基底催化剂比如含Cu或Ni的催化剂可以把CO和HC氧化，但它们非常容易中毒（如抗爆震添加剂中的氯化物和铅，燃料和润滑油中的含硫成分所生成的SO_2），且热稳定性差。最后发现Pt系金属可以满足实用要求[2,3]。

1975年美国开始使用汽车尾气净化催化剂，主要是以Pt和Pd为主的氧化型催化剂，主要用于对HC和CO的净化。在氧化条件下，Pt和Pd表现出比Rh更好的氧化烃类的活性。最初选用的是传统化工过程中使用的球状Pt催化剂装入到径向流反应器中，但这种结构并不理想，气体流通受阻，由于当时的排放要求低，故可以满足要求。但是，由于浮动和车震动而导致的球状颗粒相互磨损是个关键问题。整体式催化剂首次工业应用是在1966年，Anderen等人用其对硝酸车间尾气NO_x脱色，20世纪70年代中期，美国和日本将陶瓷蜂窝基体运用于机动车尾气净化。由于具有床层压降低，催化效率高，放大效应小等优点，已经被广泛应用于化工领域。但是由于强度的原因，基体孔隙率低，并不能作为催化剂载体。通过在其孔道中涂覆高比表面积的催化活性材料涂层可以解决这一问题。涂层厚度一般20～150 μm，取决于蜂窝陶瓷基体和应用的情况[2,3]。

在1979年以前，排放法规并未重视对NO_x排放的控制。故对NO_x还原催化剂的研究并不紧迫。

二、Pt-Rh型和Pt-Pd-Rh型三效催化剂的形成

20世纪70年代末到80年代中期，美国EPA提出了对NO_x的排放控制，氧化型的催化剂已不能满足排放要求。后来发现Rh能有效转化NO_x，比Pt、Pd、Ir的活性都好。Rh的使用形成了三效催化剂的雏形，于是出现了Pt-Rh型的三效催化剂。在1978～1980年期间，三效催化转化器的氧化还原反应是分两段进行的，这就是双床式结构催化转化器，汽车在富燃条件下运行。前置催化剂（Front Catalyst）在还原气氛中主要用来转化NO_x，在两床层之间采用二次空气喷射，从而在后置催化上完成CO和HC的氧化，如图3-13所示。这要求前置催化剂具有高的选择性和还原NO的活性。如果NO被还原成了NH_3，则在后置催化剂上会被重新氧化为NO。当在理论空燃比值附近时可以对CO、NO和HC同时很好地转化。到1979年，氧传感器的使用实现了对空燃比的控制，但是早期的窗口很窄。尽管如此，在1980年左右，TWCs已经在美国汽车上普遍采用，并且后来引入了铈可以拓宽窗口并提高活性。

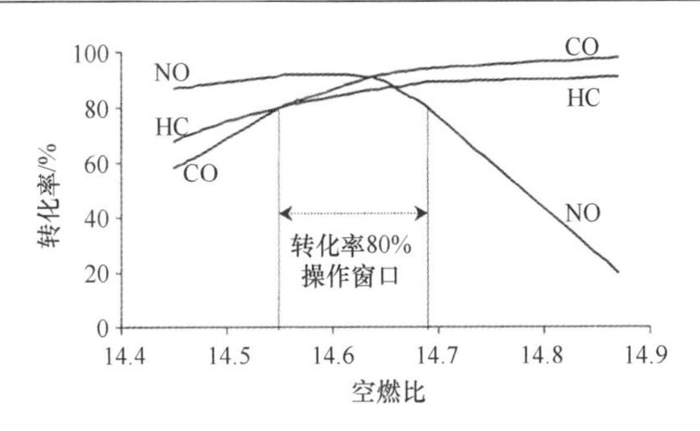

图 3-13　TWC 转化率—空燃比变化图

最初的发动机是采用化油器控制汽油和空气比例，所以控制精度低，空燃比波动范围大。因此，要想使 CO、HC 和 NO_x 同时达到最佳转化效率，需要以下关键技术：①燃油电子喷射技术严格控制空燃比；②氧传感器监测贫燃和富燃条件；③微处理器通过氧的信号控制燃料的注入以保持空燃比在理论值附近，引入了在线监测系统（OBD），在汽车上安装了尾气氧传感器，它可以在给定的任意时间感应尾气的贫燃或富燃状态，然后将信号输送到发动机的电子控制组件，控制组件再发出信号到燃料注入器，通过增加或减小注入燃料的速率从而使得空燃比控制在理论比值[4]。

三、先进 TWC 技术

20 世纪 90 年代初，美国、欧洲，尤其是美国加州，尾气排放限值更加严格，开启了低排放（LEV、ULEV 和 SULEV）时代。其中 HC 的排放值要求降低 10 倍，NO_x 的排放值则要求降低 20 倍。而在冷启动阶段，HC 的转化是新标准所带来的主要挑战。在冷启动的最初阶段，由于尾气温度较低，催化剂的活性不高。只有温度达到 600 K 以上，TWC 催化剂的转化效果才最好。所以，冷启动过程的 HC 的排放值比较高，占 HC 总排放量的 60%～80%。图 3-14 为测试的某款车型的 US FTP 测试的 HC 的排放值随时间的变化图，可以看出，在整个 505 s 的测试过程中，HC 大部分是在 30～50 s 时间段（即在冷启动阶段）排放的[5-7]。

为了达到冷启动阶段对 HC 的处理要求，发展了多种技术：

1. 密偶催化剂

将催化剂安装在更靠近发动机出口处，可以缩短起燃时间，这便是密偶催化剂（Close Coupled Catalyst，CCC）。对于排量大的车型，密偶催化剂会和底盘催化剂（Underfloor Catalyst，UC）一起使用，UC 可以增强对 CO 和 NO_x 的净化，如图 3-15 所示。密偶催化剂需要承受 1273～1373 K 的高温，有时甚至会高于 1373 K，

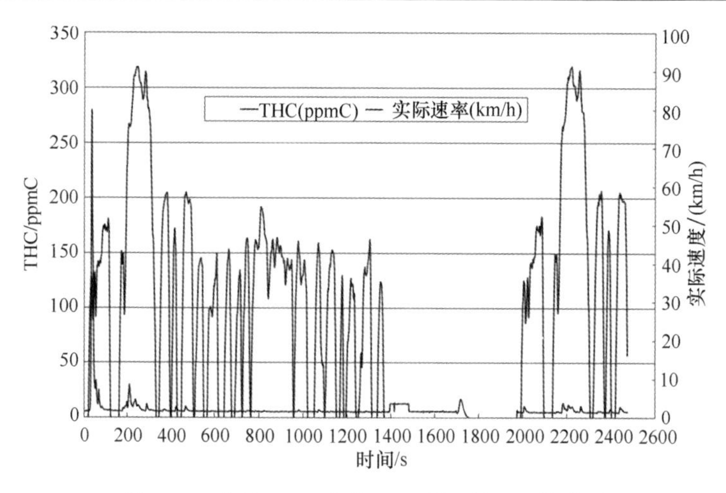

图 3-14 某款 1.6 L 车的 FTP 循环的 HC 排放图

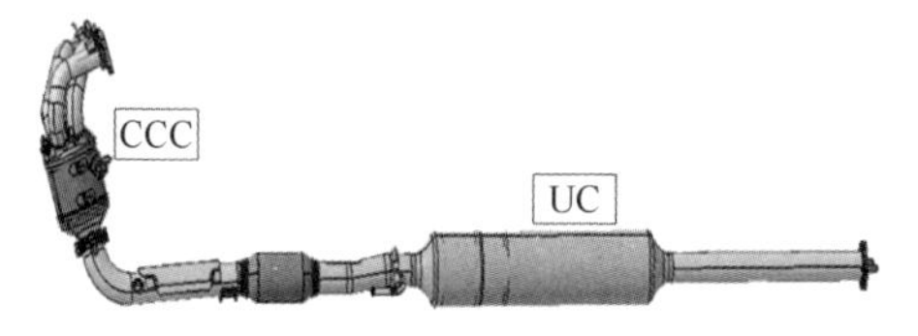

图 3-15 某款车的催化剂配置-CCC+UC

因此需要制备出能承受 1100 ℃高温的耐高温大比表面积的催化剂载体。密偶催化剂能达到 ULEV 排放标准，CARB 调查发现，在 1996 年，密偶催化剂已经占据了主导地位。

2. 电加热催化剂（EHC）

使用电阻材料和电流/电压源对尾气或催化剂表面加热。若先对尾气加热，然后在后置的起燃催化剂上进行转化，可以在冷启动期间达到很好的转化效果。

3. HC 吸附剂

HC 被吸附到吸附剂上，直到催化剂达到起燃温度后再释放出来。HC 吸附剂材料主要是各种沸石以及炭质材料。HC 必须在底盘催化剂达到反应温度(> 250 ℃)时及时释放出来，并在 TWC 上完成转化。HC 吸附剂可以与 TWC 整合在一起，也可以单独布局。图 3-16 所示为 TWC+HC 吸附剂采用前后级的双级布局[8]，HC 吸附剂结构为直通式，在这种环境下的 HC 吸附剂一直处于通入高温气流状态，因此对 HC 吸附剂的抗高温水热能力要求较高，目前这种使用方式仍然存在风险。在实际应用中，可以尽量将 HC 吸附剂置于靠近底盘或更后段的位置，防止 HC

吸附剂因为暴露在高温下影响使用寿命。另外一种布局方式即采用阀门式，见图 3-17，比较典型的代表有日本丰田 2004 年的 PURIS（普锐斯）和 2002 年 COROLLA（卡罗拉）所使用的 HC 吸附剂，可以达到准零排放。其工作原理为冷起动阶段，打开 HC 吸附剂入口阀门，HC 吸附剂处于使用状态，可以吸附冷起动阶段的 HC；当排温较高时，关闭 HC 吸附剂入口阀门，由此可以避免 HC 吸附剂长时间暴露在高温气流中，而使其寿命得以延续。

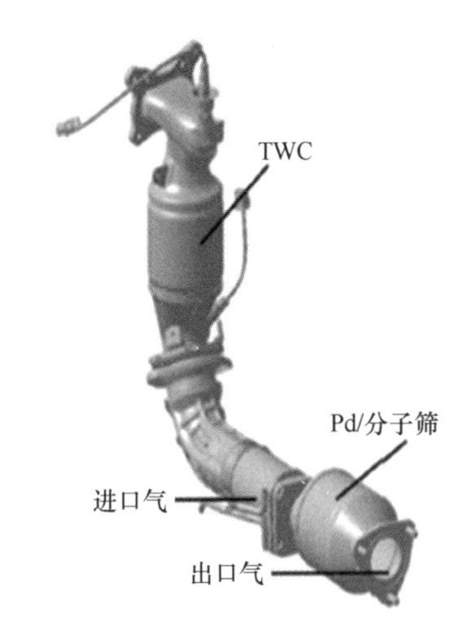

图 3-16　TWC + HC 吸附剂催化器布局示意图

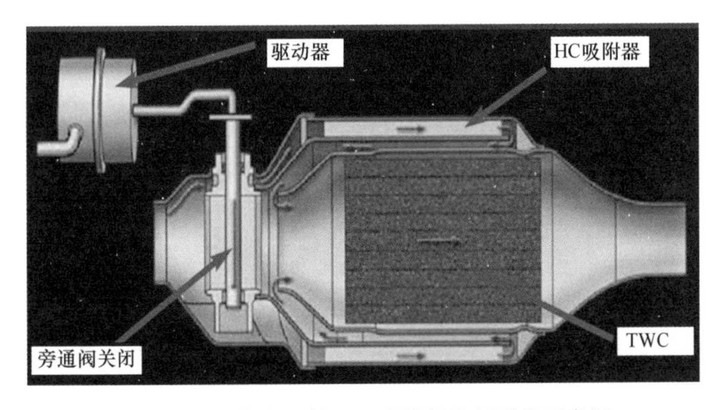

图 3-17　日本丰田的 HC 吸附剂控制系统示意图

四、高 Pd 的 Pd/Rh 催化剂

单 Pd 催化剂由于抗高温能力强、价格便宜、使用方便等因素，在汽车尾气净化催化剂中占有十分重要的地位。Pd 基催化剂主要用于密偶催化剂（或双级催化

剂的前级），催化剂更靠近发动机，工作的环境温度高。因此，拥有优异的催化性能和抗高温老化性能是该类催化剂必须具备的最重要特质。

Pd 对烯烃和 CO 的转化活性高，也具有一定的还原性能，当颗粒较大时，也对烷烃具有很高的活性，起燃活性好，具有优异的抗烧结能力，具有较好的高温活性，Pd 的抗高温能力比 Pt 强，但是其抗中毒能力较差。而 Pt 对饱和 HC 和 CO 具有很强的氧化能力，对 NO_x 的还原活性较差，热稳定性差，具有较好的抗中毒能力。

在早期的 TWC 中，Pt 和 Rh 是典型的活性金属，然而，随着全球汽车尾气净化催化剂的快速发展，对 Pt 和 Rh 的需求日益增加，使贵金属资源匮乏，尤其是 Rh。Rh 作为 Pt 的伴生元素，资源十分有限，价格也相当昂贵。Pd 主要产于南非，产量比 Pt 和 Rh 大，具有较好的价格优势。早期的 TWC 中并不使用 Pd 做活性组分，是由于 Pd 对 NO_x 的净化能力较弱，但后来的研究发现，使用适当的助剂和载体时 Pd 对 NO_x 也能表现出很好的还原性能。因此，在催化剂涂层的设计中，催化材料的选择及使用方法十分重要。此外，贵金属的分散，助剂的种类、用量及使用方法，催化剂制备过程的条件控制都要进行精心设计，以制备性能优异的单 Pd 催化剂。所以 Pd 在取代 Pt 的同时也可以取代 Rh 的位置。但由于 Pd 容易发生铅和硫中毒，故从技术上不能取代 Pt 和 Rh。但是美国加州汽油中硫的含量降到了 50 mg/kg 以下，且无铅汽油中的铅含量下降到 0.001 g/gal，于是在 1989 年早期，Ford 公司在加州的一些车型中使用 Pd/Rh 取代了长期使用的 Pt/Rh 催化剂。这一技术随后在美国普及，且对这一技术进行了改进，把 Pd 和 Rh 分开在两层涂层上，Rh 在外层，Pd 在内层。Rh 完全暴露在所有的还原剂中，在气体进入下端的氧化层之前将 NO_x 还原，这样就防止了 Pd-Rh 合金颗粒的生成。由于欧洲以及其他市场的汽油中铅含量消除速度慢，故 Pd/Rh 催化剂的使用普及较慢。因此 Rd/Rh 催化剂的使用使人们意识到将贵金属负载在不同载体上或同一载体的不同区域（即分区涂覆）的必要性，这样增加了催化剂设计的灵活性，也增加了其复杂性。为了实现这样的目的，需要多步涂覆过程或将贵金属固定在不同的载体上。比如在密偶催化剂中，为了让贵金属在分散度低（烧结严重）的情况下保持足够的催化表面，在一段短的前级区域可以采用高的贵金属负载量，以达到最好的低温活性。而催化剂后级较长的区域由于温度低些，贵金属可以保持高的分散度，故较低的贵金属负载量（少至 1/10）用于后级已经足够。未来催化剂毫无疑问会更精细化区域涂覆技术，以最优化贵金属的使用效果。

近年来，也有公司不断地尝试采用单 Pd 催化剂取代 Pd/Rh 催化剂。Ford 公司[9]对单 Pd、Pd/Rh 型催化剂进行了对比，发现在相同条件下，单 Pd 型催化剂难以与 Pd/Rh 型催化剂竞争，尤其是 NO_x 的排放难以满足目前最严格的排放法规。因此，Pd 有取代 Rh 的潜力，但在工业化前还需要进一步优化。

五、超低含量贵金属催化剂或非贵金属 TWC 催化剂

随着贵金属价格的波动，为了降低成本，越来越多的研究者关注于采用超低含量贵金属和非贵金属催化剂，以希望代替常规的 Pd-Rh 催化剂。常规含量贵金属催化剂和超低含量贵金属催化剂并无特定的界限。随着全球排放法规的更加严格和汽车工业的发展，汽车尾气净化催化剂的市场竞争也越来越激烈；尤其是在中国，市场低成本化技术的博弈使全球各大催化剂公司的研究焦点开始集中在稀土替代贵金属以降低成本的方向上。CDTi 报道了非铜基尖晶石结构的非贵金属催化剂[10]，其可以单独作为催化剂使用，也可以与传统的贵金属催化剂整合到一起以降低贵金属用量。对于非贵金属催化剂，要达到贵金属催化剂的本征活性和耐久性的可能性不大，到目前为止还没有非贵金属催化剂商业化的案例。

六、含 cGPF 的催化剂

新排放标准诞生的同时，对油耗也提出了更高的要求。油耗的降低主要得益于发动机技术的进步。GDI 发动机瞬态响应好，可以实现精确的空燃比控制，具有快速冷起动和减速断油能力及潜在的系统优化能力，尤其油耗与传统的 PFI 发动机相比更低；而涡轮增加带 T 发动机可以提高发动机的动力性，降低油耗。因此 GDI 或带 T 发动机被认为是未来汽油机发动机的主要方向。而 GDI 或带 T 发动机的高颗粒排放又带来了新的 PM/PN 排放问题。故对于某些 PN 排放量高的汽车，传统的汽油机 TWC 系统已经很难满足未来的颗粒物排放标准，因此必须使用传统的 TWC 和 GPF 过滤器相结合的催化剂系统。

TWC 和 GPF 过滤器相结合的催化剂系统，其常见整合方式有两种。

第一种为紧耦合 TWC+底盘 cGPF，二者分别为前后级。该方案主要使用于 PM/PN 排放高或排量高的发动机。TWC 一般为紧耦合布置，用于解决冷启动阶段的排放问题。cGPF 可以采用和 TWC 近距离或稍远距离布局，主要用于解决 PN 和高速段气态污染物排放，对于气态污染物排放量高的发动机可以带 TWC 涂层，对于气态污染物排放量低的发动机可以仅使用空白 GPF。TWC 一般在< 20 s 或更早达到起燃温度才能满足国VIb 排放标准，否则需要高贵金属含量。TWC 一般采用高目数、薄壁、高孔隙率陶瓷载体或金属载体，cGPF 为壁流式载体。GPF/cGPF 布局要考虑排气管空间位置。cGPF 处于后端，温度偏低给再生带来风险。

第二种为紧耦合（TWC/cGPF），即将二者整合到一个封装中处于紧耦合位置或者二者集合成单个 cGPF 催化剂位于紧耦合位置。主要使用于 PM/PN 排放值高且排量低的发动机，如 T 发动机和 TGDI 发动机。目前有的欧洲厂家采取该技术

路线，但国内采用该路线的很少。一般为紧耦合布置，用于解决冷启动阶段的排放问题。一般在< 20 s 甚至更快达到起燃温度才能满足国Ⅵb 排放标准，否则需要高贵金属含量。一般采用高目数、薄壁、高孔隙率陶瓷载体或金属载体，GPF/cGPF 为壁流式载体。GPF/cGPF 布局要考虑排气管空间位置和高背压风险。GPF/cGPF 处于紧耦合位置，温度高，再生容易，但需要更大的安装空间才能布局。

市场上使用的含 GPF 的系统主要是倾向于使用紧耦合 TWC+底盘 cGPF 的催化剂系统。如图 3-18 为福特报道的 2010 Ford Taurus SHO 和 2010 Ford Flex 两款车的催化剂系统示意图[11]。

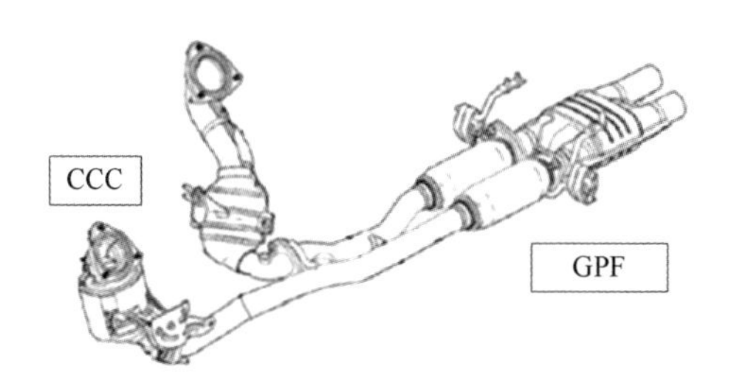

图 3-18　GDI 车的后处理催化剂系统示意图

第六节　汽油车尾气净化催化剂发展趋势

全世界汽车尾气排放标准日趋严格，对汽车后处理技术之一的催化剂提出了更高的要求，特别是基于冷启动排放和高温长寿命、低成本的解决方案，催化剂有以下几个方面发展趋势。

一、堇青石蜂窝基体

采用高孔数、高结构强度蜂窝陶瓷基体。对蜂窝陶瓷的制造及其材料进行改进，增大几何表面积开孔数目、降低材料的密度、降低热容量、减少压力降，使催化剂在发动机起动后更快达到起燃温度。例如堇青石的开孔数由 400 孔到 900 孔，相同条件下可缩短起燃时间 50%。

二、低贵金属催化剂的研发

目前市面普遍使用的汽车尾气净化剂多采用贵金属 Pt、Rh、Pd 为活性组分，虽然它们对 CO、HC 和 NO_x 的三效转化活性较高，但由于 Pt、Rh 的自然资源相对稀少，从而导致了催化剂的高成本。故开发使用低贵金属用量或低成本贵金属催化剂是今后汽车尾气净化催化剂领域的一个重点研究方向。如三效催化剂的贵金属含量从最初的超过 100 g/ft^3，到后来的 40 g/ft^3，再到 30 g/ft^3，甚至 20 g/ft^3，最后能够低到 10 g/ft^3。

三、新型催化体系或催化应用技术的研发

基于缸内直喷稀燃新型的发动机技术，油耗比普通发动机降低 20%，并且污染物可满足更高排放法规的要求，但其颗粒物排放较高，为解决这一问题而研究开发的带涂层的颗粒捕集净化器（Gasoline Particulate Filter）能有效解决缸内直喷汽油机的颗粒物排放问题。

目前对汽油或天然气为动力的机动车而言，要实现真正意义上的零排放还有难度，而实现低排放和超低排放或者准零排放是完全可能的。国际上宝马、丰田、福特、日产和本田等都推出了自己的准零排放车辆。但准零排放的实现是一个系统工程，是综合应用多种机内和机外净化措施并进行系统组合优化而实现的。

四、三效催化技术的发展趋势

全世界汽车尾气排放标准的日趋严格，对汽车后处理技术之一的三效催化剂提出了更高的要求。特别是基于冷启动排放和高温长寿命、低成本的解决方案催化剂有以下几个方面发展趋势。

1. 堇青石蜂窝基体

采用高孔数、高结构强度蜂窝陶瓷载体。对蜂窝陶瓷的制造及其材料进行改进，增大几何表面积开孔数目、降低材料的密度、降低热容量、减少压力降，使催化剂在发动机起动后更快达到起燃温度。例如堇青石的开孔数由欧Ⅱ、欧Ⅲ的 300～400 孔每平方英寸*，到欧Ⅳ、欧Ⅴ的 600～900 孔每平方英寸；壁厚由 8 mil**逐渐降低到 2 mil。相同条件下可缩短起燃时间 50%。

2. 研发更高性能的新型载体材料和储氧材料

为了满足超低排放标准的高转化率、高耐久性的要求。必须开发具有更高转化效率和耐热性更好的催化剂。表现在两个方面。

一方面，进一步改进现有的氧化铝材料和储氧材料的性能，主要通过掺杂或合成控制技术来制备具有特殊形貌的功能化材料，使负载贵金属后的催化剂性能较传统催化剂性能大幅度提升。例如，从储存、传递和释放氧的动力学来看，铈氧化物及其复合氧化物的储氧能力是其相结构动力学（Ce^{4+}/Ce^{3+}的氧化还原速率）和表面形

---

* 1 英寸（in）=0.0254 米（m）

** 1 密尔（mil）=0.0254 毫米（mm）

貌组织（表面铈活性点浓度）因素之间的平衡结果，因此任何涉及氧空穴数量及氧迁移能力增加的化学修饰均能改善材料储存和释放氧的能力。开发可以使 $Ce_xZr_{1-x}O_2$ 固溶体表面氧物种的键合强度弱、释放氧速度较快、体相晶格缺陷增加、体相晶格氧活动能力增强、表面均匀分布的新型纳米储氧材料是今后研究发展的趋势。

另一方面，研究开发新型的具有大比表面积、高热稳定性的新型载体材料。采用新型的 SiO_2 或 Al_2O_3 无机纳米纤维具有高比表面积和高稳定性，由于其纳米材料特殊的表面效应、量子尺寸效应及宏观量子隧道效应等，以其为载体可大幅度提高催化剂的整体净化性能和寿命。

3. 低贵金属催化剂或非贵金属催化剂的研发

目前市面普遍使用的汽车尾气净化剂多采用贵金属 Pt、Rh、Pd 为活性组分，虽然它们对 CO、HC 和 NO_x 三效转化活性较高，但 Pt、Rh 由于自然资源相对稀少，从而导致了催化剂的高成本。开发使用低贵金属用量或低成本贵金属催化剂甚至开发不含贵金属的催化剂是今后汽车尾气净化催化剂领域的一个重点研究方向。例如 Pd 虽然抗硫（S）中毒能力比 Pt 和 Rh 差得多，但它具有良好的催化氧化 CO、HC 性能，同时拥有较好的 NO_x 催化还原性能和高温热稳定性、低温活性，而且资源丰富，价格远低于 Pt 和 Rh。随着无燃油标准的提高，汽油中的硫含量减少，采用无 Pt、低 Rh 用量或全钯催化剂特别是全钯催化剂可进一步降低贵金属在催化剂中的成本占比。

不含贵金属的催化剂研发。主要为过渡金属氧化物为活性组分或钙钛矿型稀土复合氧化物为活性组分。

4. 新型催化体系或催化应用技术的研发

基于缸内直喷稀燃新型的发动机技术，具有进气效率优化、最佳雾化效果、更高的燃烧效率等优点，其动力更加强劲，低速扭矩表现出色、动力响应更快、宽转速范围持续高动力输出，油耗比普通发动机降低 20%并且可满足更高排放法规的要求。但由于是稀燃必需解决高氧含量下 NO_x 的净化问题，基于 NO_x 存储（NO_x Storage Reduction，NSR）的催化剂能有效解决这一问题，另外，缸内直喷发动机相对于传统的进气道喷射发动机其颗粒物排放较高，为解决这一问题而研究开发的带涂层的颗粒捕集净化器（Gasoline Particulate Filter）能有效解决缸内直喷汽油机的颗粒物排放问题。

5. 低排放、准零排放、零排放的实现

目前美国的加利福利亚州实施的 LEV Ⅲ排放标准是世界上最严格的汽车尾气

排放标准（表 3-2）。LEV（Low Emission Vehicle）是指低排放车辆，ULEV（Ultra-Low Emission Vehicle）是指超低排放车辆，SULEV（Super Ultra-Low Emission Vehicle）为高超低排放车辆。PZEV（Partial Zero Emissions Vehicle）为部分零排放或准零排放车辆，是指零蒸发燃油排放并且后处理系统在 8 年或 15 万英里的质保期内排放满足 SULEV 排放标准的车辆。

表 3-2 美国加州 LEV Ⅲ FTP 标准

乘用车和轻型卡车≤8.500 lbs

耐久里程/mile	排放标准	NMOG+NO_x/（g/ mile）	CO/（g/ mile）	甲醛/（g/ mile）	颗粒物/（g/ mile）
150000（非强制）	LEV160	0.160	4.2	4	0.01
	ULEV125	0.125	2.1	4	0.01
	ULEV70	0.070	1.7	4	0.01
	ULEV50	0.050	1.7	4	0.01
	SULEV30	0.030	1.0	4	0.01
	SULEV20	0.020	1.0	4	0.01

目前就以汽油或天然气为动力的机动车而言，要实现真正意义上的零排放还有难度。实现低排放和超低排放或者准零排放是完全可能的。国际上宝马、丰田、福特、日产和本田等都推出了自己的准零排放车辆。但准零排放的实现是一个系统工程，是综合应用多种机内和机外净化措施并进行了系统组合优化而实现的。以本田的超清洁汽油动力车辆为例（图 3-19），主要的关键技术如下：

（1）采用电子控制的可变气门正时和升程（VTEC）装置，通过只开启一个进气门来产生强烈的进气涡流，可以提高混合气均匀性。

（2）采用空气辅助喷射，在冷启动时向排气管辅助喷射空气，提高尾气中的氧含量，加速催化剂起燃。

（3）采用低热容量的排气歧管和总管。

（4）采用电子控制的废气再循环装置。

（5）将前氧传感器升级为线性氧传感器，后氧传感器升级为带加热的线性氧传感器。

（6）开发了快速暖机系统来实现快速暖机。

（7）高运算速度的 ECU 单元及基于这一系统开发的二次氧反馈控制系统来实现单缸空燃比的精度控制。基于系统计算实时分析三效催化剂的性能和后氧传感器的未来寿命值，来实现高精度的最佳的燃油反馈目标，优化催化剂的净化效率。

（8）可实现稀空燃比控制。

（9）高孔密度（1200 孔每平方英寸）薄壁（2 mil），高贵金属（330 g/ft^3）配置的紧耦合三效催化剂。

（10）带温度传感器的HC吸附器，可以将冷启动HC吸附后在高温下脱附后由EGR系统返回进气系统，实现低温HC的高效净化。

（11）电加热底盘三效催化剂，实现催化剂的快速起燃。

通过机内净化和机外净化相结合达到准零排放的要求。

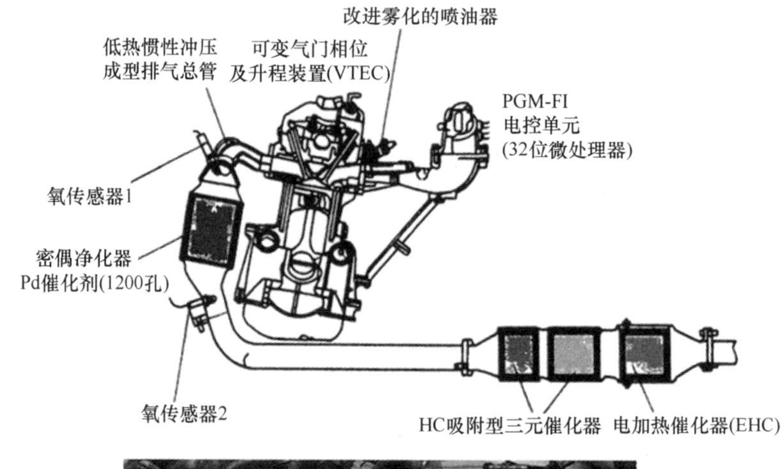

图3-19　本田公司的ZLEV排放系统

第七节　催化转化器的失效原因

一、高温失活

常温下三元催化转化器不具备催化能力，其催化剂必须加热到一定温度才具有氧化或还原的能力，通常催化转化器的起燃温度在 250～350 ℃，正常工作温度一般在 350～800 ℃。催化转化器工作时会产生大量的热量，活性越高，氧化的温度也越高，当温度超过 850～1000 ℃时，其内涂层材料的烧结和贵金属活性组分的烧结和掩埋，导致催化剂活性下降。过高的温度（1300 ℃）也可能导致催化剂涂层脱落，堇青石陶瓷载体软化，局部烧结碎裂。所以必须注意控制造成排气温度升高的各种因素，如点火时间过迟或点火次序错乱、失火等，这都会使未燃烧的混合气进入催化反应器，造成剧烈反应床层温度过高。定时保养车辆，以免排气恶化导致基础排放偏高，废气污染物各成分的浓度、总量过大造成催化转化器温度过高。

二、化学中毒

催化剂对硫、铅、磷、锌等元素敏感，硫和铅来自于汽油，磷和锌来自于润滑油，这四种物质及它们在发动机中燃烧后形成氧化物会与催化剂中的活性组分发生化学反应（表 3-3），使其原有功能失效，从而失去了催化作用，即所谓的“中毒”现象。

因此车辆平时必须使用正规的清洁汽油和符合要求的润滑油。

表 3-3 催化剂中毒原因

中毒	性质	结果
$Pd+SO_2 \longrightarrow PdSO_4$	不可逆失活	活性降低或安全失效
$Al_2O_3+SO_2 \longrightarrow Al_2(SO_4)_3$	不可逆	孔道堵塞
$CeO_2+P_2O_5 \longrightarrow CePO_4$	不可逆	储氧能力减低
$BaO+SO_2 \longrightarrow BaSO_4$	可逆	选择性降低
$Rh/Pt+SO_2 \longrightarrow Rh/Pt\text{-}SO_3$	可逆	活性降低

三、沉积失活

三元催化转化器因沉积物覆盖和堵塞失效造成发动机工作不正常是目前发动机很普遍的问题，其常见形式有：①燃油胶质和积碳覆盖在催化剂表面而造成的失效或堵塞；②燃油中添加的辛烷值提高剂甲基环戊二烯基三羰基锰（MMT）等燃烧后的灰分在温度相对较低的温度下，以氧化锰形式覆盖在催化剂表面而造成的失效或堵塞；③由于发动机内部燃烧不完全产生的积碳是目前导致三元催化转化器失效的主要原因之一。积碳往往是一种含有碳、氢、硫、氮、氧、重金属等多种元素的混合物，使用质量不佳的燃油以及行驶在拥挤的道路上都会加剧积碳的生成。

四、与发动机不匹配

即使是同样的发动机，同样的三元催化转化器，车型不同，发动机常用的工作区间就不同，排气状况就发生变化，安装三元催化器的位置就不同，这都会影响三元催化转化器的催化转化效果。因此，不同的车辆，应使用不同的三元催化转化器。

五、氧传感器失效

如果燃油中含铅、硅、锰等氧化物灰分覆盖就会造成氧传感器中毒。此外使用不当，还会造成氧传感器积碳、陶瓷碎裂、加热器电阻丝烧断、内部线路断脱等故障。氧传感器的失效会导致空燃比失准，排气状况恶化，催化转化器效率降低，长时间会使催化转化器的使用寿命降低。

六、机械失活

净化器经极冷极热等极端环境导致陶瓷破裂失效；由于封装过松，陶瓷长期震动或与金属外壳摩擦导致磨损或破裂失效；因碰撞机械震动导致的陶瓷破碎失效。

七、三效催化转化器失效解决方案

三效催化转化器若发生高温失活以及化学中毒，通常难以有效恢复其活性，只能整体更换催化器；但是由于发动机技术和催化剂制备技术的提升，以及法规对机油和燃油中硫、磷和锰等元素的添加限制不断严格，这两种原因造成的三元催化转化器失效已不多见。

因此平常注意使用标准的清洁燃油、润换油，正常进行汽车的保养和及时排除发动机故障，一般在法定寿命内催化剂不易出现失效的情况。

第八节　汽油机尾气净化催化剂未来展望

随着排放法规和油耗的逐渐加严，可以预见在不久的将来，汽油机的排放标准将趋于零排放标准，且对燃油经济性的要求也日趋严苛。只有不断从优化发动机和后处理（含催化剂）两个主要方向持续努力，逐渐提高机内净化和机外净化能力。

对于汽油机尾气净化催化剂，未来发展和改进的方向主要有：

（1）低贵金属。基于市场经验总结，随着排放法规的加严，单支催化剂的贵金属含量并未出现较大的增加，甚至会发生降低现象。这主要得益于发动机技术和催化剂本身技术的进步。而客户对于降低成本的不懈追求，也促进了低贵金属催化剂的研发。从高贵金属向低贵金属，甚至向非贵金属方向努力，是目前的一大研究方向。目前最有希望的非贵金属催化剂主要以钙钛矿类型为主。通过采用部分其他非贵金属催化剂替代贵金属活性组分以期达到降低贵金属用量的目的。

（2）RDE 排放。未来的排放法规越来越接近实际道路驾驶情况。而实际道路最典型的特点就是频繁起停和频繁的切换发动机工况。由此对催化剂的低温活性和动态工况下的转化率和捕集效率要求会进一步提高。

（3）cGPF 催化剂系统。随着 GDI 发动机不断普及，cGPF 催化剂也逐渐大批量的进入市场。然而目前对含 cGPF 的催化剂系统的应用经验尚比较缺乏。相信在未来一段时间，如何优化 cGPF 催化剂系统仍然是一个比较热门的领域。

（4）稀燃催化剂。随着油耗法规的逐步加严，对于使用汽油机的发动机而言，稀燃发动机控制技术也是未来的一个主要方向。由于稀燃发动机的空燃比的原因，需要引入稀燃类型的催化剂。如现在正在开发的 LNT 催化剂。对于 LNT 催化剂，需要突破的技术瓶颈主要有催化剂的耐久和再生等方面。催化剂的发展和改进涉及催化剂涂层、催化剂载体、系统封装、系统标定等方面，而对于催化剂在实际道路排放的在线 OBD 监控、催化剂的回收和更换也将是十分艰巨的工作。

参 考 文 献

[1] Kašpar J, Fornasiero P, Hickey N. Automotive catalytic converters: current status and some perspectives. Catalysis Today, 2003,77: 419-449.

[2] Twigg M V. Progress and future challenges in controlling automotive exhaust gas emissions. Applied Catalysis B: Environmental, 2007, 70: 2-15.

[3] Shelef M, McCabe R W. Twenty-five years after introduction of automotive catalysts: what next. Catalysis Today, 2000, 32: 35-50.

[4] Monte R D, Kašpar J. On the role of oxygen storage in three-way catalysis. Topics in Catalysis, 2004, 28: 47-57

[5] Heck R M, Farrauto R J. Automobile exhaust catalysts. Applied Catalysis A: General, 2001, 221: 443-457.

[6] Gandhi H S, Graham G W, McCabe R W. Automotive exhaust catalysis. Journal of Catalysis, 2003, 216: 433-442.

[7] Farrauto R J, Heck R M. Catalytic converters: state of the art and perspectives. Catalysis Today, 1999, 51: 351-360.

[8] Murata Y, Morita T, Wada K, et al. NO_x trap three-way catalyst (N-TWC) concept: TWC with NO_x adsorption properties at low temperatures for cold-start emission control. SAE Technical

Paper, 2015-01-1002.

[9] Lindner D, Mussmann L, Tillaart van den J A A, et al. Comparison of Pd-only, Pd/Rh, and Pt/Rh catalysts in TLEV, LEV vehicle applications-real vehicle data versus computer modeling results. SAE Technical Paper, 2000-01-0501.

[10] Golden S, Nazarpoor Z, Launois M, et al. Development of non-copper advanced spinel mixed metal oxides for zero-precious metal and ultra-low precious metal next-generation TWC. SAE Technical Paper, 2016-01-0933.

[11] Lambert C K, Bumbaroska M, Dobson D, et al. Analysis of high mileage gasoline exhaust particle filters. SAE Technical Paper, 2016-01-0941.

第四章　天然气车尾气净化催化剂技术

第一节　压缩天然气车发展概况

汽车保有量的日益增加，不仅造成了严重的大气污染，同时也大量消耗着日益枯竭的石油等不可再生资源。按照目前人类消耗石油资源的速度，全球已探明的石油资源仅够使用40年，而我国探明的石油储量仅够使用20余年。我国从1993年起，已从石油输出国变为石油进口国，2016年，我国原油进口量达3.81亿吨，原油对外依存度超过 60%。为了减少汽车排污、缓解石油资源的枯竭，汽车替代燃料（如天然气、液化石油气、氢燃料、醇类、二甲醚和酒精等）的研究与发展正在成为热点问题。其中，天然气是当前公认的较为理想的替代燃料。与其他替代燃料相比，全世界范围内天然气的储量是十分充足的。已经被证实的世界天然气储量超过 $204.7\times10^{12}\ m^3$，并且可利用 537 年。纵观全世界，天然气储量最多的是澳大利亚，其次依次为北美洲、俄罗斯、南美洲、非洲、中东，最少的是欧洲。

以天然气为燃料的汽车称为天然气汽车（NGV），属于“蓝色动力”汽车。“蓝色燃料”是指以甲烷为主要成分的气态碳氢化合物燃料，如天然气、石油伴生气、煤层气等。天然气作为汽车燃料，在世界范围内已有几十年的历史。20世纪 30 年代，富气贫油的意大利率先采用天然气作为汽车燃料，到 20 世纪 70年代全球能源危机爆发，80 年代欧美国家对于城市空气质量的逐渐重视，各国对汽车尾气排放法规的日益严格化，促使天然气汽车在许多国家得到快速广泛的推广应用。

据国际天然气汽车协会（IANGV）的统计，2009 年全球天然气汽车和加气站保有量达到 1135.6 万辆（首次超过 1000 万辆）和 16513 座；2012 年达 1673.3 万辆和 21292 座，分别比 2009 年增长了 47.3%和 28.9%，年均增长分别为 13.8%和8.8%。2013 年世界天然气汽车总量增长到 1809 万辆，其中前十位国家的保有量为 1555 万辆，占全球总量的 86%。据 IANGV 预测，到 2020 年，全球天然气汽车将达 6500 万辆。表 4-1 为 2013 年天然气汽车数量世界排名前 10 位的国家。排名前 10 的国家天然气车数量占天然气车总量的 85.96%。

表 4-1　2013 年天然气汽车数量世界排名前 10 位的国家

排序	国家	数量/万辆	排序	国家	数量/万辆
1	伊朗	350	6	印度	150
2	巴基斯坦	279	7	意大利	82
3	阿根廷	228	8	哥伦比亚	46
4	巴西	175	9	乌兹别克斯坦	45
5	中国	158（336.5）	10	泰国	42
10 国 NGV 总量		1555（1733.5）	占天然气汽车总量/%		85.96

注：表中数据来源于国际天然气汽车协会（IANGV）。其中，中国天然气汽车数量，IANGV 发布数据为 158 万辆；括号内 336.5 万辆，是中国媒体报道数量；10 国 NGV 总量一栏中，括号内 1733.5 万辆是按中国 336.5 万辆计算的结果。

欧洲是世界上最早以天然气为机动车燃料的地区。图 4-1 是欧洲 NGVs 随年份的增长趋势。可以看出，1991～2001 年，欧洲 NGVs 平均每年增长率为 15%，2001 年的 NGVs 总量为 1.7×10^6 辆；2001～2007 年，年增长率达到 26%，2007 年的 NGVs 总量增长到 7.0×10^6 辆；2007～2020 年，假设年增长率为 18%，那么 2020 年欧洲的 NGVs 总量将达到 6.50×10^7 辆。这将占据压缩天然气汽车 9%的市场份额。欧洲制定一个目标，即以天然气作为机动车燃料，到 2050 年，机动车产生的 CO_2 量比 1990 年产生的量至少降低 60%。

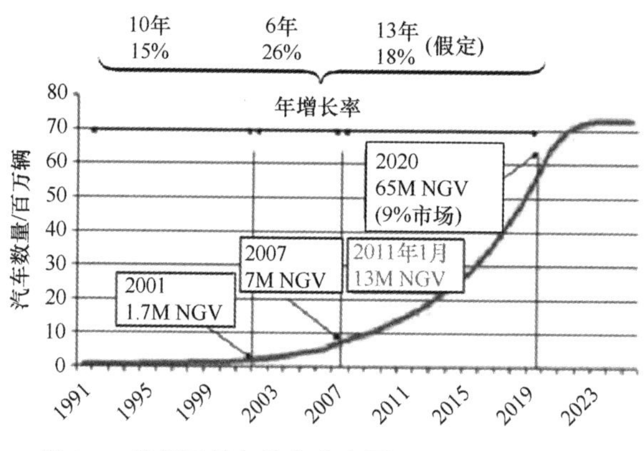

图 4-1　欧洲天然气汽车分布图（1991～2023 年）

近年来，排名在 10 名以外的美国，天然气车数量也呈逐年增加的趋势。图 4-2 展示了美国压缩天然气汽车随年份的增长趋势。可以看出，2009～2013 年，美国 NGVs 以年均 7%的速率增长。2013 年至 2020 年，预计增长率将达到 17%，届时，NGVs 总数将为 5.20×10^6 辆。

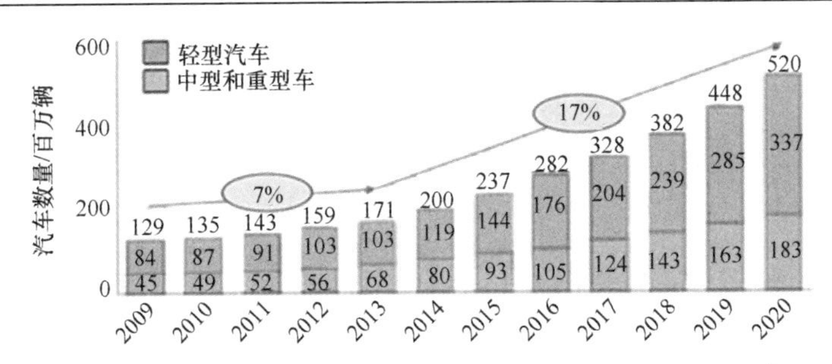

图 4-2　美国压缩天然气汽车（NGVs）分布图（2009～2020 年）

美国目前有轻型天然气汽车（Light-duty Vehicles）、中型天然气车（Medium-duty Vehicles） 和重型天然气汽车（Heavy-duty Vehicles）。其中，2013～2020 年期间，轻型天然气汽车将以 15%～20%速度增长，中型和重型天然气汽车以 12%～18%速度增长。这将极大增大了美国天然气汽车的市场份额，有助于缓解其传统化石能源压力，改善其能源布局。

我国在 20 世纪 50 年代，曾使用过压缩天然气汽车，到 20 世纪 80 年代中期开始大力发展压缩天然气（CNG）汽车。当时，引进了部分设备，在四川建立了我国第一个 CNG 加气站。1993 年，中国石油天然气总公司引进国外技术，并于 1996 年将加气站装置和汽车改装部件引进技术国产化，同时使相关技术标准规范化。1999 年，“全国清洁汽车行动协调领导小组”成立，对 CNG 及其他相关代用清洁燃料的技术、产品、政策、标准和市场推广给予全面支持。2004 年，我国以压缩天然气汽车为主的 NGV 重点推广应用区域已增加到 19 座城市（地区），而石家庄、南京等多座城市也都在自动进行燃气汽车的推广工作。在此期间，CNG 汽车保有量也从 1999 年的不足 1 万辆增长到 20 万辆以上，居世界前列。“十一五”和“十二五”期间，我国天然气汽车发展迅速。表 4-2 列出了从 2000 年到 2010 年中国天然气年均消耗量及其用途。2000 年，中国天然气消耗量为 2430 万 m^3，经过 10 年的快速发展，到 2010 年，天然气的消耗量达到 1.064 亿 m^3，10 年内翻了 4 倍有余。在这 10 年内，车用天然气所占的比列也在逐年增加，2000 年，车用天然气占全年消耗量 2430 万 m^3 的 1.8%，即 43.74 万 m^3；到 2010 年，车用天然气用量占全年消耗量 1.064 亿 m^3 的 5.0%，即 532 万 m^3，十年内增长了 12 倍。车用天然气用量的快速增长，在一定范围内减缓了国家对石油大量依赖进口所面临的压力。截至 2016 年 12 月底，中国天然气汽车的保有量为 557.6 万辆，其中 LNG 汽车 26 万辆，汽车加气站保有量约为 7800 座，其中 LNG 加气站约为 2700 座（L-CNG 加气站计入 CNG 加气站），连续 3 年蝉联世界第一。特别是，随着节能环保意识的提升和国家能源结构的调整，近年来 CNG 公交车在国内部分地区已经得到大力推广和广泛应用。CNG 汽车推广范围不断扩大后，推广的车辆也由公交车、出租车逐步扩大到邮政车、垃圾车、政府用车甚至私人车辆等，我国清洁汽车已逐步形成区域化发展的模式。2017 年 6 月 23 日，国家发展改革委、科技部、工业和信息化部、交通运输部、国家能源局等 13 个部委印发了《加快推进天然气利用的意见》，提出要“逐步将天然气培育成为我国现代清洁能源体系的主体能源之一”，更将“实施交通燃料升级工程”作为天然气利用的四大重点任务之一，对“加快天然气车船的发展”提出了明确的要求。《意见》的出台为天然气车船行业的发展注入了新的动力，带来了新的发展机遇。

表 4-2 中国每年天然气消耗量及其用途（2000～2010 年）

	2000	2005	2006	2007	2008	2009	2010
总消耗量/10^6 m^3	24.3	46	55.2	69.6	80.3	88.9	106.4
工业燃料占比/%	40.20	33.70	29.20	26.70	29.70	28.90	27.70
化工生产占比/%	36.80	31.20	32.60	30.10	25.40	20.40	18.20
城市用气占比/%	17.10	26.00	27.90	29.00	30.60	30.60	31.50
机动车占比/%	1.80	4.10	4.30	3.40	4.40	5.10	5.00
发电及供暖占比/%	4.10	5.00	6.00	10.80	9.90	15.00	17.60
总百分含量/%	100	100	100	100	100	100	100

第二节 天然气车尾气排放特点

一、天然气作为车用燃料的特点

天然气是几种烃类的混合物，主要化学成分为甲烷（CH_4），在 CNG 中占 80%～90%（体积比），其余为少量的乙烷（C_2H_6）、丙烷（C_3H_8）、丁烷（C_4H_{10}）及其他物质。天然气根据其存在形式的不同，分为压缩天然气（Compressed Natural Gas，CNG）和液化天然气（Liquefied Natural Gas，LNG）。

表 4-3 对比了天然气和汽油的理化性质。从表中数据可以看出天然气有以下特点：第一，H/C 原子比高，在相同质量的燃料下产生的温室气体 CO_2 更少。第二，辛烷值（RON）高，CH_4 的 RON 是 130，而 90#汽油的 RON 仅为 92，天然气抗爆性能更强；第三，热值高，CH_4 的低热值是 50.05 MJ/kg，高于汽油。天然气中 CH_4 含量越高，热值也越高，当 CH_4 含量为 80%时热值也与 90#汽油相当。

以天然气替代石油燃料不仅可以解决石油短缺等问题，同时，也是解决大城市环境污染、全球气候变暖等问题的重要途径。20 世纪 80 至 90 年代以来，天然气汽车作为低排放车辆 LEV 得到迅速发展。有关资料表明，天然气汽车比燃油汽车的排气污染显著降低，而天然气汽车对环境造成的污染比燃油汽车减少 90%以上，相对汽油车和柴油车有很大优势。

表 4-3　天然气与汽油的理化性质

燃料	天然气（CH_4）	汽油（90 #）
H/C 原子比	4	2～2.3
密度（液态）/（kg/m^3）	424	700～780
分子量/M	16.043	96
沸点/℃	–161.5	30～90
凝固点/℃	–182.5	—
汽化热/（kJ/kg）	510	—
密度（气相）/（kg/m^3）	0.715	—
化学计量比（质量比）	17.25	14.8
化学计量比（体积比）	9.52	8.586
低热值/（MJ/kg）	50.05	43.9
混合气热值/（MJ/m^3）	3.39	3.37
辛烷值/RON	130	92

从燃料特点看，天然气汽车具有以下优点：①具有能满足零排放的能力；②排放污染物种类少，没有长链烷烃和芳香烃等毒性较大的烃类物质；③燃料使用范围广，从轻型载客车到重型公交车均可使用；④储备丰富。

二、天然气车的分类

根据燃料形式的不同，天然气汽车可以分为以下 4 类：

（1）专用压缩天然气汽车（CNGV），指发动机仅适用于压缩天然气，其发动机的燃料供给系统专为 CNG 燃料设计，能充分发挥 CNG 燃料的特点。

（2）压缩天然气与汽油两用燃料车，一般由汽油车改装而成，保留原汽油车的燃料供给系统，另外增加一套天然气燃料供给系统，并对控制系统加以整合，使用过程中可任意选择燃油或者天然气供应和控制系统，方便切换。目前市场上在用车大部分属于这一种。

（3）压缩天然气与柴油双燃料汽车，具有两套独立的燃料供给系统，使用油、气燃料混合燃烧的天然气汽车，油气两种燃料能同时进入发动机燃烧，压燃柴油引燃天然气与空气的混合气实现燃烧，也可单独使用柴油，一般为经由柴油车改装而成。

（4）液化天然气汽车（LNGV），使用液化天然气为燃料，首先要经过一定的工艺将天然气进行常压低温液化，然后储存在高压气瓶中，技术要求较高，在一定程度上限制了其发展。

目前，在我国市场上运行的大多为 CNG 汽车，且经过汽油或者柴油车改造而成。

根据天然气发动机的燃烧方式不同，主要有两种工作方式，一种为当量比燃烧的工作方式，即天然气燃料和空气采用计量比混合，实现优化燃烧；另一种为稀薄燃烧，又称贫燃燃烧，是在空气大大过量，燃料相对不足的条件下进行的燃烧，能够提高燃料的利用率，节约能源，降低操作温度，提高发动机燃料经济性、动力性、耐久性和可靠性。

三、天然气车排放特点

天然气车与传统燃油车相比有如下优点：首先，尾气中的有害烃（如苯，芳烃聚合物）含量要低得多；其次，在稀燃条件下，较高的空燃比和低的燃烧温度进一步限制了氮氧化物的生成；并且其碳元素含量为 75 wt%而汽油车或柴油车为 86%～88 wt%，所以产生单位能量，天然气汽车所排放的 CO_2 更少；且由于 CNG 在汽车上与空气混合时同时为气态，与汽油、柴油相比，混合气更均匀，燃烧也更完全。因此汽车使用天然气燃料与使用汽、柴油相比，排气污染显著降低，有利于环境保护。且天然气的生产和使用是在密闭状态下进行，不会对水和陆地产生二次污染。表 4-4 是天然气车和汽油车排放对比。从表 4-4 中可以看出，不论是轻型客车还是小轿车，CNG 汽车排放的 CO 量较汽油车均下降 80%以上，这说明天然气在发动机内更容易达到完全氧化；HC 的排量也有 20%以上的下降。表 4-5 为汽油、压缩天然气、液化石油气车的排放对比。在表 4-5，需要特别关注的是 CNG 汽车 NO_x 的排量，排放范围较广，与汽油相比，占汽油车排量的 20%～100%，这主要与发动机的空燃比特性有关。总体来讲，天然气汽车排放的污染物要低于汽油车和同是气体燃料的 LPG 汽车。

表 4-4　CNG 和汽油排放比较

污染物	轻型客车			小轿车		
	汽油	CNG	降低率	汽油	CNG	降低率
CO/%	3	0.5	83.30%	1	0.15	85%
$HC/10^{-6}$	1000	800	20%	200	150	25%

表 4-5　汽油、LPG、CNG 排放污染物对比

污染物	汽油	CNG	LPG
非甲烷碳氢（NMHC）	1	0.1	0.5～0.7
CH_4	1	10	
CO	1	0.2～0.8	0.8～1.0
NO_x	1	0.2～1.0	1

与柴油车相比，压缩天然气汽车尾气中的多环芳烃（PAHs）比柴油车低 50 倍，甲醛低 20 倍，颗粒物（PM）低 30 倍，总毒性低 20～30 倍，而且，NO_x的排放也显著降低，能够消除柴油车的排气冒黑烟，极大地改善颗粒物排放情况。基于对尾气排放的研究成果，欧美国家用城市用 CNG 车（包括公交车和重载货车）取代了柴油车以减轻 NO_x和 PM 对人口密集区公众健康的危害。综上，相比汽油车和柴油车等机动车，以天然气为燃料的汽车排放尾气的污染成分及含量已有大大降低，堪称“绿色”。但是，尾气中仍然含有少量 HC、CO、NO_x以及由润滑油、天然气未完全燃烧产生的反应性有机气体（ROGs）等有害气体。其中，天然气汽车尾气中的 HC 中 90%以上为 CH_4，非甲烷碳氢化合物（NMHC）约占 5%。甲烷是结构稳定的非反应性 HC 分子，不参与 NO_x形成光化学烟雾和臭氧的反应，但是，甲烷是一种具有很强温室效应的气体，在相同的排放量下，甲烷 20 年期的温室效应是 CO_2的 35 倍，100 年期是 CO_2的 11 倍，因此，天然气汽车尾气也必须经过净化才能排放到大气中。

目前，欧洲和美国加州等各地都已经制定严格的标准限制天然气汽车的尾气排放。我国整体环境及路况与欧洲相近，机动车排放法规主要参照欧洲标准，起步相对较晚，但是发展相当迅速。轻型车方面，国Ⅰ（GB 18352.1—2001，等同于欧Ⅰ)、国Ⅱ（GB 18352.2—2001，等同于欧Ⅱ)、国Ⅲ（GB 18352.3—2005，部分等同于欧Ⅲ)、国Ⅳ（GB 18352.3—2005，等同于欧Ⅳ)、国Ⅴ（GB 18352.5—2013，等同于欧Ⅴ）分别在 2001、2004、2007、2010、2017 年实施，更严的国Ⅵ（GB18352.6—2016）已于 2016 年发布，2020 年 7 月 1 日正式实施。

重型车方面，我国分别于 2003、2004、2008、2011、2013 年实施国Ⅰ、国Ⅱ、国Ⅲ、国Ⅳ和国Ⅴ标准，按 GB17691 执行，更严的国Ⅵ标准已于 2018 年发布，2019 年 7 月 1 日正式施行。

表 4-6 是国Ⅴ排放法规对轻型车尾气污染物排放限值的规定（天然气车属于点燃式车型)。表 4-7 是国Ⅴ排放法规对重型车尾气污染物排放限值的规定，其中对天然气车甲烷排放限值单独作了要求。从表 4-6、4-7 中可以看出，目前排放法规对天然气车尾气污染物排放量进行限制的污染物主要有 CO、HC(主要含甲烷)、NO_x、PM。

另外，天然气尾气中还含有目前排放法规没有限值的非常规污染物，天然气汽车尾气中，还是含有芳香烃类等含有高致癌性的有机物，这一点是不可忽略的。表 4-8 列出了以天然气为燃料的城市公交车在不同路况下测试的尾气中各种挥发性有机物（VOC）含量，并详细对比了装催化剂前后 VOC 浓度变化。采用稀薄燃烧的天然气汽车，后处理安装氧化型催化剂（Methane Oxidation Catalysts，MOC)；采用等当量比的天然气汽车，后处理安装三效催化剂（Three-Way Catalysts，

表 4-6　国 V 轻型车尾气污染物排放限值

类别	级别	基准质量（RM）/kg	限值 CO L_1/（g/km）		THC L_2/（g/km）		NMHC L_3/（g/km）		NO_x L_4/（g/km）		THC+NO_x L_2+L_4/（g/km）		PM L_5/（g/km）		PN L_6/（个/km）	
			PI	CI	PI	CI	PI	CI	PI	CI	PI	CI	PI[1]	CI	PI	CI
第一类车		全部范围内	1	0.5	0.1	—	0.068	—	0.06	0.18	—	0.23	0.0045	0.0045	—	6.0×10^{11}
第二类车	I	RM≤1305	1	0.5	0.1	—	0.068	—	0.06	0.18	—	0.23	0.0045	0.0045	—	6.0×10^{11}
第二类车	II	1305<RM≤1760	1.81	0.63	0.13	—	0.09	—	0.075	0.235	—	0.295	0.0045	0.0045	—	6.0×10^{11}
第二类车	III	1760<RM	2.27	0.74	0.16	—	0.108	—	0.082	0.28	—	0.35	0.0045	0.0045	—	6.0×10^{11}

注：PI 为点燃式；CI 为压燃式；（1）仅适用于装缸内直喷发动机的汽车。

表 4-7　国 V 重型车尾气污染物排放限值的规定（单位：g/(kW·h)）

阶段	CO	NMHC	$CH_4$①	NO_x	PM②
III	5.45	0.78	1.6	5	0.16/0.21③
IV	4	0.55	1.1	3.5	0.03
V	4	0.55	1.1	2	0.03
EEV④	3	0.4	0.65	2	0.02

注：①仅对 NG 发动机。

②不适用于第 III、IV 和 V 阶段的燃气发动机。

③对每缸排量低于 0.75 dm^3 及额定功率转速超过 3000 r/min 的发动机。

④环境友好型车。

表 4-8　CNG 发动机分别在 CBD、UDDS 和 SS 工况下排放 VOC 的平均值和标准差

尾气/（mg/mile）	稀燃 CBD		稀燃 UDDS		稀燃 SS		稀燃+甲烷氧化型催化剂 CBD		稀燃+甲烷氧化型催化剂 SS		理论空燃比+三效催化剂 UDDS		理论空燃比+三效催化剂 SS	
	M	S	M	S	M	S	M	S	M	S	M	S	M	S
萘	68.01	24.32	84.08	16	33	16	32.65	3.35	7.05	0.45	2.93	0.71	3.38	0.09
2-甲基萘	53.73	14.31	39.69	3.7	6.3	3.7	7.25	0.05	1.8	0.1	1.49	0.31	0.83	0.18
1-甲基萘	34.02	9.4	26.52	2.1	3.4	2.1	3.8	0	0.92	0.08	0.77	0.18	0.45	0.1
联苯	8.97	3.8	3.15	0.75	0.75	0.75	1.95	0.25	0.53	0.13	N/D	N/A	N/D	N/A
2，6 二甲基萘	18.66	6.81	3.26	0.13	0.76	0.13	2.25	0.15	0.58	0.04	0.61	0.11	0.28	0.08
Accenaphthylene	11.28	3.13	5.88	0.42	0.58	0.42	0.97	0.01	0.32	0.04	N/D	N/A	N/D	N/A
萘嵌戊烷	8.16	3.8	1.81	0.2	0.32	0.2	0.98	0.23	0.16	0.1	N/D	N/A	0.09	0.09
2，3，5-三甲基萘	21.34	15.7	3.84	0.35	0.35	0.35	1.29	0.32	0.38	0.09	N/D	N/A	N/D	N/D
氟	11.36	5.52	3.78	0.36	0.55	0.36	1.35	0.15	0.31	0.1	N/D	N/A	0.15	0.15
菲	20.04	4.44	16.87	1.5	2.5	1.5	5.6	0.4	2.05	0.05	0.74	0.03	0.85	0.09
蒽	2.05	0.63	1.36	0.24	0.24	0.24	0.19	0.02	0.05	0.05	N/D	N/A	N/D	N/A
1-甲基菲	4.5	1.17	6.89	0.46	0.46	0.46	2	0.1	0.83	0.07	N/D	N/A	N/D	N/A

续表

尾气/（mg/mile）	稀燃						稀燃+甲烷氧化型催化剂				理论空燃比+三效催化剂			
	CBD		UDDS		SS		CBD		SS		UDDS		SS	
	M	S	M	S	M	S	M	S	M	S	M	S	M	S
荧蒽	4.56	0.55	2.59	0.84	1.36	0.84	2.9	0.6	1.55	0.15	N/D	N/A	0.09	0.09
芘	8.93	0.89	5.19	1.84	2.57	1.84	4.95	0.65	2.9	0.3	N/D	N/A	N/D	N/A
苯并蒽	0.18	0.09	0.15	0.02	0.05	0.02	0.14	0.03	0.03	0.01	N/D	N/A	N/D	N/A
䓛	0.28	0.14	0.31	0.07	0.09	0.07	0.25	0.12	0.06	0.03	N/D	N/A	N/D	N/A
苯并[b]荧蒽	0.07	0.04	0.03	0	0.03	0	0.07	0.07	0.03	0	N/D	N/A	N/D	N/A
苯并[k]荧蒽	N/D	N/A	0.01	0.01	0.01	0.01	N/D	N/A	N/d	N/A	N/D	N/A	N/D	N/A
苯并[e]芘	0.12	0.1	0.05	0.01	0.01	0.01	0.08	0.02	0.01	0.01	N/D	N/A	N/D	N/A
苯并(a)芘	N/D	N/A	0.01	0	N/D	N/A	N/D	N/A	N/D	N/A	N/D	N/A	N/D	N/A
二萘嵌苯	N/D	N/A	N/D	N/A	N/D	N/A	N/D	N/A	N/D	N/A	N/D	N/A	N/D	N/A
茚并[1，2，3-cd]芘	0.03	0.03	0.02	0.01	0.02	0.01	0.07	0.07	0.02	0.02	N/D	N/A	N/D	N/A
二苯并[a，h]蒽	N/D	N/A	0.05	N/A	N/D	N/A	N/D	N/A	N/D	N/A	N/D	N/A	N/D	N/A
苯并[g，h，i]芘	0.06	0.03	0.06	0.01	0.03	0.01	0.11	0.01	0.02	0	N/D	N/A	N/D	N/A
总和	276.35	35.6	205.6	16.7	53.3	16.79	68.8	35.3	19.5	0.62	6.53	0.8	6.13	0.32

注：CBD 为中央商务区工况；UDDS 为城市道路循环工况；SS 为高速稳态工况；M 为平均值；S 为标准偏差；VOC 为挥发性有机物。

TWC）。表 4-8 中也列出了其中的 24 种非常规污染物。这 24 种污染物每英里在城市商业区循环工况总排放是 276.35 mg，在高速稳态工况的排量是 53.37 mg；经氧化型催化剂后，分别剩余 68.82 mg 和 19.58 mg，转化率分别为 75%和 72%，同样是高速稳态工况循环，经三效催化剂后，还剩余 6.13 mg，转化率为 89%。这里主要传达了 4 层信息：其一，汽车尾气除排放常规污染物（CH_4、NMHC、CO 和 NO_x）外，还含有数量不可忽略且毒性更大的非常规有机物；其二，安装尾气后处理催化剂后，能转化大部分（72%、75%、89%）的非常规有机物；其三，与常规污染物的排放特点类似，非常规污染物也是在低速段排量高于高速段；其四，三效催化剂对非常规污染物的转化效率更高。天然气尾气的颗粒物也属于非常规污染物。传统观点认为，天然气汽车尾气是不排放颗粒物的，其实，这个观点是不准确的。天然气汽车排放的污染物比汽油车和柴油车排放的颗粒物更小，只有 0.01～0.7 μm。从图 4-3 中可以清楚地看到，天然气汽车尾气颗粒物的粒径主要分布在 10 nm 附近。图 4-4 对比了 3 款 CNG 汽车和两款汽油车，数据显示，天然气汽车每千米排放的颗粒物在 10^{10}～10^{11} 个；汽油车每千米排放的颗粒物在 10^{13}～10^{14} 个，天然气汽车排放颗粒物的数量仅为汽油车的千分之一。从与汽油车颗粒物数量比例关系的角度考虑，可以认为天然气汽车尾气几乎没有颗粒物。

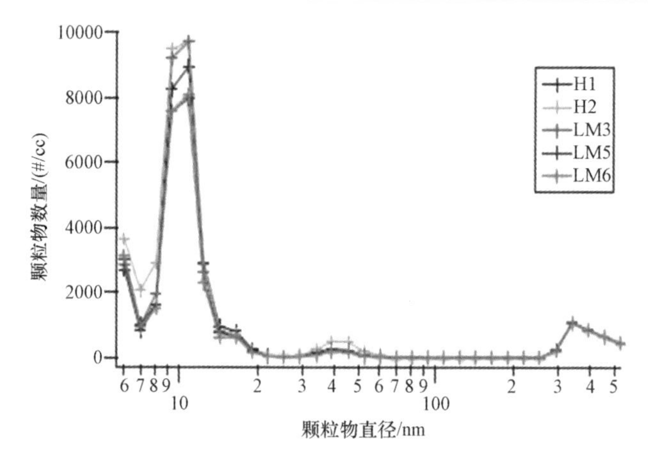

图 4-3　天然气汽车尾气颗粒物粒径分布

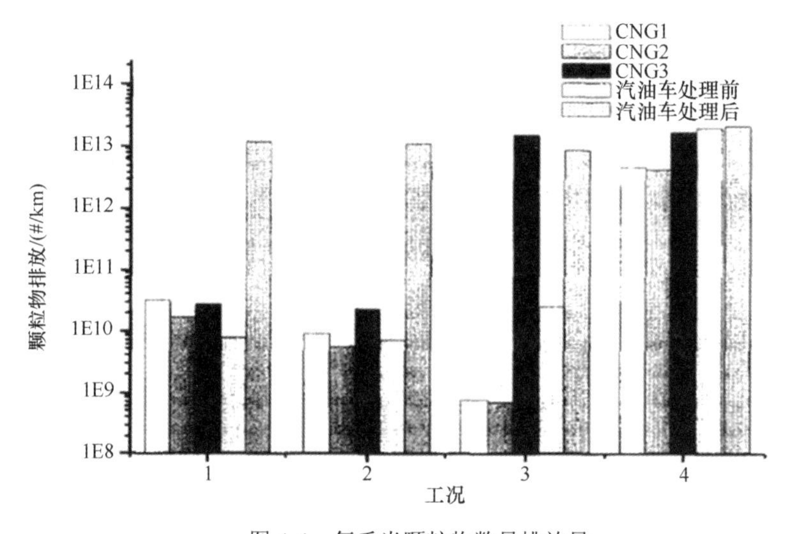

图 4-4　每千米颗粒物数量排放量

颗粒物体积越小，悬浮时间越久，吸附能力越强，危害也越大。因此，天然气汽车颗粒物的数量虽然较少，但颗粒物更小，单位个数对人的危害更大。

由此可见，天然气汽车发动机的工作方式不同，尾气成分和含量不同，处理污染物的方式、催化剂的工作环境以及技术难度也不相同。

对于理论空燃比 CNG 车，CO、HC、NO_x 是主要污染物，均需要净化。其中，HC 的 90%以上为 CH_4。由于 CH_4 是结构最稳定的 HC 化合物，其活化和转化困难。表现在 CH_4 的氧化反应比一般 HC 化合物的氧化反应难以进行；同时 CH_4 和 NO_x 的偶联反应比 NMHC 和 NO_x 的偶联反应同样困难得多，导致 NO_x 的转化难度大。但理论空燃比尾气的净化要求 NO_x 的转化率在 99%以上才能满足严格的排放标准[1]，因此，天然气汽车尾气的净化难度比汽油车大的多。

天然气轿车发动机和轻型客车用发动机普遍采用当量比燃烧方式，使进入发动机缸内的混合气为当量空燃比（即 $\lambda=1$）。解决理论空燃比 CNG 车的尾气排放问题需解决下述问题：

（1）比满足相同排放标准的汽油车更为精确的空燃比控制。理论空燃比 CNG 车精确的空燃比控制有两方面的内容。一是空燃比控制精度的提高，提高空燃比控制精度是为了降低原车排放，这是提高排放标准后首先要做的工作。由于 CNG 车尾气本身就难以净化，提高空燃比精度，降低原车排放对于排放达标极为重要。二是由于理论空燃比 CNG 车的三效窗口与汽油车不一样，如图 4-5 所示。

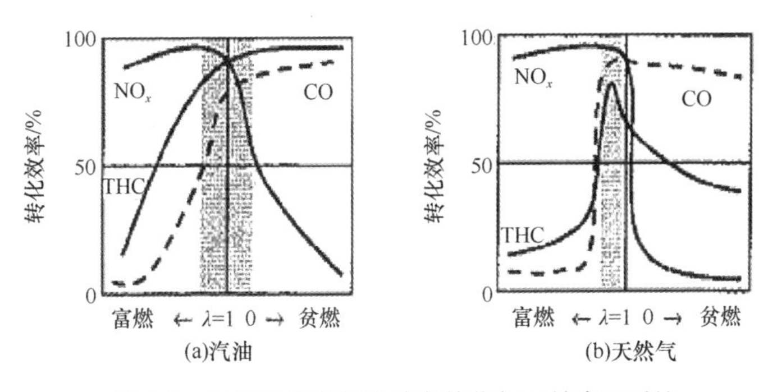

图 4-5　天然气汽车与汽油车催化剂三效窗口对比

汽油车催化剂的三效窗口以 $\lambda=1$ 为中心呈对称分布，而理论空燃比 CNG 车催化剂的三效窗口则分布在 λ 小于 1 附近。所以空燃比控制应比汽油车偏富（即 $\lambda=0.98\sim1.00$）才有利于催化剂性能的发挥。

（2）专用的氧传感器。对于空燃比控制的氧传感器，要同时防止 CH_4 和 H_2 对氧传感器的影响，氧传感器的电极应涂有催化剂层，而催化剂后用于 OBD 的氧传感器应涂银。

（3）由高效的催化剂组成的后处理系统。对于理论空燃比 CNG 车尾气净化催化剂需发展高性能三效催化剂。为了有效地氧化 CH_4 和还原 NO_x，催化剂对于稀土储氧材料和耐高温高比表面材料的要求比汽油车尾气净化催化剂高，同时对活性组分贵金属的要求也比汽油车尾气净化催化剂高。

大型公交车用柴油机改为单一燃料的天然气发动机时较多采用稀薄燃烧方式（又称贫燃燃烧）。由于天然气的燃烧特性，着火范围宽，天然气发动机可以在多种空燃比条件下工作。稀燃天然气汽车可以在很高的空燃比（空气和燃料的质量比）条件下进行燃烧，可达 20～27，对应的氧化还原比为 5～50。相比理论空燃比天然气汽车，稀薄燃烧的方式降低了燃烧温度，显著降低了尾气中的 NO_x 的排放量；同时，由于 CH_4 的 H/C 比高，进一步降低了 CO_2 的排放量。稀燃发动机尾气中 CH_4 和 CO 的排放量也大大降低，国外多用稀燃 CNG 车代替柴油车作为城市公交车使用，以减少 NO_x 和颗粒物的排放，减少对环境的影响。在我国，理论空燃比天然气车多于稀燃天然气车，大多用为城市出租车，目前，稀燃天然气车的比例正在逐渐增加。然而，由于甲烷的温室效应，稀燃天然气汽车尾气仍然需要净化才能满足越来越严格的排放标准。稀燃天然气汽车尾气的特点是：①温度低（通常低于 500～550 ℃）；②CH_4 的浓度含量低（一般为 500～1000 μL/L）；③含有大量的水蒸气（约 10%～15%）和 CO_2（约 8%）；④含硫化合物（SO_x）；⑤氧气浓度大大过量；⑥存在少量的 NO_x。

对于稀燃天然气车，由于稀燃发动机燃烧温度低，限制了 NO_x 的生成，因此 NO_x 的排放比较低，有的可满足国Ⅴ排放标准要求，或者可通过废气再循环（EGR）将 NO_x 的原始排放降至国Ⅴ排放标准之下，需要净化的主要污染物为 CH_4 和 CO。但也由于尾气排放温度偏低，需发展高性能的低温氧化型催化剂。难点在于催化剂能在低温下高效氧化 CH_4 的同时不发生 SO_x 和 H_2O 蒸气的中毒。

第三节　天然气车尾气净化原理

一、天然气车尾气净化分类

对汽车尾气污染排放的控制主要分为机内净化和机外净化两类。机内净化主要是通过提高燃料质量和改善燃料在发动机中的燃烧条件，尽可能减少污染物的生成。机内净化技术，可以通过使用性能较高的燃料、改善燃烧性能和精确控制空燃比等途径，尽量减少原排。对于天然气汽车来说，需要非常精确地控制空燃比，这就需要安装专用氧传感器，设计天然气汽车专用的发动机。而我国的 CNG 汽车是从化油器车改装开始的，随着发展出现电喷改装车，主要是汽油车和柴油车的改装车，近年来才出现生产厂家（玉柴、潍柴、上柴、云内等）开始设计和生产满足国Ⅴ要求的单燃料稀燃天然气发动机。由此可见，国内天然气汽车的机内净化技术还在发展中。随着排放标准的不断升级，天然气车单靠机内净化已不能满足排放标准的要求，需要增加机外净化。机外净化技术主要是通过安装尾气处理装置将有毒有害的 CO、HC、NO_x 和 PM 等转化成无毒无害的 CO_2、H_2O 和 N_2。

二、天然气车尾气净化原理

1. 理论空燃比天然气车

理论空燃比天然气汽车尾气中需要净化的主要成分为：CH_4、NMHC、CO 和 NO_x。其中，CO 和 CH_4 采用氧化法去除，使其生成无害的 CO_2 和 H_2O；NO_x 则采用催化还原法使其转化为 N_2。因此，对于理论空燃比天然气汽车，需要研究开发高性能三效催化剂（TWC），以实现 3 种污染物的同时催化净化。尾气转化过程中涉及的主要化学反应为：

氧化反应：

$$CO+O_2 \longrightarrow CO_2 \tag{4-1}$$

$$CH_4+O_2 \longrightarrow CO_2+H_2O \tag{4-2}$$

还原反应：

$$NO_x+CO \longrightarrow CO_2+N_2 \tag{4-3}$$

$$NO_x+CH_4 \longrightarrow CO_2+H_2O+N_2 \tag{4-4}$$

$$NO_x+H_2 \longrightarrow H_2O+N_2 \tag{4-5}$$

水汽变换反应（WGS）：

$$CO+H_2O \longrightarrow CO_2+H_2 \tag{4-6}$$

蒸气重整反应：

$$CH_4+H_2O \longrightarrow CO_2+H_2O \tag{4-7}$$

对于理论空燃比 CNG 车，与汽油车尾气净化的催化反应相比，不同之处在于 CNG 车尾气中 HC 换成了 CH_4。由于 CH_4 属于最为稳定的 HC 化合物，其活化和转化困难。表现在以下两方面：①CH_4 的自身氧化反应比一般 HC 化合物的氧化反应难度大；②同时 CH_4 和 NO_x 的偶联反应比 NMHC 和 NO_x 的偶联反应困难得多，导致 NO_x 的转化难度大。尾气净化催化剂的性能明显高于汽油车尾气净化催化剂，才能达到排放标准的要求。所以天然气汽车尾气净化比汽油车尾气净化困难得多，净化汽油车尾气的三效催化剂用于天然气汽车达不到净化要求，必须开发新的催化材料和催化剂，同时适当提高催化剂的贵金属含量，才能达到天然气车尾气净化的需求。值得指出的是，对于理论空燃比天然气车，由于催化剂与汽油车尾气净化催化剂的三效窗口位置不同，为了实现尾气的净化，空燃比的控制应比汽油车偏富，同时空燃比的控制精度应高于汽油车。由于尾气中存在 CH_4 和 H_2，对氧传感器有影响，应使用专用的氧传感器。对于空燃比控制，应使用带催化剂涂层的氧传感器。对于 OBD 控制，应使用掺 Ag 的氧传感器。

2. 稀燃天然气车

对于稀燃天然气车，由于燃烧温度低，通过机内净化可将 NO_x 的排放控制在比较低的水平，在国Ⅴ阶段以前（包括国Ⅴ）不需要机外净化即可达到排放标准，或者可通过废气再循环（EGR）将 NO_x 的排放量降至排放标准限制值以内，因此，需要净化的主要污染物为 CH_4 和 CO。

尾气净化涉及的化学反应主要为：

氧化反应：

$$CH_4+O_2 \longrightarrow CO_2+H_2O \tag{4-8}$$

$$CO+O_2 \longrightarrow CO_2 \tag{4-9}$$

水汽变换反应（WGS）：

$$CO+H_2O \longrightarrow CO_2+H_2 \tag{4-10}$$

蒸气重整反应：

$$CH_4+H_2O \longrightarrow CO_2+H_2O+N_2 \tag{4-11}$$

以上 4 个反应中，反应（4-8）和（4-11）用于甲烷的催化净化，反应（4-9）和（4-10）则用于进行 CO 的催化净化，其中，（4-8）和（4-9）是净化 CH_4 和 CO 的主要反应。但（4-10）和（4-11）两个反应若能够在较低的温度下顺利进行，则能够大大提高 CH_4 和 CO 的转化率。在稀燃尾气中，CO 的净化反应相对容易进行，净化 CH_4 的反应（4-8）和（4-11）进行的难度很大，尤其是在富氧的条件下，反应（4-11）会得到抑制，因此，净化 CH_4 主要靠反应（4-8）进行，需发展具有优异低温高活性的氧化型催化剂。

第四节　天然气车净化催化剂的组成和分类

一、天然气车净化催化剂的组成

压缩天然气车净化催化剂为整体式催化剂，主要由 4 部分组成：基体、载体、活性组分和助催化剂。整体式催化剂具有热膨胀小、外形紧凑、排气管内壁压力降低、震动摩擦小、设计安装灵活性大的优点。催化剂制备过程主要有两个步骤：①将活性组分和助催化剂负载在载体上；②将负载催化剂涂覆在基体上，得到整体式催化剂。整体式催化剂经封装后形成尾气净化器，图 4-6 是天然气尾气净化器示意图。

基体起承载催化剂涂层的作用，具有连续不受阻挡的孔道，比表面积大，形似蜂窝，主要分为金属蜂窝基体和陶瓷蜂窝基体两类。金属蜂窝基体采用 FeCrAl 金属合金，有传热性能好、机械强度高、壁薄等优点，目前主要用于摩托车尾气净化

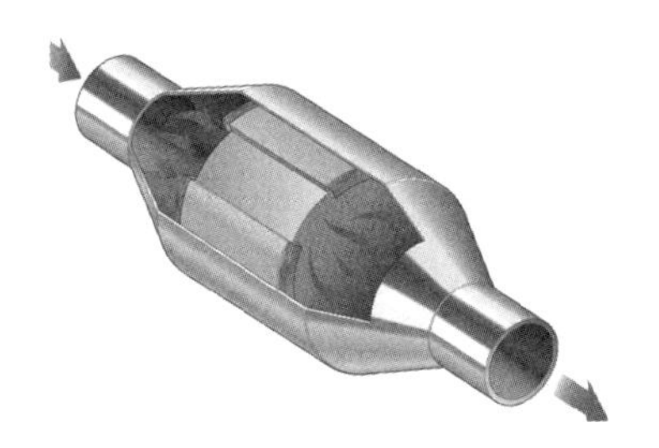

图 4-6　天然气尾气净化器示意图

催化转化器；陶瓷蜂窝基体主要为堇青石（Cordierite，$5SiO_2·3Al_2O_3·2MgO$），其优点有熔点高、抗热冲击力好、热膨胀系数小、耐酸碱腐蚀能力强、与催化剂涂层相容性好。目前天然气汽车尾气净化催化剂基体主要为陶瓷蜂窝堇青石基体，如图 4-7 所示。

图 4-7　天然气车尾气净化催化剂用堇青石陶瓷蜂窝基体

载体即活性涂层材料，用以分散活性组分和助剂，提供较大的比表面，提高活性组分的分散度，提高利用率，降低成本；同时，具有较大的孔结构和较好的热稳定性；与活性组分发生相互作用，提高催化剂的活性和稳定性；增加催化剂的抗毒性能，降低对毒物的敏感性。不同的载体会对催化剂的活性和选择性产生很大的影响，而不同的使用条件也要求载体具有不同的性质。目前使用的载体材料主要有耐高温、高比表面积氧化铝材料，稀土、碱土金属改性的氧化铝材料和铈锆储氧材料。

活性组分是催化反应的活性中心，起催化化学反应作用的组分。天然气汽车尾气净化催化剂的活性组分主要为 Pt、Pd、Rh 等贵金属，其中 Pt、Pd 具有较强的氧化 CH_4 和 CO 的能力，多用于稀燃氧化型催化剂，而 Rh 主要针对 NO_x 的还原，多用于三效催化剂。近年来，由于 Rh 资源匮乏、价格昂贵，研究者正致力于以助剂改善 Pd 催化剂的电子环境，以期实现与 Rh 相当的 NO_x 还原能力，减少对 Rh 的依赖。

助催化剂简称助剂，助剂本身无活性或者活性较低，但少量添加可以改变催化剂的结构和电子等性能，通过与活性组分的协同作用，提高催化剂的活性、选择性，改善催化剂的热稳定性、机械强度、寿命和抗中毒性能等。根据助剂的不同作用，可分为以下几种：

（1）结构助剂。起分散活性组分的作用，能使催化活性物质粒度变小，表面积增大，防止和延缓催化剂烧结，抑制活性的降低。

（2）电子助剂。通过与活性组分的相互作用，使空 d 轨道发生变化，改变活性组分的电子结构，以提高催化剂的活性和选择性等。

汽车尾气净化催化剂的助剂主要包括：稀土元素如 Ce、Y、La 等，碱土金属 Mg、Ca、Sr、Ba 等，过渡金属 Co、Mn、Ni、Cr、Fe 等，改变催化剂的电子或者结构性能，促进催化剂活性、热稳定性和抗硫中毒能力的提高。

二、天然气催化剂的分类

按活性组分可分贵金属催化剂和非贵金属催化剂。按功能可分为氧化型催化剂和三效型催化剂。天然车尾气净化催化剂在我国的发展主要经历了以下过程。

（1）氧化型催化剂。重型天然气车在国Ⅳ和国Ⅴ阶段期间使用的催化剂主要是以铂、钯为活性组分的氧化型催化剂。该类型催化剂可以有效控制 CO 和 HC 的排放，但其致命的弱点就是抗中毒能力差。

（2）三效催化剂。由汽油车改装的轻型天然气车，由于采用了汽油机的理论空燃比的燃烧方式，因此需要采用铂钯铑或钯铑三效催化剂。这种催化剂可实现氧化反应与还原反应的同时进行，因此在较长时间内得到较为广泛的使用。

（3）NO_x 存储还原型三元催化材料。这种催化材料由贵金属、碱金属或碱土金属、稀土氧化物组成。基本原理是：贫燃条件下 NO_x 首先在贵金属上被氧化，然后与 NO_x 存储物发生反应，形成硝酸盐。在理论比或富燃状况燃烧时，硝酸盐分解形成 NO_x，然后 NO_x 与 CO、H_2、HC 反应被还原成 N_2。研究表明，NO_x 的存储能力与氧的浓度有关。氧浓度增加，NO_x 存储能力提高。当氧浓度达到 1%以上时，NO_x 存储能力基本不变。

第五节　天然气车尾气净化催化剂

一、理论空燃比天然气催化剂的研究概况

1. 理论空燃比天然气催化剂研究进展

随着天然气汽车的快速发展，人们对汽油车尾气污染的认识提高以及排放限

制标准不断加严，天然气汽车尾气的净化也引起研究者极大的关注。对于天然气汽车，其排气特点完全不同于汽油车，甲烷的稳定性高，难以实现活化转化。对于理论空燃比天然气车，需要精确控制空燃比，CH_4、CO、NO_x 需要在极窄的空燃比窗口下才有较高的转化率；对于稀燃天然气车，排气温度低，CH_4 含量低，水蒸气含量高，在这样的条件下，CH_4 的低温氧化具有比汽油车高的多的难度。

理论空燃比天然气汽车尾气处理催化剂早期主要借鉴汽油车三效催化剂。但是相比其他 HC，CH_4 由于起燃温度高从而在低温下不容易被完全氧化[2]。传统的汽油车三效催化剂不能同时氧化 CH_4 和还原 NO_x[3]，达不到净化目的。因此必须开发天然气汽车的专用催化剂。

Sakai 等[4]研究了 Pt、Pd、Rh 催化剂对 CH_4 的氧化，发现活性组分为 Pd 的催化剂对 CH_4 的氧化活性最好，但是理论空燃比条件下，催化剂的工作窗口较窄，稍微偏向贫燃，甲烷的活性就会急剧下降。

Subramania 等[5]在传统汽油车净化催化剂的基础上，将活性组分 Pt 和 Rh 换为 Pd，采用 Al_2O_3 为载体，加入助剂 La_2O_3，或添加少量的 WO_3、MoO_3 代替 La_2O_3，制备了三效催化剂，在略微富燃，400～750 ℃，空速 0～100 000 h^{-1} 的条件下，能够净化 90%以上的 CH_4、CO 和 NO_x，对甲烷的起燃温度在 450 ℃以下，甚至低至 300 ℃，La_2O_3 的添加提高了催化剂对 CH_4 的转化，但也要求严格控制空燃比，才能获得良好的活性。

Kaneska 等[6]则采用两段式催化剂，拟实现 3 种污染物的良好净化，前一段采用了分子筛催化剂，用以氧化部分 HC，后一段则采用三效催化剂，利用前段反应的反应热实现 CH_4、CO 和 NO_x 的同时净化。

In 等[7]报道了满足低温条件下的天然气汽车排放催化技术，研究发现使用两段式催化剂效果明显优于单贵金属催化剂，还发现前置 Pd 催化剂和后置 Pt/Rh 催化剂净化效果最好，满足超低排放标准。

Andersson 等[8]研究了负载量为 300 g/ft^3 的 Pd 催化剂上 CH_4 和 NO 的转化，发现从贫燃到富燃改变混合气的配比，甲烷的起燃温度明显升高，文章对该滞后现象进行了探讨，并推测是由于在富燃条件下 Pd 存在一个再次被氧化的过程。

随着汽油车三效催化剂的快速发展，铈锆储氧材料由于良好的储放氧性能和热稳定性，成为汽油车 TWC 不可缺少的载体。Chang 等[9]将含 Mn 储氧材料引入天然气汽车尾气催化剂中，该储氧材料具有迅速吸附氧的能力，在较宽的温度范围内都具有较大的储氧量，能够直接转化 CH_4，但倾向于部分氧化生成 CO 和 H_2。所制备的 1 wt%Pd-8 wt%Mn/$LaAlO_3$ 催化剂的活性不及 1 wt%Pd-10 wt%Ce/Al_2O_3，可能是因为后者的比表面积大，获得分散度高的催化剂。

Klingstedt 等[10-12]研究了助剂 BaO 和 CeO_2 在理论空燃比条件下对 Pd/Al_2O_3

活性的作用，结果发现 BaO 的存在能够提高新鲜和老化后催化剂的活性，促进还原条件下 CO 和甲烷的氧化，拓宽了三效窗口，并能够抑制催化剂的 S 中毒。CeO_2 能够提高催化剂的水热稳定性；CeO_2 含量较高时（15 wt%），在偏贫燃范围内对甲烷、CO 具有很高的转化率。

郭家秀等[13]采用 Pt、Rh 为活性组分，贵金属含量 Pt 为 1.175 g/L，Rh 的含量为 0.235 g/L，在催化剂中引入大比表面积的 Al_2O_3 和铈锆储氧材料，用于理论空燃比天然气汽车的尾气净化，发现该催化剂低温活性和高温稳定性优异，经过 JETTA-MT 测试能够满足欧III排放标准，表明储氧材料在三效催化剂发挥着巨大的作用。赵彬[14]制备了含 Mn 储氧材料的单 Pd 催化剂，也表现出优异的活性。

张燕等[15]以 Al_2O_3 和稀土复合氧化物为载体，制备了 Pt/Rh、Pd/Rh 和单 Pd 催化剂，发现 Pd/Rh 和单 Pd 催化剂的低温活性好，而 Pt/Rh 则具有较高的高温活性。

近年来，许多研究致力于 Al_2O_3 之外的其他载体以及过渡金属氧化物为活性组分，试图提高催化剂的活性并降低成本，但效果都不理想。

Klingstedt 等[16,17]以分子筛为载体的催化剂用于双燃料天然气汽车模拟尾气催化转化的研究。发现 Zr 能够稳定分子筛催化剂中的活性组分 PdO，但催化剂稳定性差，在反应物条件下经 800 ℃老化 6 h 即失活。因为分子筛高温稳定性差，易发生脱铝作用，Pd 易从离子交换位迁移至分子筛的表面发生聚集，导致活性下降。

Liotta 等[18-21]致力于以 Co_3O_4-CeO_2 催化剂对天然气汽车尾气的净化，得到的催化剂对甲烷起燃温度高，目前不具备实用性。

Tzimpilis 等[22]研究了钙钛矿性化合物中添加贵金属 Pd 的催化剂，用于理论空燃比条件下的尾气净化，发现 $La_{0.91}Mn_{0.85}Ce_{0.24}Pd_{0.05}O_z$ 和 $La_{1.034}Mn_{0.966}Pd_{0.05}O_z$ 具有较好的高温稳定性和抗硫中毒能力，Pd 的含量不高，但是 CH_4 的起燃温度高达 450 ℃。

Klingstedt 等[23]制备了 Pd-Ce/Al_2O_3 催化剂，包含高铈（15 wt% CeO_2）和低铈（0.8 wt% CeO_2）两种，用于天然气汽车尾气净化。分别测试了富燃和稀燃条件下的活性，进行了静态和动态 λ 扫描，并考察了含硫条件下的空速对活性的影响。结果显示，高铈 Pd-Ce/Al_2O_3 催化剂在稀燃区（λ 值高达 1.04）具有优异的 CH_4 和 CO 转化活性。老化后的催化剂活性有所提高，这主要是由于催化剂表面 Ce 离子逸出和贵金属 Pd 颗粒重组造成的。含硫条件下，CH_4 起燃温度升高了 100 ℃，这是由于催化剂表面生成了无活性的 $PdSO_4$ 和 $Al_2(SO_4)_3$。

Winkler 等[24]研究了三效催化剂在压缩天然气（CNG）和汽油两用燃料车上的催化活性和老化性能。催化剂经车载 35 000 km 老化后，使用 CNG 为燃料时，尾气中碳氢化合物（THC，主要是 CH_4）排放量显著增加，而汽油车没有增加。这是由于催化剂老化处理后，在 PdO 表面生成了金属 Pd，金属 Pd 覆盖了 PdO 活性位，对 CH_4 转化的活性降低。

Bounechada 等[25]以 Ce-Zr 改性的 Al_2O_3 为载体，负载 Pd/Rh（39/1）活性组分，考察周期性稀富窗口变换对 CH_4 转化活性的影响。结果发现：催化剂长时间处于理论空燃比或稀燃气氛会产生钝化；而周期性从稀燃气氛变换到富燃气氛，可提高催化剂的活性；在稳定的理论空燃比气氛下周期变换到稀燃气氛的实验中，发现富燃条件下甲烷转化活性优于理论空燃比和稀燃条件。分析反应物和产物分布发现：稀富燃条件发生了不同的化学反应，稀燃氧过量时发生 H_2、CO、CH_4、NO 的完全氧化反应。而在富燃条件下，发生 NO 的还原，甲烷发生蒸气重整及水汽变换反应。

Burch 等[26]分别以氧化硅和氧化铝为载体，分别负载 Pd、Pt 和 Rh 活性组分，用于研究 NO 被 CH_4 的还原反应。结果显示：贵金属活性顺序与甲烷被氧气氧化反应顺序不同；在富燃条件下，发现 Pt 是 NO/CH_4 反应的最佳催化剂，优于同量的 Pd，且是 Rh 的 50 倍；同时发现对于 Pt 和 Rh，氧化硅作载体时性能更好，而 Pd 适于负载在氧化铝上；活性位可能是金属原子，如 Pd，或者是氧离子空缺；在 Pd、Pt 催化剂反应中有 N_2O 的生成，而 Rh 没有；所有催化剂在高于 400 ℃时有 NH_3 生成；NO 与 CH_4 的同时反应与气体组成以及温度有关。Briot 等[27]对 Pt/Al_2O_3 和 Pt/SiO_2 催化剂上的 NO 与 CH_4 反应进行动力学研究，发现 NO 的还原与 NO 的分压相关，而与 CH_4 关系不大，对于 NO/O_2/CH_4 反应，NO 转化率随 O_2 含量增加先升高后降低，表明 O_2 存在时，NO 的还原存在一个最佳的表面氧和碳氢化合物的覆盖量。

Subramanian 等[28]制备 Pd/Al_2O_3 催化剂，用于研究 CNG 车尾气中的 CH_4 净化。结果发现，氧化条件下，CH_4 主要通过被 O_2 氧化除去；还原条件下，CH_4 被 O_2 和 NO 氧化同时发生，O_2 和 NO 均对 CH_4 的净化有所贡献；还原条件下的 CH_4 转化率高于氧化条件；在氧化条件下，随着氧化还原比例 R（R =还原剂/氧化剂）升高，CO 的存在降低了 CH_4 的转化率。

Windawi[29]研究发现，对于 Pd、Pt 和 Rh 催化剂，Pd 氧化甲烷和不饱和烃的能力优于 Pt；Pt 催化剂对长链烷烃氧化能力强；Rh 催化剂促进富燃条件下蒸气重整反应，同时可提高 Pd 和 Pt 催化剂的耐久性，而且 Rh 对氮氧化合物有很好的还原能力；Pt 或 Pt+Rh 催化剂对甲烷转化有较好的活性，是 CNG 车尾气净化有效的催化剂；同时发现，天然气汽车的甲烷燃烧过程中有甲基自由基生成，是生成乙醛的前驱体。

Salaün 等[30]对商用天然气汽车尾气处理三效催化剂的性能进行了分析表征，并考察了不同气体组成对催化反应的影响。该商用天然气汽车尾气处理催化剂，以氧化铝和铈锆复合氧化物为载体，以Pd（2.55%）、Rh（0.18%）和极少量Pt（0.07%）为活性组分，其中以Pd为主。分析结果显示Pd^{2+}是污染物转化的主要活性位。在考察不同气体组成对催化反应的影响时，发现在尾气催化转化系统中发生了各种各样的反应，比如NO被H_2还原、CO的氧化（CO主要在低温发生氧化）、CH_4的氧化（CH_4主要在高温发生氧化）、蒸气重整反应和水汽变换反应等。

可见，目前所使用的理论空燃比天然气汽车尾气净化三效催化剂主要以CeO_2或CeO_2-ZrO_2改性的Al_2O_3为载体，贵金属Pd、Pt、Rh为活性组分，催化剂在长期使用中将失活，其失活机理与汽油车三效催化剂失活机理相似，本书第三章对此已详细阐述。

另外，理论空燃比尾气净化过程中的反应体系复杂，反应组成对尾气催化剂性能有重要的影响。以下介绍理论空燃比天然气车尾气净化反应中主要反应的研究进展。

2. 理论空燃比天然气催化剂上发生的主要反应

（1）CH_4的氧化反应。CH_4的氧化反应是理论空燃比天然气汽车尾气净化过程中的主要反应，对整个尾气净化过程具有重要作用。普遍观点认为Pd催化剂对CH_4具有优异转化活性，其他Pt系贵金属对长链烃HC具有优异活性[31-33]。不同的氧化钯形态具有不同的CH_4转化活性，比如高分散的PdO活性低于晶形PdO[34,35]。在反应条件下，尤其是随着温度升高，Pd氧化形态会发生本质变化，从而严重影响催化剂活性[36]。Choudhary等[37]报道CH_4在Pd催化剂上氧化主要通过晶格氧机理（Mars-van-Krevelen机理）进行的，即CH_4首先将PdO还原产生氧空缺，然后催化剂氧空缺被反应体系中的O_2氧化，从而实现PdO再生和CH_4转化。Oh等[38]研究了Pd、Pt、Rh/Al_2O_3催化剂在添加CeO_2或不添加CeO_2时的CH_4氧化活性，结果发现，氧化条件下，CH_4发生完全氧化反应生成CO_2和H_2O；没有添加铈时的催化剂活性顺序为Pd $>$ Rh $>$ Pt，添加铈时的活性顺序为Rh $>$ Pd $\approx$ Pt；还原条件下，CH_4会发生不完全氧化反应生成CO和H_2；CeO_2的存在可以抑制不完全氧化产物CO的生成；氧化条件下，过量的O_2会竞争吸附活性位，导致CH_4氧化活性降低。可见气体组成和催化剂组成对CH_4氧化都具有重要影响作用。

（2）CO的氧化反应。CO的低温催化氧化反应由于在机动车尾气净化、挥发性有机气体（VOC，Volatile Organic Compounds）催化燃烧、封闭式一循环CO_2激光器和质子交换膜燃料电池中少量CO的消除等方面都具有重要的应用，因此得到了广泛研究。研究表明贵金属Au、Pt、Pd对CO具有优异的低温活性[1,39,40]。

对于 Pd/Al_2O_3、Pd/CeO_2 和 Pd/CeO_2-Al_2O_3 催化剂，当催化剂中存在 CeO_2 时，CO 的低温转化活性迅速提高，这是由于 Pd-Ce 相互作用，从而在 Pd-Ce 界面生成了金属 Pd 和活性氧造成的。Amphlett 等[41]报道 Pt/Al_2O_3 催化剂上 CO 氧化反应符合一级反应的动力学方程。在 Pt 催化剂上，CO 的覆盖度影响着 CO 的吸附热和氧化反应。高覆盖度条件下，CO 的桥式吸附结构占优，而桥式吸附结构是生成 CO_2 的主要结构[11]。在汽车尾气净化过程中，CO 氧化反应是消除 CO 的重要反应，尤其在低温条件下，相比 CO 的其他反应，CO 主要发生氧化反应。

（3）CH_4 的蒸气重整反应。甲烷蒸汽重整反应是制备 CO+H_2 合成气，以及天然气汽车尾气中 CH_4 转化的重要途径。第Ⅷ族元素，尤其是 Ni 基和贵金属催化剂被广泛用于甲烷重整反应研究。对于 CH_4-H_2O 体系，由于热力学平衡原因，产物中 CO 和 CO_2 一般都会存在，随温度升高 CO 增多，CO_2 减少，具体平衡值与工艺条件密切相关，主要通过以下反应生成 CO 和 CO_2：

$$CH_4 + H_2O = CO + 3H_2\ ,\ \Delta H_{298} = 206.2\times10^3\ \text{kJ/mol} \tag{4-12}$$

生成的 CO 可以进一步与 H_2O 发生水汽变换反应生成 CO_2：

$$CO + H_2O = CO_2 + H_2,\ \Delta H_{298} = -41\times10^3\ \text{kJ/mol} \tag{4-13}$$

$$CH_4 + 2H_2O = CO_2 + 4H_2,\ \Delta H_{298} = 165.1\times10^3\ \text{kJ/mol} \tag{4-14}$$

随着温度升高，CO_2 可以发生逆水汽变换反应[17]，导致 CO_2 减少：

$$CO_2 + H_2 = CO + H_2O,\ \Delta H_{298} = 42.1\times10^3\ \text{kJ/mol} \tag{4-15}$$

Salaün 等[30]以 Pd 为主要活性组分的催化剂考察了 H_2O 在理论空燃比天然气汽车尾气净化中的作用，发现在低于 250 ℃时，H_2O 主要作为配位剂并且占据活性位，这会阻碍反应进行；高于 250 ℃以后，逐渐发生蒸气重整反应和水汽变换反应。甲烷蒸气重整反应生成了 H_2，这对 NO 的转化有利，提高了催化剂三效活性[42]。Barbier 等[43]发现尾气净化反应过程中的蒸气重整反应主要发生在体系中 O_2 被消耗完之后。Craciun 等以 Pd/CeO_2 催化剂测试蒸气重整反应速率，与 Pd/SiO_2 相比发现，CeO_2 提高了蒸气重整反应速率，将 CeO_2 进行高温焙烧，CeO_2 对蒸气重整反应的促进作用消失[44]。文献进一步得出了蒸气重整反应的机理[45]：

$$CH_4 + \sigma \longrightarrow CH_{x,ads} + (4\text{-}x)\ H_{ads} \tag{4-16}$$

$$H_2O + Ce_2O_3 \longrightarrow 2CeO_2 + H_2 \tag{4-17}$$

$$2CeO_2 + CH_{x,ads} \longrightarrow CO + x/2H_2 + Ce_2O_3 + \sigma \tag{4-18}$$

其中，σ 为贵金属吸附位。

（4）CO 的水汽变换反应。水汽变换反应在工业制氢、控制水煤气 CO/H_2 比例、燃料电池以及汽车尾气净化中都具有重要作用。在汽车尾气净化中，水汽变换反应是 CO 转化的附加途径，尤其在富燃条件下其作用更加明显；而且水汽变换反应产生 H_2，对 NO 的转化有利。

水汽变换反应催化剂一般分为 4 种：第一种为高温变换（HTS）催化剂，一般为铁氧化物催化剂，水汽变换反应主要发生于 350～450 ℃；第二种为低温变换（LTS）催化剂，一般为铜锌合金催化剂，水汽变换反应主要发生于 190～250 ℃；第三种为中温变换（MTS）催化剂，一般使用铁氧化物改性铜锌合金催化剂，即使用铁改性 LTS 催化剂，使得水汽变换反应温度提高，处于 275～350 ℃；第四种为酸性气体变换催化剂，使用钴和钼的硫化物为活性组分，该类型催化剂具有耐硫作用，可用于含硫酸性气氛。

Mezaki 等[46]在 1973 年提出了 CO 水汽变换反应的多级 Langmuir-Hinshelwood 机理（公式 4-19～4-23），其中，σ 是吸附位，它位于载体上或金属氧化物上；当 CO 转化率较低时，吸附态 H（σ）从吸附位脱附生成 H_2（公式 4-23）是反应决速步骤；当 CO 转化处于稳态以及接近反应平衡时，CO 在吸附位上吸附（公式 4-19）是决速步骤。

$$CO(g) + \sigma \longrightarrow CO(\sigma) \tag{4-19}$$

$$H_2O(g) + 3\sigma \longrightarrow 2H(\sigma) + O(\sigma) \tag{4-20}$$

$$CO(\sigma) + O(\sigma) \longrightarrow CO_2(\sigma) + \sigma \tag{4-21}$$

$$CO_2(\sigma) \longrightarrow CO_2(g) + \sigma \tag{4-22}$$

$$2H(\sigma) \longrightarrow H_2(g) + 2\sigma \tag{4-23}$$

Bunluesin 等[47]研究了 CeO_2 基 Pt、Pd、Rh 催化剂上的水汽变换反应，并提出了 CeO_2 基贵金属催化剂上的水汽变换机理为双功能机理（Bifunctional Mechanism），即 CO 首先吸附在贵金属活性位上，然后被氧化铈氧化，被还原的铈氧化物进一步被 H_2O 氧化，完成了整个水汽变换反应。但是催化剂经高温焙烧后，造成氧化铈晶粒长大，大晶粒氧化铈的可还原性降低，这将导致水汽变换反应减弱。

$$CO(g) + \sigma \longrightarrow CO_{ad} \tag{4-24}$$

$$H_2O + Ce_2O_3 \longrightarrow 2CeO_2 + H_2 \tag{4-25}$$

$$CO_{ad} + 2CeO_2 \longrightarrow CO_2 + Ce_2O_3 + \sigma \tag{4-26}$$

其中 σ 是金属上的吸附位。这个机理与 Otsuka 等提出的水汽变换氧化还原机理相似。

（5）NO 与 CH_4 反应。NO_x 是对环境和人类具有严重危害的污染物，必须对其进行控制才能排放到大气中。以 NH_3 作为还原剂选择性催化还原 NO_x 的 NH_3-SCR 技术在目前应用最为广泛。在近年里，使用 HC 对 NO_x 进行催化还原也得到了一定进展，其中 CH_4 是一种比较普遍和廉价的还原剂，而且 CH_4 对 NO_x 的还原是天然气汽车尾气净化中的重要反应。因此，对 CH_4 对 NO_x 的还原反应的研究具有重要的意义。Burch 等[26]报道了 Pt、Pd 和 Rh 催化剂上 CH_4 对 NO 的还原反应，发现 NO 和 CH_4 的反应与气体组成和温度有关，不同催化剂的反应活性与催化剂可被 CH_4 还原的程度相关，这是由于 NO 转化生成 N_2 主要发生在还原表面活性位上。这些活性位可能是金属单质原子，如 Pt；也可能是氧空缺，如 Pd 和 Rh。并且在 Pt 和 Pd 催化剂上可以生成 N_2O。对于 Pt/Al_2O_3 和 Pt/SiO_2 催化剂上的 NO 与 CH_4 反应，NO 的还原与 NO 的分压相关，而与 CH_4 关系不大，对于 NO/O_2/CH_4 反应，NO 转化率随 O_2 含量增加先升高后降低，表明 O_2 存在时，NO 的还原存在一个最佳的表面氧物种和碳氢化合物的覆盖量[48]。文献[30]表明，在天然气汽车尾气中，NO 被 CH_4 还原主要发生在高温条件，O_2 存在时，CH_4 被氧气氧化反应和 CH_4 与 NO 反应之间存在竞争。Okumura 等[49]制备 Pd/WO_3-ZrO_2 催化剂研究 O_2 存在条件下的 NO 被 CH_4 还原反应，结果发现，当 WO_3 单层覆盖到 ZrO_2 表面时具有优异的耐久性和 NO 与 CH_4 转化活性，这主要得益于 WO_3-ZrO_2 表面存在布朗斯特酸（Brønsted）中心。该文献中还报道 Pd 含量对 NO 的转化具有重要作用，当 Pd 含量高于 0.17 wt%时，NO 转化率降低，这主要是由于 Pd 含量增加，促进了 CH_4 与 O_2 的氧化反应。

（6）NO 与 CO 的反应。CO 和 NO_x 均是汽车尾气中的主要污染物，对其进行净化是必不可少的。在天然气汽车尾气净化中 CO 与 NO 的反应是主要反应。对于理论空燃比天然气汽车，低温条件下的 NO 脱除，主要依靠 CO 和 H_2 对 NO 的还原来进行的。NO 和 CO 的同时脱除反应在过去已经得到广泛研究。NO+CO 反应的催化剂包括贵金属催化剂和非贵金属催化剂两类，非贵金属催化剂又含有金属催化剂、金属氧化物催化剂、复合氧化物催化剂和分子筛催化剂等[50,51]。

贵金属催化剂（Pt、Pd 和 Rh 等）具有优异的催化性能，在汽车尾气净化中被广泛使用。人们对贵金属催化剂上的 NO+CO 反应机理也进行了大量研究。Unland[52]对 Al_2O_3 负载贵金属的催化剂进行研究，发现在 Pt、Pd、Rh 和 Ir 催化剂上均在 2264 cm^{-1} 出现了较强的峰，作者将其归属为 NO+CO 反应的中间产物，即 NCO 物种。对于贵金属催化剂上的 NO+CO 反应机理，Lorimer 等[53]提出了以下（公式 4-27～4-34）反应模型：

$$\mathrm{CO + A \longrightarrow A\text{-}CO} \tag{4-27}$$

$$\mathrm{NO + A \longrightarrow A\text{-}NO} \tag{4-28}$$

$$\mathrm{A + A\text{-}NO \longrightarrow A\text{-}N + A\text{-}O} \tag{4-29}$$

$$\mathrm{A\text{-}N + A\text{-}N \longrightarrow N_2 + 2A} \tag{4-30}$$

$$\mathrm{A\text{-}N + A\text{-}NO \longrightarrow N_2O + 2A} \tag{4-31}$$

$$\mathrm{A\text{-}N + NO \longrightarrow N_2O + A} \tag{4-32}$$

$$\mathrm{A\text{-}O + CO \longrightarrow CO_2 + A} \tag{4-33}$$

$$\mathrm{A\text{-}CO + A\text{-}N \longrightarrow A\text{-}NCO + A} \tag{4-34}$$

其中 A 代表催化剂吸附位。上述机理即 NO 和 CO 分别先在催化剂吸附位上进行吸附，然后 NO 在催化剂上解离，CO 与 NO 解离产生的 O 作用生成 CO_2 并释放吸附位，促使反应循环的进行。该机理也解释了 N_2O 产生的原因。Cho 等[54]对上述机理进行了验证和补充（公式 4-35～4-37）。

$$A\text{-}N_2O \longrightarrow N_2O + A \tag{4-35}$$

$$A\text{-}N_2O \longrightarrow N_2 + A\text{-}O \tag{4-36}$$

$$A\text{-}O + A\text{-}CO \longrightarrow CO_2 + 2A \tag{4-37}$$

并发现高温时 NO+CO 反应在 Rh/CeO_2 和 Rh/CeO_2-Al_2O_3 催化剂上没有生成 N_2O，文中推测是由于高温条件下以下反应（公式 4-38）的速率较大造成的。

$$A\text{-}N_2O + A\text{-}CO \longrightarrow CO_2 + N_2 + 2A \tag{4-38}$$

Huang 等[55]采用共沉淀法制备了 CeZrYLa+LaAl 纳米复合氧化物载体，负载 Pt-Rh 催化剂（物理混合法），研究了理论空燃比复杂反应网络中各主要反应的反应规律以及反应气组成对反应的影响。研究表明，对于 CH_4 的氧化反应和 CO 的氧化反应，H_2O 的添加提高了两单反应中 CH_4 和 CO 的转化率；其他组分（CO/CH_4、NO）的添加降低了 CH_4 和 CO 的转化率。对于 CH_4 蒸气重整反应和 CO 水汽变换反应，添加 O_2 或 NO 组分，CH_4 和 CO 转化率有所提高；然而 CH_4 蒸气重整反应和 CO 水汽变换反应之间存在竞争。CH_4 蒸气重整反应和 CO 水汽变换反应提高了催化剂三效活性。另外，对于 CO 的消耗反应，CO 被 O_2 氧化反应和 CO 与 NO 反应均没有出现 CO 转化率在高温降低的现象；CO 与 H_2O 的水汽变换反应，由于热力学条件限制及逆水汽变换反应的发生造成了 CO 高温转化率降低，当向 CO-H_2O 体系中添加 O_2，将不会出现 CO 转化率高温降低的现象。对于 CO 的生成反应：CH_4 的不完全氧化反应，蒸气重整反应，CH_4 与 NO 反应以及 CO_2 与 CH_4 的重整反应均可产成 CO，并且随着温度升高 CO 生成量增加，这些高温区由 CH_4 生成的 CO 将会影响总反应中 CO 的转化率。

二、稀燃天然气催化剂的研究概况

1. 稀燃天然气催化剂研究进展

稀燃天然气车尾气净化催化剂最需要解决的问题是研究在低温时表现出优异活性的催化剂，这时因为燃料的稀薄燃烧导致尾气温度下降，通常在 550 ℃以下，然而 CH_4 是结构最稳定、最难被氧化的碳氢化合物，需要更高的温度才能被氧化。对于 CH_4 的催化氧化，最近几十年研究最多的是贵金属催化剂和过渡金属催化剂，贵金属较过渡金属最大的优势在于其优异的纳米级界面的活性，这使它们成为低温完全氧化碳氢化合物的最佳选择。作为结构最稳定、最难被活化的碳氢化合物，CH_4 的催化氧化更需要贵金属作为活性组分。Pt 和 Pd 是两种应用最广泛的贵金属催化剂，这是由于当这两种贵金属负载在传统的载体，如 Al_2O_3 或 SiO_2 上时，分散度很高，利用率大大提高。提高贵金属的分散度，在提高其利用率、降低使用成本的同时，催化剂的活性也会提高。Pd/Al_2O_3 和 Pt/Al_2O_3 的活性差异与参加反应的 CH_4 和 O_2 的摩尔比有关，当 $O_2：CH_4 \leqslant 2$ 时，Pt/Al_2O_3 的活性更优异；当 $O_2：CH_4 \geqslant 2$ 时，Pd/Al_2O_3 表现出更优异的活性。$O_2：CH_4 \geqslant 2$ 时，CH_4 被完全氧化，CO_2 是唯一的含碳产物。例如，在如下反应条件：0.2 vol% CH_4，1 vol% O_2，余 He，空速 52 000 h^{-1}。测试结果表明，0.2 wt% Pt/Al_2O_3 对 CH_4 的起燃温度（T_{50}，CH_4 转化率达到 50%的温度）比 Pd/Al_2O_3 高 100 ℃以上。在上述反应气中加入 CO 后，发现对催化剂的活性无影响，并且 CO 的活性比 CH_4 高很多[38,56]。上述结果说明，Pd 或 Pt 催化剂的活性位可能随着反应中 O_2 浓度（稀燃或等当量比）的变化而改变，此时催化剂发生氧化的机理也不同[32,57,58]。以 Pd/Al_2O_3 为例，在稀燃或等当量比条件下，CH_4 与 O_2 完全氧化反应的反应速率与 CH_4 浓度的一次方成正比，与 O_2 的浓度几乎无关[59]。Muto 等[60]以 SiO_2、Al_2O_3 及 $SiO_2–Al_2O_3$ 为载体，负载 0.5%的 Pd，制备 Pd 催化剂，主要考察了载体对 CH_4 完全氧化反应动力学参数的影响。催化剂经 450 ℃，12 h 预处理后，在 400 ℃测试活性。该反应 CH_4 的浓度在 2～15 vol%变化，对应 O_2 浓度均为 10 vol%；另外改变 O_2 浓度，在 10～60 vol%变化，对应 CH_4 浓度均为 10%，反应在富燃和稀燃间变化。结果表明，对于 Pd/SiO_2、Pd/Al_2O_3 和 $Pd/SiO_2–Al_2O_3$，反应速率与 CH_4 浓度的指数关系分别依次是：0.46、0.53 和 0.58；与 O_2 浓度的指数关系分别依次是：0.14、0.18、0。从这个试验结果，可以看出，催化剂载体对反应动力学常数有很大影响，这为我们在催化剂制备中提供了思路，根据尾气中各污染物浓度不同，选用不同的催化剂载体，以期制备最合适的催化剂，获得最佳活性。

由于 CH_4 结构的稳定性，CH_4 的起燃温度较其他碳氢化物高，因此通常天然气催化剂贵金属用量较高，如何在保持对 CH_4 高活性的同时又能降低贵金属的用量，就成为天然气车尾气净化催化剂研究的一个重点。Pd/Al_2O_3 对 CH_4 的活性非常高，同时贵金属用量也很高，通常是传统三效催化剂的 3 倍以上[53,54]。如何在降低贵金属用量的同时又能使催化剂的活性基本保持不变。研究人员想了很多办法，其中一个比较有效的方法是用过渡金属或稀土金属氧化物部分取代贵金属。Fino 等[61]制备 $La_{1-x}A_xMn_{1-y}B_yO_3$（A=Sr；B=Fe 或 Co）系列复合氧化物、稀土金属氧化物及它们与 Pd 制备的催化剂。详细考察了这些氧化物催化剂自身和加入贵金属后对 CH_4 的活性差异。具体实验结果列于表 4-9，反应气只有 CH_4、O_2，余 N_2，空速是 10 000 h^{-1}。如表 4-9，在堇青石基体上什么涂层都不涂覆时，2.5 vol% CH_4 转化率达到 50%的温度（起燃温度 T_{50}）是 814 ℃；在堇青石上涂覆下表中任何一种氧化物时，催化剂的起燃温度均大幅下降，其中降低幅度最小的是 ZrO_2，

T_{50} 降至 630 ℃；降低幅度最大的是 $CeO_2/LaMn_{0.9}Fe_{0.1}O_3$，$T_{50}$ 降至 433 ℃。对比 $La_{1-x}A_xMn_{1-y}B_yO_3$ 系列过渡金属氧化物，其中 Fe_2O_3 的添加，对催化剂的活性有小幅的提高，而 Co_2O_3 和 SrO 的添加使 $LaMnO_3$ 对 CH_4 的起燃温度均升高。此处需要注意的是 Fe_2O_3 的添加量，Fe 和 Mn 的摩尔比是 1∶9 时，活性较高，比例提高到 1∶8 时，活性降低，可见 Fe_2O_3 的含量对催化剂活性有较大影响。对比 CeO_2、ZrO_2，其中 CeO_2 的活性高于 ZrO_2，这是由于 CeO_2 扮演着“氧泵”的角色，在反应的过程中可以储存和释放氧[32]。CeO_2 作为助剂加入过渡金属氧化物系列中活性最好的 $LaMn_{0.9}Fe_{0.1}O_3$ 后，对 CH_4 的 T_{50} 从 445 ℃进一步下降到 433 ℃。对比含 Pd 的催化剂，首先 Pd 加入后，大幅降低了 CH_4 的起燃温度，如 Al_2O_3 对 CH_4 的 T_{50} 是 625 ℃；加入 4%Pd 后，制备的 4 wt% Pd/γ-Al_2O_3 对 CH_4 的 T_{50} 降低至 330 ℃，降幅达 295 ℃。对比催化剂（$LaMn_{0.9}Fe_{0.1}O_3$+CeO_2+1wt% Pd/γ-Al_2O_3）和 4 wt% Pd/γ-Al_2O_3 对 CH_4 的 T_{50}，后者比前者仅低 15 ℃，但贵金属含量却是前者的 4 倍，从此处可以看出，稀土和过渡金属氧化物复合 Pd 或以助剂形式添加到其中，可大大降低贵金属的用量。

表 4-9　过渡金属和稀土金属对催化剂性能的影响

催化剂	S_{BET}/（m^2/g）	T_{50}/℃	
		2.5 vol% CH_4	0.4 vol% CH_4
$LaMnO_3$	20.3	460	411
$LaMn_{0.9}Fe_{0.1}O_3$	17.3	445	398
$LaMn_{0.8}Fe_{0.2}O_3$	16.4	460	412
$LaMn_{0.9}Co_{0.1}O_3$	15.1	470	423
$LaMn_{0.8}Co_{0.2}O_3$	15.4	528	486
$LaMn_{0.8}Fe_{0.1}Co_{0.1}O_3$	17.2	469	419
$La_{0.9}Sr_{0.1}Mn_{0.9}Fe_{0.1}O_3$	16.5	499	462
$La_{0.8}Sr_{0.2}Mn_{0.9}Fe_{0.1}O_3$	16.7	544	501
CeO_2	46.2	553	504
La_2O_3	3.5	615	567
Al_2O_3	215	625	573
ZrO_2	17.3	630	588
$CeO_2/LaMn_{0.9}Fe_{0.1}O_3$	17.4	433	382
6 wt% Pd $LaMn_{0.9}Fe_{0.1}O_3/CeO_2$	17.5	375	325
$LaMn_{0.9}Fe_{0.1}O_3$+CeO_2/γ-Al_2O_3	—	460	—
$LaMn_{0.9}Fe_{0.1}O_3$+CeO_2+1 wt% Pd/γ-Al_2O_3	—	345	—
4 wt% Pd/γ-Al_2O_3	—	330	—
空白（无催化剂）	—	814	761

Giezen 等[59]制备了 7.3% Pd/Al_2O_3 催化剂，测试条件是 1 vol% CH_4、4 vol% O_2，余 He。研究表明，生成物中的 CO_2 对催化剂的影响较小，而 H_2O 强烈抑制催化剂的活性，在不额外添加 H_2O 时，H_2O 对活性的抑制与转化率相关，转化率越大，抑制越明显，这说明，抑制作用的大小本质上还是由 H_2O 的浓度决定的。无 H_2O 时，测得的表观活化能是 86 kJ/mol，与其他文献[32,60]报道的值为 70～90 kJ/mol 是一致的。加入 2% H_2O 后，测得的表观活化能从 86 kJ/mol 升高到 151±15 kJ/mol。CH_4 浓度在 0～6 vol%、O_2 浓度在 2～7 vol%和 2 vol% H_2O 的条件下，化学反应速率与 CH_4 分压 1.0±0.1 次方，和 O_2 分压的 0.1±0.1 次方成正比，即在含 H_2O 条件下，H_2O 的抑制作用在稀燃时比等当量比更明显。Gullis 等[62]做了如下试验，2.7% $Pd/\gamma\text{-}Al_2O_3$，在 352 ℃，O_2∶CH_4=2∶1 的反应条件下，用脉冲实验测试催化剂的活性。每一个脉冲加入 1.8 μmol CH_4，H_2O 的浓度在 0～55 μmol 间变化。实验结果如图 4-8，CH_4 的转化率随 H_2O 浓度的增加而降低，相对于不含 H_2O 时，少量 H_2O 的加入，使催化剂的活性急剧下降；而随着 H_2O 加入量的增大，活性下降幅度变小。

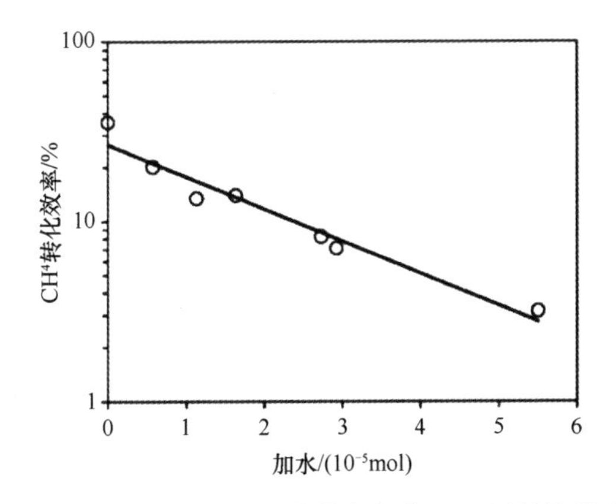

图 4-8　H_2O 对 Pd/Al_2O_3 催化剂氧化 CH_4 活性的影响

Ribeiro 等[32]制备了 7.7% $Pd/Si\text{-}Al_2O_3$ 催化剂，调变 H_2O 的浓度，测试其对催化剂活性的影响。作者认为，H_2O 和 CH_4 在表面活性位上的竞争吸附导致在 PdO 的表面位上有 $Pd(OH)_2$ 生成。Burch[63]研究了在不同温度条件下，H_2O 的浓度对 Pd/Al_2O_3 完全氧化 CH_4 性能的影响。实验过程如下，以 $Pd(NO)_3$ 为前驱体，制备了 4% Pd/Al_2O_3 催化剂，反应气氛是 1% CH_4，余空气。实验前，催化剂在反应气氛中，至少在 300 ℃保持 12 h，以使其处于稳定状态。实验结果表明，H_2O 对活性的抑制作用随着温度的升高而减弱，在 450 ℃以上，影响变得很小，并且去掉 H_2O 后，活性恢复，说明抑制作用是可逆的。作者也发现了 $PdO+H_2O=Pd(OH)_2$ 这个平衡反应的存在，在此反应中，PdO 是活性相，$Pd(OH)_2$ 是非活性相。基于此，真正的活性控制步骤是 H_2O 的影响，而非 H–C 键的断裂。5% Pd/SiO_2 在 1% CH_4/air 气氛中的脉冲实验证明比在稳态下的实验有更高的活性。随着脉冲数的增加，在 250 ℃时，活性有一定幅度下降，这是因为在 250 ℃（相对于 300 ℃）时，反应生成的 H_2O 不容易从催化剂表面脱附，导致在活性位表面有 OH 等生成。在这个过程中，载体可能会对 H_2O 的吸附性有一些影响。如果载体对 H_2O 的吸附能力很强，在反应初期，由于载体对 H_2O 的强吸附，将限制 H_2O 吸附在活性位的表面，此时，催化剂表现出很高的活性。但随着反应的继续进行，PdO 表面会逐渐被 H_2O 包围，此后，会导致反应速率下降。这就是对 H_2O 吸附能力比 SiO_2 强的 Al_2O_3 负载的 Pd/Al_2O_3 比 Pd/SiO_2 在反应刚开始时具有更好的活性，但随着反应的持续，活性下降比较明显的原因。除了 Al_2O_3 载体外，ZrO_2 基单 Pd 催化剂的抗 H_2O 性也有文章做了大量报道。H_2O 的吸附—脱附达到平衡需要的时间较 CH_4 的氧化时间区间更慢，尤其是在低温阶段。吸附—脱附的平衡反应与温度相关，随着时间的延长同样会抑制催化剂的反应，但相对于 Pd/Al_2O_3，H_2O 的影响较小。

O_2 浓度不同时，Pt 和 Pd 表现出不同的活性。在 O_2 气氛中，Pd 和 Pt 分别被氧化为 PdO 和 PtO_2。PdO 的生成温度在 300～400 ℃，在空气中，800 ℃以下均能稳定存在，超过 800 ℃，PdO 就分解为金属态的 Pd。相对于 PdO，PtO_2 很不稳定，在 400 ℃以上，就会发生分解。此外，PtO_2 易挥发，这导致其分解温度在较大温度区间内变化，而 PdO 负载在 Al_2O_3 等载体上时，结构稳定，不挥发，分解温度相对固定。PtO_2 分解温度的变化，说明载体与活性组分间存在相互作用，载体不同，作用力的强弱不同。不同载体负载的 Pd 催化剂，PdO 分解为 Pd 后，重新被氧化为 PdO 的温度也不同，如 TiO_2 和 CeO_2 负载的 PdO 分解后重新被氧化的温度比 Al_2O_3 负载 PdO 分解后重新被氧化的温度高 130 ℃，而重新被氧化的温度越高，说明 PdO 越稳定。稀燃 CNG 汽车尾气通常在 600 ℃以下，虽然 PdO 的分解和重新氧化是不需要考虑的，但 PdO 的氧化还原性对催化剂的活性有很大影响的。在 600 ℃以下，只要反应气中 O_2 浓度超过 2～4 vol%，PdO 均是热力学上的稳定相，Pd 重新被氧化与 O_2 浓度相关。Cullis 等[64]用脉冲法实验了 Pd 在不同氧化物（如 Al_2O_3）上，O_2 的吸附量，相对于 Pt，Pd 的吸附量很大，总吸附量与 Pd 被氧化为 PdO 需要的 O_2 量相当；此外，Pd 在不同载体、不同温度时的吸附量略有差异。Pd 对 O_2 的吸附量随着温度的升高而增大，且 Pd/Al_2O_3 在 600 ℃时，吸附量最大。Hicks 等[34]对比了分散度对 Pd 的影响，O_2 的吸附从 300 ℃开始，Pd 的分散度在 3%～80%变化，分散度越低，O_2 吸附量越低，催化剂被氧化的程度也低。Pd 是如何被氧化为 PdO 的，机理目前还不清楚。可能的过程是，开始在 Pd 颗粒有晶格缺陷处先氧化，接着在结构不完整处氧化，一旦在表面形成了氧化薄膜，进一步的氧化将减缓，最终形成有缺陷的、有孔道的、被 PdO 包裹着的 Pd 颗粒。Colussi 等[64]制备了 Pd 粒度在 5～8 nm 间的 $Pd/SiO_2/Si(100)$催化剂，通过 XPS 进一步研究了 Pd 的氧化过程。结果表明，Pd 的氧化是以 Pd 颗粒的中心为核心，从外到内，逐步被氧化，随着反应时间的延长，形成的 PdO 膜越来越厚，并且氧化的程度与温度直接相关。Pd 与 O_2 反应的活化能至少是 100 kJ/mol，较 CH_4 在 Pd/Al_2O_3 上的活化能还要高，该反应的速度控制步骤是晶格重组，这个过程需要在 O_2 与金属间形成一个新的氧化层。在稀燃的反应条件下，Pd 主要以 PdO 存在，而 PdO 对 CH_4 的氧化至关重要[63-68]，通过 TG 和 TPD-TPO 试验证明，在 O_2 存在时，反应过程中，$PdO \leftrightarrow Pd^0$ 间存在可逆的相互转变[65]。4 wt% Pd/Al_2O_3 催化剂，先经 H_2 预处理后，在 1 vol% CH_4 的空气气氛中测试其对 CH_4 的转化率随时间的变化关系，具体如图 4-9，从图中曲线观察到，当催化剂的活性组分中只含 Pd 时，该催化剂对 CH_4 的转化率不足 5%，前 100 s 内，转化率快速升高，此时 Pd 吸附 O_2 的量快速增加，O/Pd 比超过 1。随着反应的继续进行，CH_4 的转化率增加幅度逐渐减小，到 400 s 后，转化率经过一个小幅的升高后，又略有下降，到 500 s 后，基本保持不变。

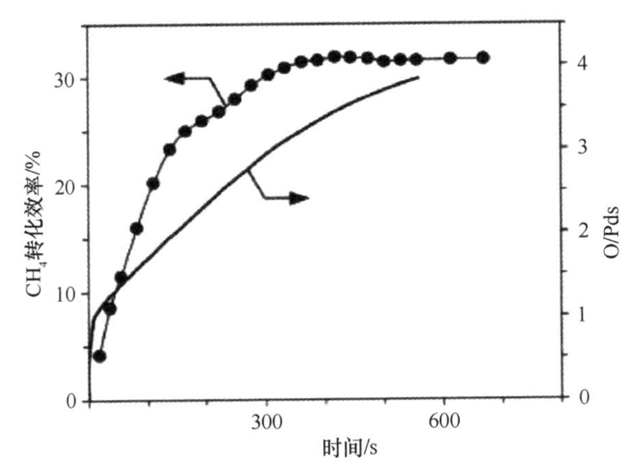

图 4-9 Pd/Al_2O_3 催化剂活性随反应时间的变化关系

此过程主要说明：其一，随着反应时间的延长，Pd 逐渐被氧化为 PdO，催化剂对 CH_4 的活性随之提高，说明相对于 Pd，PdO 对 CH_4 的活性更高，即 PdO 是主要活性相；其二，当 400 s 后，CH_4 的转化率略升高后又稍下降，至 500 s 后，基本稳定，此过程中 O_2 的吸附量在继续增加，说明在 400 s 时，Pd 主要以 PdO 的形式存在，但存在少量还未被氧化的金属态 Pd，此时催化剂的活性最高，到 500 s 后，Pd 完全以 PdO 的形式存在，这说明，少量金属态 Pd 的存在是有利于活性提高的，但提高幅度有限。Burch 等[66]的研究对比了 Pd/Al_2O_3 催化剂上，Pd 对 O_2 和氧离子的吸附活化。该实验以 $Pd(NO)_2$ 作为催化剂的前驱体，负载在 Al_2O_3 上，经 120 ℃干燥后，在 500 ℃，经氧化条件或还原条件处理后，制得目标催化剂，反应在 300 ℃，1 vol% CH_4 的空气气氛中反应。催化剂的稳态和脉冲实验均表明，在还原条件下预处理的催化剂对 CH_4 几乎没有活性，而在氧化条件下预处理的催化剂有活性。金属态 Pd 的氧化过程包括通过一个较慢的氧化步骤后，在表面快速形成一单层氧，最后促使 Pd 几乎完全反应。前面的实验事实均说明 PdO 是催化剂的活性相，而非 Pd，少量金属态 Pd 存在时，催化剂的活性较完全氧化的 PdO 活性略提高。但 PdO_x（$0<x<1$）中活性最好的形态是哪一种？进一步地，有人对比了金属态 Pd、Pd 表面有一薄层 PdO 和大颗粒 PdO 表面 O_2 的化学吸附，实验表明，在 300 ℃时，催化剂对 CH_4 的活性和 O_2 的吸附量均与时间成正比，进一步的实验结果表明，当 Pd 有 70%～75%被氧化成 PdO 时，催化剂的活性达到最大值[63,66]，而仅仅在 Pd 表面有一层 PdO 膜时，并不具有更高的活性。在实际的反应中，Pd 和 PdO 是共存的。Cullis 等[65]和 Datye 等[67]制备了 $Pd/\alpha\text{-}Al_2O_3$ 催化剂，并研究了 PdO 还原为 Pd 并又重新被氧化的循环过程。结果表明，催化剂经 800 ℃还原后，发生以下反应：$Pd + O_2 \longrightarrow PdO$（4-39），反应 4-39 是热力学平衡的可逆反应，反应过程中，在 Pd 的表面形成高度分散的 PdO 簇[47]。进一步的研究发现，PdO→Pd 的反应，最初发生在 PdO 的表面，是 PdO 表面形成少量的 Pd，少量的 Pd 在温度降低时，容易被重新氧化。PdO 被部分还原为 Pd 和完全被还原为 Pd 后，Pd 被重新氧化的反应是不同的，这是因为 Pd 对 O_2 的吸附能力强于 PdO，而 O_2 在 Pd 表面的吸附会抑制氧化反应的进行。对于被完全还原的 Pd 的重新氧化过程，在逐渐在 Pd 的核上形成厚厚的 PdO，使 PdO 以多晶的形式存在[67]。有人以 $Pd/CeO_2\text{-}ZrO_2$ 代替 Pd/Al_2O_3 研究活性组分的氧化还原状态对催化剂活性的影响。在 O_2 过量时（CH_4∶O_2=1∶4）反应，先将温度升高至 900 ℃，使 PdO 均不同程度的分解为 Pd，经过高温后，活性组分以 PdO 和 Pd 共存，还原程度不同，二者比例不同，结果表明，少量的 PdO 被还原后表现出最好的活性。进一步的研究表明，少量被还原的 Pd 也比完全还原的 Pd 更容易被重新氧化为 PdO。综上说述，Pd 催化剂的活性位是 PdO，并且催化剂的预处理、活性组分的分散度及少量 Pd 的存在对催化剂的活性有影响。在反应过程中，Pd 和 Pt 的化合价是不同的，活化 H-C 键的机理也是不同的[68]。Pt 活化几乎没有极性的 H-C 键通过均裂反应（CH_4 的解离吸附在金属态 Pt 位），在这个过程中，氧物种覆盖在金属表面，成为抑制剂，这就是在富燃比稀燃活性高的原因。相对的，在稀燃条件下，Pd 被完全氧化为 PdO，活性高于 Pt，此时 PdO 表面存在 $Pd^{2+}O^{2-}$离子对，此离子对通过异裂的过程活化 H-C 键[69]。在反应气氛中，Pd 和 PdO 的比例，被认为是与温度和气体组成相关，在动力学上处于平衡，而 Pd/PdO 间比例的变化很小。

Pd/Al_2O_3 的活性在反应气氛中反应一段时间后，活性会大幅提高，通常称为活化。虽然这个过程可以用活性组分的形态效应部分解释，但有观点认为催化剂的活化是与反应过程中 Cl 缓慢地从催化剂中溢出有关[67]。Cl 的来源除含 Cl 前驱体外，还包括溶剂和 H_2O 中含有的少量含 Cl 杂质。如 Pd/Al_2O_3 催化剂，载体 Al_2O_3 多以 $AlCl_3$ 为前驱体制备，少量 Cl 在制备过程中是很难除净的，最终会带入催化剂中。测试催化剂对 CH_4 的氧化活性，发现，催化剂的活性随着反应时间的延长，逐渐变好，在同一测试温度下，对 CH_4 的转化率逐渐增大。但接着问题又出现了，如果保证催化剂及载体均不含 Cl，催化剂的活性是否一开始就很高，而不会随着时间的延长继续增大。结果发现也并非如此，如 Pt/Al_2O_3 催化剂，催化剂中不含 Cl 元素，但活性仍然随着反应的进行，有增强的趋势，这可能的原因是在反应的过程中，吸附氧发生了变化[27]。因此，总的来说，活化的过程，对催化剂的改变是多方面的，如，形貌、杂质、表面吸附态等。Pd 催化剂氧化 CH_4 机理 CH_4 在 Pd 催化剂上的反应机理如图 4-10 所示。该反应的过程是：首先 CH_4 吸附在 Pd 原子上，然后，与其相近且位置合适的 PdO 的 O 与 CH_4 的 H 相互作用，使 CH_4 的第一个 C-H 键断裂，这个过程通常被认为是速度控制步骤。在这个反应过程中，要有 Pd 和 PdO 共同存在，且位置恰好合适时，才能使反应顺利进行。当 CH_4 的第一个 C-H 键断裂后，剩余的 3 个 C-H 键的断裂相对容易。

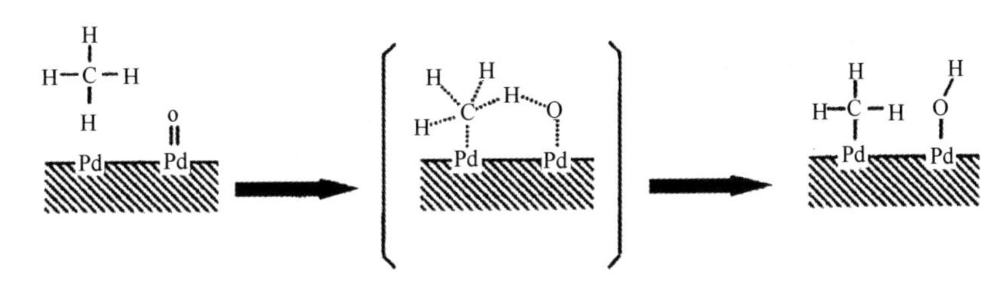

图 4-10 CH_4 在 Pd 催化剂上的反应机理

2. 稀燃天然气车净化催化剂失活机理

目前天然气车的燃料主要还是以压缩天然气为主，GB18047—2017 中规定了车用压缩天然气的技术指标，其中硫含量为小于 100 mg/m^3，但是在国Ⅴ阶段的汽油和柴油硫含量已经小于 10 mg/kg，这说明天然气中的硫含量还远高于汽油和柴油中的硫含量。由于 Pd 基催化剂在稀燃条件下对甲烷的活性很高，因此，在稀燃天然气催化剂中已 Pd 为主要的活性组分。但在实际应用中却发现催化剂的活性随时间的延长很快降低。根据 Lampert 等[70]的研究，原因是天然气及发动机润滑油中存在微量的 S，即使含量只有 1 mg/kg，也会造成 Pd 催化剂中毒而降低活性；0.5 μL/L 的 SO_2 就能使催化剂起燃温度升高 50～100 ℃；将催化剂在 650 ℃热处理或者还原，能够使催化剂的活性得到一定恢复。他们还制备了 Pd 为活性组分，γ-alumina（比表面积为 375 m^2/g）为载体的整体式催化剂[71]，用于稀燃条件下对甲烷的氧化。发现贵金属含量高对甲烷的转化比较好，如 300 g/ft^3 Pd/SBA150，200 孔的新鲜催化剂对甲烷的起燃温度在 300 ℃左右，完全转化温度在 340 ℃左右；老化后接近 450 ℃起燃，480～490 ℃完全转化。他们也对催化剂进行了 S 中毒研究，比较了 Al_2O_3 及 ZrO_2-SiO_2，SiO_2 载体的抗硫性能。发现以 Al_2O_3 为载体时，催化剂失活的速度比较缓慢，且去除 S 以后，催化剂的活性能够得到恢复。比较了 Pt、Pd 催化剂在稀燃条件下的活性，发现虽然 Pt 催化剂具有抗 S 性，但是其活性显著低于 Pd 催化剂，甚至低于 S 中毒的 Pd 催化剂。对此，他们提出了 SO_2 造成催化剂活性降低的机制，如图 4-11 所示[71]。他们认为，PdO 能够将 SO_2 氧化为 SO_3。在能够硫酸化的载体上，比如 Al_2O_3、SO_2 被同时吸附到载体和 PdO 上，载体为 SO_2 的吸附提供了场所，避免 PdO 被完全中毒，减缓了催化剂失活的速度；而对于非硫酸化载体，比如 SiO_2，由于载体不能吸附 SO_2，所有的 SO_2 都被吸附在 PdO 上，使得催化剂快速失活；经 600 ℃处理后，SO_3 从 PdO 表面脱附，催化剂的活性得到恢复。

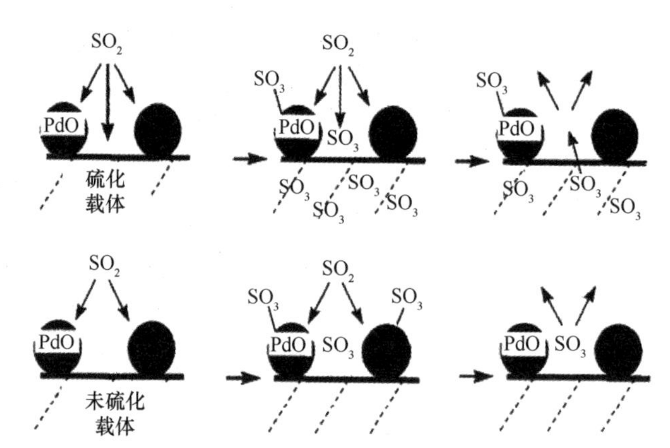

图 4-11　硫酸化载体和非硫酸化载体上 SO_2 抑制 PdO 对甲烷活性的机制

第六节　天然气车净化催化剂发展趋势

天然气汽车尾气的净化是比汽油车尾气净化难度更大的工作，尾气中的甲烷起燃高，活化和转化都比较困难，具体体现在：①对于理论空燃比天然气汽车，燃烧控制技术比汽油车差，要求精确控制空燃比，专用的氧传感器，并添加 OBD 系统，才有可能实现 3 种污染物的同时转化，需要具有高性能的三效催化剂；②稀燃天然气汽车的尾气需净化的主要成分为 CH_4 和 CO，CO 的含量少且易转化，因此，主要难题在于甲烷的转化，由于尾气排放温度低，含有大量的水蒸气和微量的 SO_x，易造成高活性的 Pd 催化剂的中毒，需要开发具有高低温活性和抗水中毒、硫中毒能力的催化剂，目前为止，还没有很好的解决办法，还需要天然气催化剂研究人员不懈的努力。

需要指出的是，随着更严格汽车尾气排放标准的颁布和实施，可以预见在不久的将来，天然气车的排放标准将趋于零排放，且对燃油经济性的要求也日趋严苛。只有不断从优化发动机和后处理（含催化剂）两个主要方向持续努力，逐渐提高机内净化和机外净化能力，才能满足不断升级的燃油和排放标准。

在 2019 年 7 月 1 日开始施行的国Ⅵ标准中对天然气车尾气中各污染物的排放限值都大幅下降，并且增加了对 N_2O 和 NH_3 排放的限制，这对天然气尾气净化催化剂提出了更高的要求。相对于理论空燃比天然气车，国Ⅴ的稀燃氧化催化剂将无法将稀燃天然气车尾气中的 NO_x 净化使之符合国Ⅵ标准。虽然在稀燃天然气尾气净化器中加装 SCR 装置后可以将 NO_x 净化至国Ⅵ标准以下，但 SCR 装置相对高昂的价格及维护成本将使这个催化剂组合方案在实际使用中变得不具有竞争力。因此，为了满足国Ⅵ排放标准，使用三效催化剂的理论空燃比天然气车将是主流。但也应该看到理论空燃比天然气车也面临着很大的挑战：①低贵金属。目前，催化剂贵金属使用量相对较高，降低成本是企业永恒的追求，将来的研究方法将集中在采用新的工艺或新的载体、助剂来提高贵金属的使用率，进而降低贵金属的使用量，前者将可能得到高分散的贵金属活性组分，或者则通过载体和助剂调变贵金属活性中心的结构和电子性能以增加其催化反应活性；②耐久性。国Ⅵ标准对催化剂的耐久性提出更高的要求，研发高耐久性的催化剂是关系理论空燃比天然气车能否推广使用的重中之重；③道路排放。未来的排放法规越来越接近实际道路驾驶情况。而实际道路最典型的特点就是频繁起停和频繁的切换发动机工况。由此对催化剂的低温活性和动态工况下的转化率要求会进一步提高。天然气催化剂开发工作者还有很长的一段路要走。

参 考 文 献

[1] Fernández-García M, Martínez-Arias A, Salamanca L N, et al. Influence of ceria on Pd activity for the CO+O_2 reaction. Journal of Catalysis, 1999, 187: 474-485.

[2] Siewert R M, Mitchell P J. Method for reducing methane exhaust emissions from natural gas fueled engines. U.S. Patent 5131224. 1992.

[3] Tabata T, Baba K, Kawashima H. Deactivation by poisoning of three-way catalyst for natural gas-fuelled engines. Applied Catalysis B, Environmental, 1995, 7: 19-32.

[4] Sakai T, Choi B C, Osuga R, et al. Purification characterstitics of catalytic converters for natural gas fueled automotive engine. SAE Technical Paper, 1991-7-912599.

[5] Subramanian S, Kudla J R, Chattha S M. Three-way catalyst for treating emissions from compressed natural gas fueled engines. U. S. Patent 5208204. 1993.
[6] Kaneska H. Engine exhaust purifier. U. S. Patent 5804148. 1998.
[7] In C B, Kim S H, Kim C D, et al. Catalyst technology satisfying low emission of natural gas vehicle. SAE Technical Paper, 1997-07-970744.
[8] Andersson B, Cruise N. Methane and oxide conversion over a catalyst dedicated for natural gas vehicles. SAE Technical paper, 2000-01-2928.
[9] Chang Y F, Mccarty J G. Novel oxygen storage components for advanced catalysts for emission control in natural gas fueled vehicles. Catal Today, 1996, 30: 163-170.
[10] Klingstedt F, Neyestanaki A K, Lindfors L E, et al. Hydrothermally stable catalysts for the removal of emissions from small-scale biofuel combustion systems. React Kinet Catal Lett, 2000, 70: 3-9.
[11] Klingstedt F, Neyestanaki A K, Byggningsbacka R, et al. Palladium based catalysts for exhaust aftertreatment of natural gas powered vehicles and biofuel combustion. Applied Catalysis A: General, 2001, 209: 301-316.
[12] Klingstedt F, Karhu H, Neyestanaki A K, et al. Barium promoted palladium catalysts for the emission control of natural gas driven vehicles and biofuel combustion systems. Journal of Catalysis, 2002, 206: 248-262.
[13] 郭家秀，袁书华，龚茂初，等. $Ce_{0.35}Zr_{0.55}La_{0.10}O_{1.95}$对低贵金属Pt-Rh型三效催化剂性能的影响. 物理化学学报, 2007, 23: 73-78.
[14] 赵彬. 天然气汽车尾气净化三效催化剂的研制. 成都：四川大学, 2004.
[15] 张燕，肖彦，袁慎忠，等. 压缩天然气轿车尾气净化催化剂的研制. 无机盐工业, 2009, 41: 19-22.
[16] Klingstedt F, Neyestanaki A K, Lindfors L E, et al. An investigation of the activity and stability of Pd and Pd-Zr modified Y-zeolite catalysts for the removal of PAH, CO, CH_4 and NO_x emissions. Applied Catalysis A: General, 2003, 239: 229-240.
[17] Kumar N, Klingstedt F, Lindfors L E. Synthesis and characterization of Pd-Zr- and Pd-Rh-beta zeolite catalysts for removal of emission from natural gas driven vehicles. Studies in Surface Science and Catalysis, 2000, 130: 2981-2986.
[18] Liotta L F, Carlo G D, Pantaleo G, et al. Co_3O_4/CeO_2 composite oxides for methane emissions abatement: relationship between Co_3O_4-CeO_2 interaction and catalytic activity. Applied Catalysis B: Environment, 2006, 66: 217-227.
[19] Liotta L F, Deganello G. Thermal stability, structural properties and catalytic activity of Pd catalysts supported on Al_2O_3-CeO_2-BaO mixed oxides prepared by sol-gel method. Journal of Molecular Catalysis A, 2003, 204-205: 763-770.
[20] Liotta L F, Carlo G D, Pantaleo G, et al. Honeycomb supported Co_3O_4/CeO_2 catalyst for CO/CH_4 emissions abatement: effect of low Pd-Pt content on the catalytic activity. Catalysis Communications, 2007, 8: 299-304.
[21] Liotta L F, Carlo G D, Pantaleo G, et al. Catalytic performance of Co_3O_4/CeO_2 and Co_3O_4/CeO_2-ZrO_2 composite oxides for methane combustion: influence of catalyst pretreatment temperature and oxygen concentration in the reaction mixture. Applied Catalysis B: Environmental, 2007, 70: 314-322.
[22] Tzimpilis E, Moschoudis N, Stoukides M, et al. Preparation active phase composition and Pd content of perovskite-type oxides. Applied Catalysis B: Environmental, 2008, 84: 607-615.

[23] Klingstedt F, Neyestanaki A K, Byggningsbacka R, et al. Palladium based catalysts for exhaust aftertreatment of natural gas powered vehicles and biofuel combustion. Applied Catalysis A, General, 2001, 209: 301-316.

[24] Winkler A, Dimopoulos P, Hauert R, et al. Catalytic activity and aging phenomena of three-way catalysts in a compressed natural gas/gasoline powered passenger car. Applied Catalysis B, Environmental, 2008, 84: 162-169.

[25] Bounechada D, Groppi G, Forzatti P, et al. Effect of periodic lean/rich switch on methane conversion over a Ce–Zr promoted Pd-Rh/Al_2O_3 catalyst in the exhausts of natural gas vehicles. Applied Catalysis B, Environmental, 2012, 119-120: 91-99.

[26] Burch R, Ramli A. A comparative investigation of the reduction of NO by CH_4 on Pt, Pd, and Rh catalysts. Applied Catalysis B-Environmental, 1998, 15: 49-62.

[27] Briot P, Auroux A, Jones D, et al. Effect of particle size on the reactivity of oxygen-adsorbed platinum supported on alumina. Applied Catalysis, 1990, 59: 141-152.

[28] Subramanian S, Kudla R J, Chattha M S. Removal of methane from compressed natural gas fueled vehicle exhaust. Industrial & Engineering Chemistry Research, 1992, 31: 2460-2465.

[29] Windawi B H. Controlling the exhaust emissions from alternative fuel vehicles. Platinum Metals Rev, 1992, 36: 185-195.

[30] Salaün M, Kouakou A, Costa S D, et al. Synthetic gas bench study of a natural gas vehicle commercial catalyst in monolithic form, on the effect of gas composition. Applied Catalysis B, Environmental, 2009, 88: 386-397.

[31] Baldwin T R, Burch R. Catalytic combustion of methane over supported palladium catalysts, I. alumina supported catalysts. Applied Catalysis, 1990, 66: 337-358.

[32] Ribeiro F H, Chow M, Dallabetta R A. Kinetics of the complete oxidation of methane over supported palladium catalysts. Journal of Catalysis, 1994, 146: 537-544.

[33] Farrauto R J, Hobson M C, Kennelly T, et al. Catalytic chemistry of supported palladium for combustion of methane. Applied Catalysis A: General, 1992, 81: 227-237.

[34] Hicks R F, Qi H, Young M L, et al. Structure sensitivity of methane oxidation over platinum and palladium. Journal of Catalysis, 1990, 122: 280-294.

[35] Hicks R F, Qi H, Young M L, et al. Effect of catalyst structure on methane oxidation over palladium on alumina. Journal of Catalysis, 1990, 122: 295-306.

[36] Briot P, Primet M. Catalytic oxidation of methane over palladium supported on alumina: effect of aging under reactants. Applied Catalysis, 1991, 68: 301-314.

[37] Choudhary T V, Banerjee S, Choudhary V R. Catalysts for combustion of methane and lower alkanes. Applied Catalysis A: General, 2002, 234: 1-23.

[38] Oh S H, Mitchell P J, Siewert R M. Methane oxidation over alumina-supported noble metal catalysts with and without cerium additives. Journal of Catalysis, 1991, 132: 287-301.

[39] Bera P, Hegde M S. Characterization and catalytic properties of combustion synthesized Au/CeO_2 catalyst. Catalysis Letters, 2002, 79: 75-81.

[40] Schryer D R, Upchurch B T, Norman van J D, et al. Effects of pretreatment conditions on a Pt/SnO_2 catalyst for the oxidation of CO in CO_2 lasers. Journal of Catalysis, 1990, 122: 193-197.

[41] Amphlett J C, Mann R F, Peppley B A. On board hydrogen purification for steam reformation/PEM fuel cell vehicle power plants. International Journal of Hydrogen Energy, 1996, 21: 673-678.

[42] Nunan J G, Robota H J, Cohn M J, et al. Physicochemical properties of Ce-containing three-way catalysts and the effect of Ce on catalyst activity. Journal of Catalysis, 1992, 133: 309-324.

[43] Barbier Jr J, Duprez D. Hydrogen formation in propane oxidation on Pt-Rh/CeO_2/Al_2O_3 catalysts. Applied Catalysis A: General, 1992, 85: 89-100.

[44] Craciun R, Shereck B, Gorte R J. Kinetic studies of methane steam reforming on ceria-supported Pd. Catalysis Letters, 1998, 51: 149-153.

[45] Sharma S, Hilaire S, Vohs J M, et al. Evidence for oxidation of ceria by CO_2. Journal of Catalysis, 2000, 190: 199-204.

[46] Mezaki R, Oki S. Locus of the change in the rate-determining step. Journal of Catalysis, 1973, 30: 488-489.

[47] Bunluesin T, Gorte R J, Graham G W. Studies of the water-gas-shift reaction on ceria-supported Pt, Pd, and Rh: implications for oxygen-storage properties. Applied Catalysis B: Environmental, 1998, 15: 107-114.

[48] Burch R, Ramli A. A kinetic investigation of the reduction of NO by CH_4 on silica and alumina-supported Pt catalysts. Applied Catalysis B: Environmental, 1998, 15: 63-73.

[49] Okumura K, Kusakabe T, Niwa M. Durable and selective activity of Pd loaded on WO_3/ZrO_2 for NO+CH_4+O_2 in the presence of water vapor. Applied Catalysis B: Environmental, 2003, 41: 137-142.

[50] Sreekanth P M, Smirniotis P G. Selective reduction of NO with CO over titania supported transition metal oxide catalysts. Catalysis Letters, 2007, 122: 37-42.

[51] Liu L J, Liu B, Dong L H, et al. In situ FT-infrared investigation of CO or/and NO interaction with CuO/$Ce_{0.67}Zr_{0.33}O_2$ catalysts. Applied Catalysis B-Environmental, 2009, 90: 578-586.

[52] Unland M L. Isocyanate intermediates in the reaction of NO and CO over noble metal catalysts. Journal of Catalysis, 1973, 31: 459-465.

[53] Lorimer D A, Bell A T. Reduction of NO by CO over a silica-supported platinum catalyst: infrared and kinetic studies. Journal of Catalysis, 1979, 59: 223-238.

[54] Cho B K, Shank B H, Bailey J E. Kinetics of NO reduction by CO over supported rhodium catalysts: isotopic cycling experiments. Journal of Catalysis, 1989, 115: 486-499.

[55] Huang F J, Chen J J, Hu W, et al. Pd or PdO: Catalytic active site of methane oxidation operated close to stoichiometric air-to-fuel for natural gas vehicles. Applied Catalysis B-Environmental, 2017, 219: 73-81.

[56] Burch R, Loader P K. Investigation of Pt/Al_2O_3 and Pd/Al_2O_3 catalysts for the combustion of methane at low concentrations. Applied Catalysis B: Environmental, 1994, 5: 149-164.

[57] Ma L, Trimm D L, Jiang C. The design and testing of an autothermal reactor for the conversion of light hydrocarbons to hydrogen I: the kinetics of the catalytic oxidation of light hydrocarbons. Applied Catalysis A: General, 1996, 138: 275-283.

[58] Ahlström-Silversand A F, Odenbrand C U I. Combustion of methane over a Pd/$Al_2O_3SiO_2$ catalyst, catalyst activity and stability. Applied Catalysis A: General, 1997, 153: 157-175.

[59] Giezen van J C, Berg van den F R, Kleinen J L, et al. The effect of water on the activity of supported palladium catalysts in the catalytic combustion of methane. Catalysis Today, 1999, 47: 287-293.

[60] Muto K, Katada N, Niwa M. Complete oxidation of methane on supported palladium catalyst, Support effect. Applied Catalysis A: General, 1996, 134: 203-215.

[61] Fino D, Russo N, Saracco G, et al. Supported Pd-perovskite catalyst for CNG engines' exhaust gas treatment. Progress in Solid State Chemistry, 2007, 35: 501-511.

[62] Cullis C F, Willatt B M. The inhibition of hydrocarbon oxidation over supported precious metal catalysts. Journal of Catalysis, 1984, 86: 187-200.

[63] Burch R. Low NO_x options in catalytic combustion and emission control. Catalysis Today, 1997, 35: 27-36.

[64] Cullis C F, Willatt B M. Oxidation of methane over supported precious metal catalysts. Journal of Catalysis, 1983, 83: 267-285.

[65] Colussi S, Trovarelli A, Groppi G, et al. The effect of CeO_2 on the dynamics of Pd-PdO transformation over Pd/Al_2O_3 combustion catalysts. Catalysis Communications, 2007, 8: 1263-1266.

[66] Burch R, Urbano F J. Investigation of the active state of supported palladium catalysts in the combustion of methane. Applied Catalysis A: General, 1995, 124: 121-138.

[67] Datye A K, Bravo J, Nelson T R, et al. Catalyst microstructure and methane oxidation reactivity during the Pd↔PdO transformation on alumina supports. Applied Catalysis A: General, 2000, 198: 179-196.

[68] Burch R, Crittle D J, Hayes M J. C-H bond activation in hydrocarbon oxidation on heterogeneous catalysts. Catalysis Today, 1999, 47: 229-234.

[69] Cargnello M, Delgado J, Hernandez G, et al. Exceptional activity for methane combustion over modular Pd@CeO_2 subunits on functionalized Al_2O_3. Science, 2012, 337: 713-717.

[70] Lampert J K, Kazi M S, Farrauto R J. Methane emissions abatement from lean burn ntural gas vehicle exhaust: sulfur's impact on catalyst performance. SAE Technical Paper, 1996, 961971.

[71] Lampert J K, Kazi M S, Farrauto R J. Palladium catalyst performance for methane emissions abatement from lean burn natural gas vehicles. Applied Catalysis B: Environmental, 1997, 14: 211-223.

第五章　摩托车尾气净化催化剂（器）技术

第一节　摩托车发展概况

摩托车产业经过几十年的碰撞融合，结构体系几经调整和变迁。在20世纪中后期摩托车产业重心转移到日本，日本摩托车产业技术和产销量曾一度居于世界首位；到20世纪80年代末90年代初期，全球摩托车产业由日本向中国转移，这也带来了中国摩托车产业的高速发展。从1993年起，我国摩托车产量首次超过了日本，中国摩托车产、销量已连续20多年居世界第一，约占世界产、销量的1/2以上。1997年我国摩托车生产总量首次突破1000万辆大关。2006年我国摩托车生产销售量首次突破2000万辆，超过世界总量的50%，已成为世界上公认的摩托车生产和消费大国。产品出口到世界180多个国家和地区，出口量连续10多年为世界第一。在中小排量摩托车制造领域，中国的摩托车产品水平已和摩托车生产强国的水平相当。

至20世纪50年代，我国自主生产摩托车，摩托车产业经过60多年的发展，摩托车行业也呈现出不同的发展态势，总体而言我国摩托车行业发展的较为迅速，摩托车生产总量也跃居世界前列。但是目前受禁摩令等因素影响，我国摩托车85%是销往农村市场。同时随着农民收入的提高，汽车对摩托车的替代作用愈加明显。同时，电动自行车的快速增长也对传统摩托车市场产生了竞争。但由于我国地域发展不平衡，贫富差距较大，摩托车在农村应用市场仍会长期存在而且会占较大比重。同时由于摩托车新兴市场发展较快，交通拥堵是大中城市普遍存在的问题，摩托车具有很强的机动性及经济性，在汽车限行及短途交通时很多城市居民更愿意选择摩托车作为出行工具，摩托车城市应用市场处于较快的增长趋势。另外摩托车出口量占较大比例。从目前来看，亚非拉地区对摩托车仍有很大的需求潜力，我国摩托车在这些地区有着较为稳定的出口市场。

我国摩托车产业的发展和我国经济发展、工业科技水平和人民生活水平息息相关。至80年代后，在国家政策的积极引导下，国营摩托车行业逐渐发展起来，生产规模不断扩大，2006年我国摩托车产销量突破2000万辆，2007～2016年摩托车产销量如表5-1所示。2008年全行业摩托车产销量突破2700万辆，达到历史最好水平。2009～2011年摩托车产销量都处于高位水平，从2012至2016年，摩托车的产销量出现连续下滑的趋势，2017 年摩托车产销量预计将超过 1700 万辆，行业结束连续多年下滑趋势。我国摩托车拥有很大的市场和保有量。

表 5-1　2007～2016 年摩托车产销量（单位：万辆）

	2007 年	2008 年	2009 年	2010 年	2011 年	2012 年	2013 年	2014 年	2015 年	2016 年
产量	2544.6	2750.1	2542.7	2669.4	2700.5	2362.9	2289.1	2126.7	1883.2	1682.0
销量	2546.8	2750.2	2547.0	2659.1	2692.7	2365.0	2304.5	2129.4	1882.3	1680.0

在摩托车分类方面，我国参照国际标准及各国的分类方法，按车辆最大车速和发动机的排量分为轻便摩托车和摩托车。其中摩托车又按照车辆的用途、结构型式和使用道路条件分为两轮摩托车、边三轮摩托车和正三轮摩托车三种类型。按照骑行方式分为骑式车、弯梁车、踏板车如图 5-1 所示。我国摩托车的排量范围一般为 50～1500 mL，常见排量主要有 150 mL、125 mL、110 mL、100 mL 等两轮摩托车。

图 5-1　骑士、弯梁、踏板摩托车

第二节　摩托车化油器与电喷特点

一、摩托车化油器特点

为了减少对环境的污染，国Ⅲ摩托车要求满足国Ⅲ排放标准，从燃油控制技术路线上来说，国Ⅲ摩托车主要有化油器和电喷两种技术路线。

化油器技术特点是，化油器是在发动机运转过程中产生的真空作用下，将燃油和经空滤器过滤后的空气进行混合的一种机械装置，并且它会根据发动机的不同工况，配比出不同浓度混合气，可称之为发动机的“心脏”。化油器的基本结构包括主油系、怠速系统、加浓系统、加速系统和启动系统。在设计化油器产品时，很少考虑对发动机排放的影响，而化油器对发动机的空燃比和排放水平有至关重要的影响。在对摩托车进行排放控制时，应首先在发动机台架或整车转鼓上进行化油器匹配试验，调节化油器至富氧状态，可明显改善尾气排放，尤其是 CO 排放。

在国III排放标准阶段，为了达到排放标准，考虑到国内的经济以及技术水平等因素，摩托车行业内应对国III排放标准已经基本形成共识的技术改进路线，主要是在以化油器为基础的系统上，根据国III标准要求，进行化油器系统技术升级。技术升级思路主要从两方面入手，一是对现有的化油器进行升级、改造，主要是采取精调化油器的方式，精调化油器后 CO 的排放值明显降低，空燃比在经济油耗区域更加接近理论空燃比（理论空燃比 A/F = 14.7），利用精调化油器加尾气后处理系统的方案来解决摩托车排放问题。既有的化油器体系经过改造、升级，技术上可行，而且完全可以满足国III标准甚至后期标准的要求。二是对尾气进行后处理，主要包括二次空气喷射系统、催化剂、活性碳罐等技术。与化油器结合使用的尾气后处理模式主要包括二次空气喷射系统、活性碳罐以及三元催化剂等。在化油器升级的基础上，加入多种手段的尾气后处理方式可以使排放的效果更好。摩托车化油器与电喷系统相比较而言，摩托车化油器又具有电喷技术系统无法比拟的巨大价格以及日常维护的优势。化油器因其只有操纵机构，进油组件，喉管、泡沫管、低速油系等机构，因此结构简单、紧凑、制造加工方便价格便宜（每台摩托车化油器只需要 30 元到 150 元左右）。同时还具有工作可靠性高，维修、保养技术要求低、燃油的品质要求较低的优势。其缺点是不能根据不同工况适时精确调整空燃比，因此发动机动力性、燃油经济性较低。

二、摩托车电喷特点

电喷系统主要由传感器、控制器（ECU）、执行器等 3 大部分组成。电喷系统工作过程中，通过各种传感器，将发动机吸入的空气量、发动机温度、发动机转速与加减速等状况转换成电信号，送入控制器 ECU。控制器将这些信息与储存信息比较、精确计算后输出控制信号，并由执行器精确供油和适时点火、保证不同工况下进入气缸的混合气的实际空燃比最大限度地接近该工况下的理想空燃比。摩托车电控技术在国外已经相对比较成熟，并有大量成熟的车型上市，占有一定的市场份额。其中大部分是大排量、豪华型的摩托车，如日本的雅马哈、本田、铃木、川崎，德国的宝马等公司。澳大利亚的“澳比托”公司和意大利的“比亚乔”公司在中小排量的摩托车电控技术上处于领先地位。目前提供摩托车电喷系统集成开发的企业比较多，如国外品牌有：德国博世（BOSCH）、日本三国（MIKUNI）、美国德尔福（DELPHI）、德国西门子（SIE-MENS）、日本京滨（KEIHIN）等。

采用闭环控制的电喷摩托车发动机控制单元ECU，瞬态采集发动机转速、节气门开度、进气流量、油温及氧传感器等信号，通过喷油器等执行单元，精确控制发动机在某个特定工况下的喷油量和喷油脉宽等，从而达到对发动机动力性、加速性、经济性和排放指标的要求，并实现最优化。从排放角度看，闭环电喷控制系统的主要功能是控制发动机大部分工况下在理论空燃比附近工作。摩托车发动机的转速远高于汽车发动机，所以喷油频率远大于汽车发动机，但排量、单次喷油量要小得多。因此，摩托车发动机对喷油器等相关执行元件的强度、精度和使用寿命要求应该比汽车发动机更为严格，ECU对氧传感器信号的采集频率也应该更高。从排放控制角度，闭环电喷控制系统的优劣主要以其对发动机实际空燃比控制的好坏来评价。闭环控制系统是一种反馈式控制，发动机的实际空燃比总是在理论空燃比附近振荡。电喷系统控制效果较好的，发动机实际空燃比的振荡幅度空燃比变化范围相对较小，三元催化剂的催化净化效果也越好。氧传感器是通过催化铂电极的电催化作用将排气中的氧浓度转化为电信号，只能在一定的温度范围内才能正常工作。发动机冷启动时排气温度较低，氧传感器无法正常工作，不能实现闭环控制，而催化剂也因未达到起燃温度，不能起到转化作用，所以冷启动时发动机排放较恶劣。国Ⅲ标准开始要求收集与计算冷起动阶段的排放，此后的标准有可能也要求在低温–7℃冷启发动机，并对排放进行收集与计算，这对三元催化剂和电喷系统都将是挑战。电喷技术能保证尾气空燃比始终在最佳空燃比点波动，因而能最大限度地发挥催化剂作用，且闭环电喷的整个控制系统具有自我修正功能，保证空燃比的稳定性，因而从排放技术角度来看，闭环电喷+三元催化剂是满足国Ⅲ最佳，最可靠的技术路线。电喷系统虽然不需要化油器，但是需要添加油泵、ECU、传感器、喷油器等部件，相比于化油器而言价格较高、制造复杂，因此使配套成本显著增加（一套摩托车电喷系统最便宜也要 500～1000元左右），而且维修和保养的技术要求较高，但是由于电喷摩托车发动机具有动力性好、燃油经济性好等巨大优势，电喷技术可以作为摩托车未来长远的发展方向。

第三节　摩托车尾气的排放特点

巨大的摩托车保有量和生产量使得摩托车排放出大量的污染物。摩托车污染物主要包括 HC、CO、NO_x 等。摩托车的排气量虽小，但单车排放浓度高。这从有关国家和地区制定的标准可以看出，摩托车有害物质限制排放量要比轻型汽车高。可见，就单台车而言，一辆摩托车是比一辆轻型汽车严重得多的污染源。

摩托车使用化油器控制空燃比，而化油器的控制比汽油车的电喷系统差，污染物种类与汽油车相同但原始排放比汽油车差。同时摩托车排放还存在以下特点：

（1）尾气体系复杂。摩托车尾气中有HC、NO_x、CO、CO_2、H_2O、O_2等多种气体存在，催化剂要经历氧化反应、还原反应、蒸气重整、水气变换等多种反应过程才能达到净化效果。

（2）摩托车发动机转速快。摩托车发动机较高的转速导致尾气温度高（最高达1000℃），同时尾气排放量大，催化剂处于高温、高空速（3～15 wh^{-1}）状态，反应条件苛刻。

（3）非稳态工况。由于摩托车的运行特点，尾气温度、空速和污染物浓度处于不断的变化过程中，使得催化剂处于非稳态（而工业上使用的催化剂都是在稳态工作）。

（4）摩托车为化油器控制空燃比。化油器空燃比波动大，富燃时尾气中氧气含量不足使得HC和CO净化困难，贫燃时氧气含量高使得NO_x净化困难。

（5）摩托车的减震性能差。催化剂易遭到颠簸、碰撞，如果催化剂的涂覆性能不过关，催化剂易脱落、破碎，影响催化剂的寿命和耐久性。

第四节　摩托车尾气排放控制法规

摩托车排放法规演变进程有3个阶段。

第一阶段：排放控制的起步阶段（1985年以前）。这一阶段的主要特点是摩托车排放法规不健全或根本没有对摩托车排放提出限值要求。其主要原因是摩托车保有量较小，人们对环境污染的认识程度不够。对于污染物排放量的测试主要是通过怠速法测量HC、CO排放，由于标准要求宽松，基本可以不应用相关的摩托车排放控制技术。

第二阶段：摩托车排放法规完善阶段（1986～1990年）。随着对摩托车排放污染严重性认识的提高，各国逐步实施工况法、怠速法进行污染物排放的测试，同时对HC、CO和NO_x的限值提出要求，并逐步加快标准限值的修订进程。在摩托车排放控制技术方面，主要是通过改进发动机设计、加工及化油器的改进等来达到法规要求。

第三阶段：排放法规的严格控制时期（1991年以后）。由于世界范围内工业化程度的不断提高，随着摩托车保有量的急剧增加，摩托车在整个机动车的占有率不断提升，摩托车排放污染对大气环境治理形成很大的压力。因此，各个国家都不同程度加强了对摩托车排放的控制力度，逐步执行更加严格的摩托车排放法规。同时，对排放控制的耐久性里程提出严格要求。这一阶段的控制技术主要为：逐步淘汰二冲程发动机、实现发动机点火时间和空燃比的精确控制、采用先进的发动机技术、使用电控燃油喷射加三效催化转化剂。

全球摩托车排放法规的不断加严，我国根据摩托车及轻便摩托车的结构和运行特点有差异，其限值和测量工况一直不同，参照欧洲标准体系，我国从 20 世纪 80 年代中期开始分别制定摩托车和轻便摩托车污染物排放标准，摩托车的排放法规从国Ⅰ升级到国Ⅱ再到后来的国Ⅲ，以及现在的国Ⅳ。为了促进摩托车排放控制技术的进步，排放标准大约每 5 年升级一次，详见表 5-2 我国摩托车和轻便摩托车标准实施时间。

表 5-2　我国摩托车和轻便摩托车标准实施时间

分类	标准阶段		型式核准日期	新车销售、登记实施日期
摩托车	国Ⅰ（GB14622—2002）		2003.01.01	2003.07.01
	国Ⅱ（GB14622—2002）		2004.01.01	2005.01.01
	国Ⅲ（GB14622—2007）	两轮	2008.07.01	2010.07.01[①]
		三轮	2008.07.01	2011.07.01[①]
	国Ⅳ（GB14622—2016）	两轮	2018.07.01	2019.07.01
		三轮	2018.07.01	2019.07.01
轻便摩托车	国Ⅰ（GB18176—2002）		2003.01.01	2004.01.01
	国Ⅱ（GB18176—2002）		2005.01.01	2006.01.01
	国Ⅲ（GB18176—2007）	两轮	2008.07.01	2010.07.01[①]
		三轮	2008.07.01	2011.07.01[①]
	国Ⅳ（GB18176—2016）	两轮	2018.07.01	2019.07.01
		三轮	2018.07.01	2019.07.01

注：①根据环境保护部公告（公告 2009 年第 29 号）调整。原标准规定的新车销售、登记实施日期为 2009 年 7 月 1 日。

第五节　摩托车尾气排放控制措施

目前，我国的摩托车按照燃油供给方式分为化油器式和电喷式两种。化油器摩托车由于技术成熟、成本低廉，配合三效催化转化剂及二次补气等机外净化技术也可以满足我国当前的排放控制法规，因此，仍然为广大摩托车生产企业所采用。但随着摩托车排放法规的日益加严，化油器摩托车由于无法满足排放法规将逐渐被淘汰，取而代之的电喷摩托车将成为主流。

摩托车尾气排放控制措施包括使用精调化油器、电控化油器、电子燃油控制系统、三效催化剂等。化油器用来使燃油雾化，并与空气混合成一定比例的混合气，从而供给发动机运转所需的燃料。精调化油器主要对主油系和低速油系调整，主要目的为：化油器供油特性修订，化油器供油特性产品一致性控制，化油器供油特性的可靠性提高。

电控化油器结构与常用化油器结构类似，而独特处在于将常用化油器上新增电子元器件，利用电子技术控制优化化油器供油特性，从而减少摩托车有害尾气的排放量。

电子燃油控制系统利用开环控制/闭环控制理论，通过空燃比闭环控制精确计算喷油量，可获得最佳的空燃比，保证发动机的排放得到优化。同时，还可实现智能怠速控制、起动控制、滑行断油、超速断油、自学习和故障诊断等功能，使摩托车的技术性能更加智能，应用更加方便。

三效催化剂是排放控制技术中重要组成部分。它利用贵金属和催化材料如铂、钯、铑与氧储存材料一起作用，使CO、HC氧化成H_2O和CO_2，使NO_x还原为N_2。

前面3种属于机内净化措施，后面属于机外净化措施。机内净化措施虽然可以较大地降低污染物的排放量，但不能完全消除污染物，所以还必须加机外净化措施才能有效降低污染物的排放，达到排放标准。

第六节　摩托车尾气净化催化剂

一、国内外摩托车尾气排放控制技术研究现状

国外摩托车制造技术一直领先于国内，且国外摩托车排放控制技术也走在世界前列。尤其是近几十年，国外机动车尾气排放控制技术的发展更是突飞猛进。首先是机内净化技术的发展。1934年，德国怀特兄弟第一次应用连续喷射汽油并配制混合气技术。1956年底，第一台机械控制汽油喷射发动机在德国博世公司成功问世。1957年，美国本迪克斯公司成功研制出世界上第一台电控燃油喷射发动机[1]，国外将电控燃油喷射应用于摩托车尾气排放的技术日趋成熟。2002年，Choi等[2]应用分层燃烧模型研究了缸内直喷技术。其次，国外在机外净化技术方面同样发展迅速。1975年，日本的Takagi等[3]提出通过二次空气喷射方法来降低CO和HC的浓度。2001年，Sim等[4]深入研究了二次空气喷射对HC排放的影响。Shafai等[5]在1996年对三元催化转化器进行了深入探究。之后为了应对发动机冷启动问题，美国的Coppage等[6]提出使用电加热催化转化器的措施。到目前为止，摩托车满足欧Ⅳ排放标准主要采用“闭环电喷+催化剂”的技术路线。国外已掌握了满足欧Ⅳ排放标准催化剂技术，处于催化剂产品的推出阶段。

与国外相比，我国在摩托尾气排放控制技术方面起步较晚，但随着排放法规的逐步加严，我国在摩托车尾气排放控制技术方面逐渐进步。嘉陵集团周奇等[7]提出用步进式电控化油器来降低燃油消耗和污染物的排放。浙江大学石祥义[8]研究提出采用二次空气喷射和催化转化器相结合的技术来减少摩托车尾气的排放。

杨才华等[9]提出通过精调化油器与尾气后处理相结合的方式来满足摩托车国Ⅲ排放标准。湛江德利化油器公司李春建等[10]研究使用“电控化油器+排气后处理”方案成功满足摩托车国Ⅲ排放标准。国内从事摩托车尾气净化催化剂的单位还有四川大学和四川中自环保科技有限公司。四川大学自主研发了多种耐高温高比表面氧化铝材料[11]和稀土储氧材料[12,13]，并以此为材料制备的摩托车催化剂性能优异。该催化剂满足国Ⅲ排放标准，经四川中自环保科技有限公司产业化后，成功进入铃木、雅马哈、大长江等国内知名企业，并实现国内市场占有率第一。

二、摩托车尾气净化催化剂工作原理

摩托车尾气净化的三效催化剂的工作原理同汽油车三效催化剂工作原理，即摩托车尾气在一定的温度下（大于 250 ℃）尾气中的 CO、HC、NO_x 3 类有害物在催化剂的作用下发生氧化还原化学反应变成对人无害的 CO_2、H_2O 和 N_2，故名三效催化剂，将三效催化剂焊接在摩托车的排气管中，形成消声器（如图 5-2），由于摩托车的很多技术来源于日本，在日本摩托车工厂中，摩托车尾气净化催化剂又叫“触媒”。

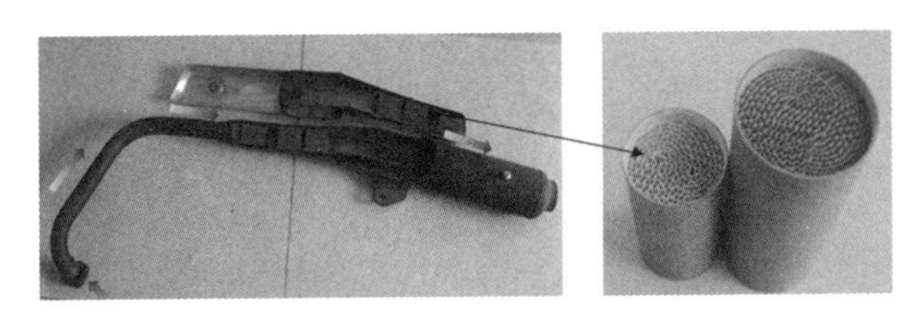

图 5-2 摩托车尾气净化的消声器

摩托车尾气净化三效催化系统发生的主要化学反应如下。

氧化反应：

$$HC + O_2 \longrightarrow CO_2 + H_2O \tag{5-1}$$

$$CO + O_2 \longrightarrow CO_2 \tag{5-2}$$

还原反应：

$$NO + CO \longrightarrow N_2 + CO_2 \tag{5-3}$$

$$NO + HC \longrightarrow CO_2 + N_2 + H_2O \tag{5-4}$$

$$NO + H_2 \longrightarrow N_2 + H_2O \tag{5-5}$$

水煤气变换反应：

$$CO + H_2O \longrightarrow CO_2 + H_2 \tag{5-6}$$

蒸气重整反应：

$$HC + H_2O \longrightarrow CO + H_2 \tag{5-7}$$

这 7 个化学反应都发生在一定的温度范围之内，在发动机刚刚开始工作的冷启动过程中，摩托车发动机和催化剂都处在比较低的温度下，尚未达到催化反应要求的温度，所以发动机冷启动阶段会排放较多的污染气体，发动机冷启动之后，热度逐渐达到了催化反应发生要求的温度，此时催化剂组成决定反应发生的速率。

三、摩托车尾气净化催化剂的组成

用于摩托车尾气净化催化剂是三效催化剂，摩托车尾气后处理催化剂使用的是整体式催化剂，主要使用金属蜂窝基体承载负载型催化剂涂层，形成整体式催化剂。三效催化剂的主要组成包括：基体、载体、活性组分、助剂和黏接剂等，如图 5-3 所示，每一部分所起的作用都不同，均是三效催化剂不可或缺的部分。

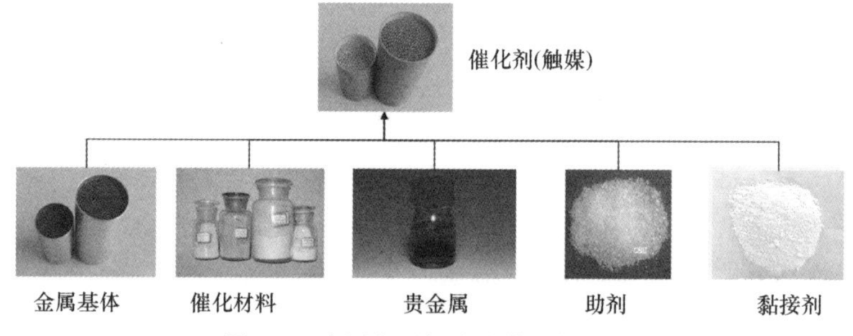

图 5-3　摩托车尾气净化催化剂组成

摩托车尾气净化催化剂基体主要采用 FeCrAl 金属蜂窝体，如图 5-4 所示，不同于汽油车上常用的堇青石蜂窝载体。由于摩托车行驶过程中振动幅度较大，金属基体的抗震性较强。

图 5-4　金属基体

摩托车催化剂所用的载体材料主要有高性能稀土储氧材料和耐高温高比表面积材料。摩托车催化剂的工作条件是高温（接近 1 000 ℃），高空速（高达 100 000 h^{-1} 以上），水蒸气和毒物（硫化物）存在环境，需要载体材料具有较高的织构和结构稳定性。有两类载体，一类为稀土稳定的氧化铝材料，另一类为铈基稀土储氧材料。提高这两类材料的性能，特别是高温稳定性能，是发展高性能催化剂的关键。其中载体材料高性能稀土储氧材料和耐高温高比表面积材料均为多孔性粉末材料，颗粒大小为微米尺度；微孔大小为几十纳米左右。

摩托车催化剂涂层使用的活性组分为贵金属，包括 Pt、Pd、Rh 等。曾经一度兴起的稀土、过渡金属氧化物在实践中逐步被淘汰。

摩托车催化剂涂层使用助剂主要有 La_2O_3、Y_2O_3、Pr_2O_3、CeO_2、 MgO、CaO、SrO、BaO、MnO_2、NiO、Fe_2O_3、Co_2O_3 等稀土、碱土和过渡金属氧化物。

黏接剂主要有氧化铝、氧化锆、硅溶胶、铝溶胶、锆溶胶等氧化物或者溶胶类物质。

目前，摩托车催化剂的制备方法主要是涂覆法。涂覆法是将催化剂粉末、黏结剂与水制成适当稠度的浆液，采用空气压缩法或真空抽吸法将催化剂浆液均匀涂覆于整体式金属基体孔壁上。对于涂覆法制备的摩托车催化剂，涂层与基体之间的黏结性非常重要，直接影响着催化剂的性能和使用寿命。只有催化剂涂层不发生龟裂和脱落，才能使附着在其表面上的催化剂起到净化污染物的作用。催化剂粉末的制备方法有等体积浸渍法和过量体积浸渍法等。

在介绍摩托车尾气净化催化剂前，先介绍金属基体相关特点。

1. 摩托车尾气净化催化剂的金属基体

（1）金属基体使用缘由。用于尾气净化催化剂的载体主要有两大类：陶瓷基体和金属基体。由于摩托车自身的排气温度较高，减震性能差，运行中的平稳性较差，催化剂一般都没有添加保温层，同时摩托车的转速大、动力性能好等这些特点，使得摩托车催化剂必须要有比表面积大、机械强度高、耐冷热冲击性能好、热稳定性好、排气阻力小等特点。要满足以上要求的同时还有满足法规要求，就需要摩托车的催化剂具有孔目数要小、壁厚要小、热传导性好、热容量小、热膨胀系数要小等特点。金属蜂窝载体正是由于能满足上述要求而被大量应用于摩托车尾气净化。

（2）金属基体发展历史。如图 5-5 所示，第一代金属基体采用档销方式固定芯体；第二代金属基体为同心圆结构，采用焊带钎焊技术固定芯体；第三代金属基体为双 S 结构，采用焊粉钎焊技术固定芯体。

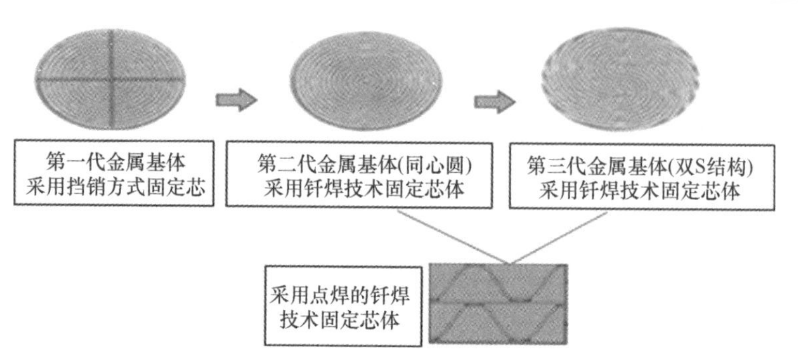

图 5-5　金属基体的发展历史

（3）金属基体构成及种类。金属基体主要由金属外筒和金属内芯两部分组成，如图 5-6 所示。

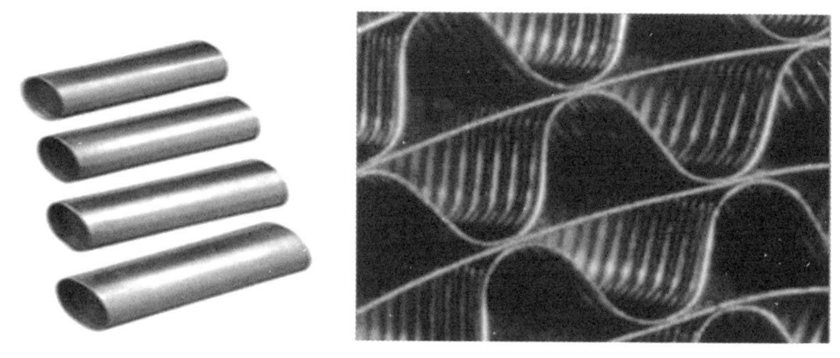

图 5-6　金属基体外筒和金属基体内芯

目前金属基体有国产基体和进口基体两种。国产金属基体外壳材质代号一般有 SUS444、SUS441，进口金属基体（Emitec）的外壳材质一般为 DIN1.4509。现将国产金属基体外壳材质代号为 SUS444 进行化学分析，分析结果如表 5-3 所示。

表 5-3　SUS444 材质化学分析结果（单位：wt%）

编号	C	Si	Mn	P	S	Cr	Fe
1#	0.010	0.28	0.08	0.020	0.002	17.88	余量
2#	0.011	0.23	0.07	0.015	0.003	17.60	余量
3#	0.011	0.26	0.07	0.015	0.001	17.92	余量

不同批次的国产金属基体外壳材质成分的一致性比较好，为生产的质量的稳定催化剂提供保障。

金属基体内芯材质一般为铁铬铝，国产代号 00Cr20-Al6、00Cr18-Al4，进口金属基体（Emitec）的内芯材质代号为 DIN1.4767。现将国产金属基体内芯材质代号为 00Cr20-Al6 进行化学分析，分析结果如下表 5-4 所示。

表 5-4　00Cr20-Al6 材质化学分析结果（单位：wt%）

编号	C	Si	Mn	P	S	Cr	Al	Fe
1#	0.025	0.38	0.35	0.015	0.015	19.5	6.0	余量
2#	0.025	0.35	0.38	0.018	0.010	19.0	5.9	余量
3#	0.024	0.37	0.38	0.016	0.010	19.8	5.7	余量

金属基体种类根据外筒的不同分为圆形、椭圆形和跑道形；根据内芯材质卷制不同分为同心圆形、双 S 形，具体形状如图 5-7 所示。

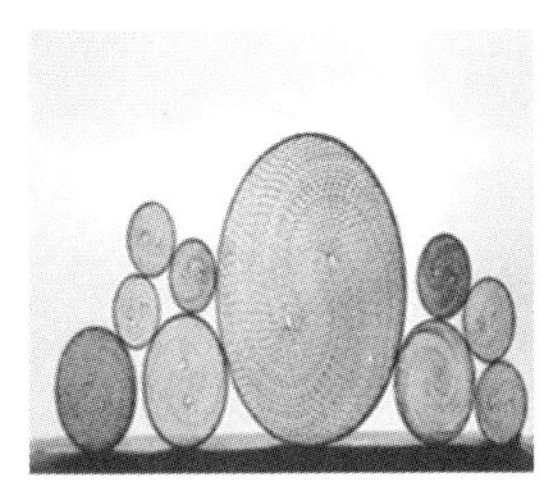

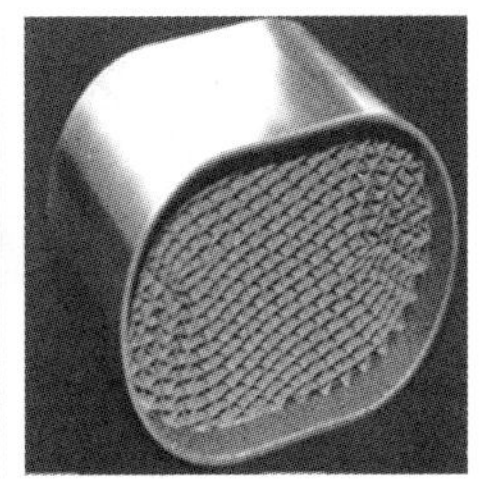

图 5-7　各种规格金属基体（依次为同心圆形金属基体、双 S 形金属基体、椭圆形金属基体）

（4）金属基体功能。金属基体功能主要有两点：①金属基体外筒外侧与摩托车排气管连接焊接；维持气密性，保证废气均通过金属基体，以便有效转化废气。②金属基体外筒内侧和金属内芯薄带通过物理作用和化学作用与涂层紧密连接，并承载涂层。

金属基体与涂层结合主要包括两种：物理结合和化学结合。①物理结合。通过高温氧化方式增加金属基体箔带表面粗糙度，能与表面粗糙的涂层相互连接，图 5-8 是箔带氧化前后形貌对比。②化学结合。氧化处理后的金属基体表面存在 Al 元素，Al 元素能与黏接剂中 Al 元素之间形成紧密连接的化学键；涂层中颗粒被黏接剂相互连接，通过这两种作用，将涂层牢固的连接在金属基体上。涂层内部黏接原理：首先，黏接剂通过化学键（黏接剂羟基之间的缩合）形成黏接网络，由于网络由化学键（化学键远大于分子间作用力）构成，其结构十分稳定。其次，网络点上的黏接剂粒子通过分子键作用力和部分化学键连接涂层粒子，使涂层粒子稳定地嵌在网络中。通过这些化学键和非化学键的作用力，涂层粒子牢固地黏接在一起，如图 5-9 所示。

（5）金属基体特性。金属基体对催化剂的性能有以下影响：①几何表面积越大，越有利于催化反应的进行，开口率越大，排气背压越小孔目数越大，可提高催化剂的空速特性和转化率；②热容量越小，催化剂起燃越快热导率越大，催化剂越易被加热起燃。根据摩托车的性能参数和排放控制目标，在设计催化剂技术

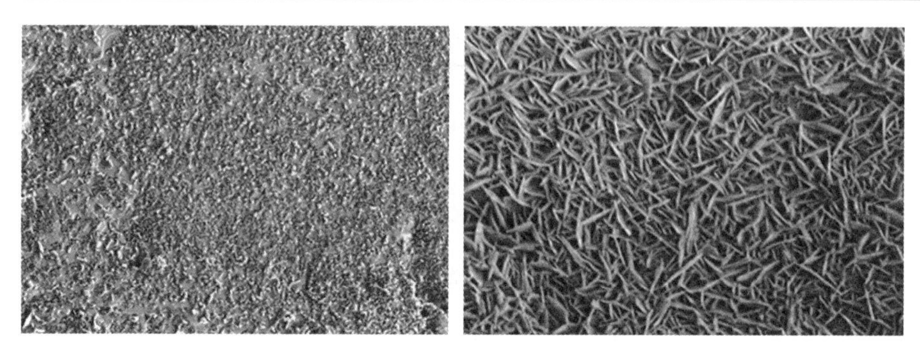

图 5-8　箔带氧化前形貌和箔带氧化后形貌

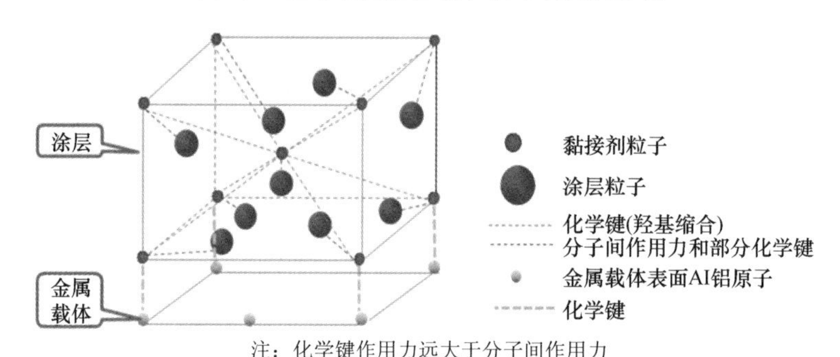

注：化学键作用力远大于分子间作用力

图 5-9　金属基体与涂层黏接示意图

方案，选定金属基体的尺寸和孔目数时，既要考虑摩托车的动力性和经济性，又要满足催化剂的转化性能和空速特性；③不同孔目数对催化性能的影响是不同的，现通过举例不同孔目数对 HC 性能的影响来说明。图 5-10 显示了金属基体的孔目数对 HC 净化性能的影响，所选用催化剂的孔目数分别为 100、200、400、500 和 600 cpsi[4]。试验结果显示，增加孔目数不仅有利于加快催化剂的起燃，而且可大大提高对 HC 的转化率，当孔目数由 100 增大到 500 cpsi 时，冷启动时 HC 的排放量减少了约 45%。可是当孔目数继续增大到 600 cpsi 时，HC 的排放量反而有所增加，可能是由于随着孔目数的增加，发动机排气背压增大，HC 原始排放增多，虽然增大孔目数增大了催化剂的活性，但由于原始排放增多导致 HC 反而增多。由此可见，在启动阶段，排气温度较低时，只有当金属蜂窝载体的孔道密度增加合适值时，才有利于改善催化剂的净化效率。

与陶瓷基体相比较，由金属基体制成的催化剂具有起燃温度低、净化效率高、处理能力强、排气背压小、抗振性强和催化剂寿命长等优点，为了满足日趋严格的摩托车排放法规要求，各国正在不断加大相关治理技术的研发和推广力度，其中废气催化技术仍是净化摩托车废气最有效的方法之一。

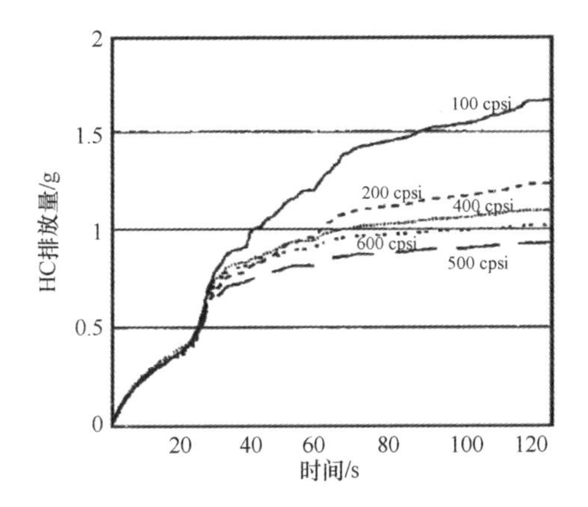

图 5-10　孔目数对 HC 排放量的影响

与陶瓷基体相比较，金属基体由于金属材料本身的物理性能而显示出了一些独特的性能，表 5-5 显示了金属基体和陶瓷基体的有关物理参数，目前最新的技术表明金属基体的壁厚可薄至 0.04 mm，其有效截面大大增加，从而降低排气背压，有助于减少发动机功率损耗。金属基体较大的几何表面积有利于提高催化剂对废气的净化效率。金属基体良好的导热性能和较低的热容量有助于降低催化剂的起燃温度，即降低摩托车冷启动时的废气排放污染，而且能够及时将催化燃烧所产生的热量散发出去从而避免局部过热。金属基体的延展性能好，抗震性强，不易发生脆裂，具有更持久的机械寿命。

表 5-5　金属基体与陶瓷基体的性能比较

项目	陶瓷基体	金属基体	金属基体优势
壁厚/mm	0.16	0.05	较低的压降
空孔截面积/%	76	90	更低的背压
几何表面积/（m^2/L）	2.8	3.5	更高的转换率
比热/（kJ/（kg·k））	1.1	0.5	热传导更快
导热系数/（W/mk）	1	14	更好的散热

注：金属基体的优越性，相同目数下的金属基体与陶瓷基体的性能比较金属基体与陶瓷基体的对比（400 cpsi）。

（6）金属基体技术要求和试验方法。金属基体试验项目和技术要求，对金属基体的常见考察项目如表 5-6 所示。

现对以上的考察项目中的箔部冲压负荷、耐冷热耐久强度和蜂窝部耐高温氧化性项目进行举例说明。

表 5-6 金属基体试验项目清单

序号	试验项目		检查方法	技术要求
01	金属基体材质		化学分析（熔炼分析）	CB/T31942—2015
02	尺寸	外筒外径	游标卡尺	客户图纸要求
		外筒长度	游标卡尺	客户图纸要求
		外筒厚度	游标卡尺	客户图纸要求
		外筒凸出量	游标卡尺	客户图纸要求
		蜂窝部外径	游标卡尺	客户图纸要求
		蜂窝部长度	游标卡尺	客户图纸要求
03	金属基体体积		载体尺寸测量后，计算得出载体体积	计算公式为(蜂窝部外径/2)^2×∏×蜂窝部长度×1/1000
04	孔形状		目测	蜂窝部的平板与波板无变形
05	孔密度		目测统计每平方英尺的孔目数	内孔为 0.5 inch×0.5 inch 的方形平底金属计数器
06	孔阻塞		目测	无堵孔
07	外筒的生锈		目测	无生锈
08	外筒的凹陷		目测	无凹陷
09	金属基体质量		电子天平秤量载体重量	重量偏差±5%
10	箔部冲压负荷		万能压力试验机进行测试	金属基体在 6 kN（相当于 20 Mpa）的压力作用下，蜂窝内芯不得脱焊并且无推出、松动的现象出现
11	耐冷热耐久强度		参考 QC/T752—2006 标准执行	载体内芯无脱落变形
12	蜂窝部耐高温氧化性		高温马弗炉进行焙烧处理	蜂窝部载体的增重率小于 5%

①箔部冲压负荷。为了确保基体不同批次之间焊接强度的一致性，使用压缩设备在金属基体长度方向上进行压缩，测量金属基体的最大抗压力，压缩方向一般为进气方向，用这种方法主要是考察不同批次之间金属基体的钎焊强度质量稳定性。一般情况下，用设备万能压力试验机施加压力，用 φ19.5 的压头对准金属基体蜂窝部，以 5 mm/min 的速度移动压头，要求金属基体在 6 kN（相当于 20 Mpa）的压力作用下，蜂窝内芯不得脱焊并且无推出、松动的现象出现，如图 5-11 所示。

②耐冷热耐久强度。金属基体焊接的机械强度原本选用静压试验，但实践表明，静压试验虽然简单，但与实际使用的环境差距较大，不能很好地再现基体在实际使用过程中所需承受的机械振动+冷热温度变化+气流冲刷共同对其作用，所以开展耐冷热耐久强度的型式检验，如图 5-12 所示。

为了考察基体的耐冷热耐久强度，开展催化剂基体热振动试验，高温 954 ℃低温 198 ℃交替条件下 27 h 热振动试验；参照振动模式 QC/T752—2006 标准，金属基体信息如表 5-7 所示，耐冷热耐久强度试验条件如表 5-8 所示，在试验过程中，监视基体入口温度随时间变化情况，具体变化如图 5-13 所示。

图 5-11　金属基体箔部冲压检验焊接强度

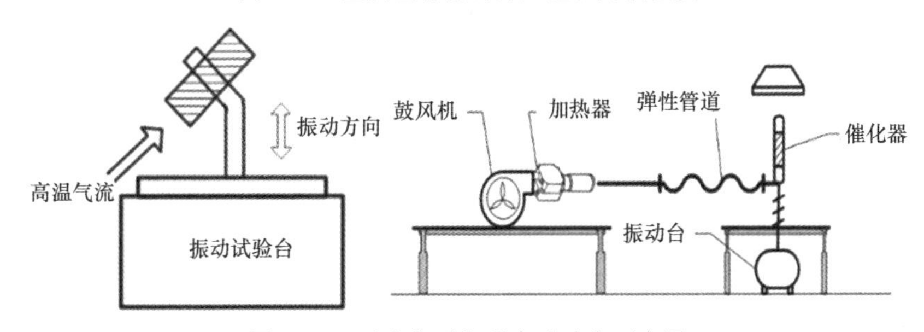

图 5-12　耐冷热耐久强度试验台示意图

表 5-7　金属基体信息

基体规格	载体材质	焊接方式	载体形态	备注
φ 45×60×60/300	外壳：SUS444 内芯：00Cr20-Al6	高温真空钎焊	圆柱体	同心圆形

表 5-8　耐冷热耐久强度试验条件

温度周期	最高温度	最大升温速率	最大降温速率	振动条件	最低温度	与试验台的链接方式
120 s	954 ℃	10 500 ℃/min	–6 000 ℃/min	依据 QC/T752—2006 热振动试验规范，正弦频率为 64±6 Hz，振幅 15.71、随机振动频率为 10 Hz 振幅 0.0428，100 Hz 振幅 0.0428，200 Hz 振幅 0.8562，950 Hz 振幅 0.085 62。	198 ℃	入口与出口都是与法兰通过 3 个焊点连接。

③蜂窝部耐高温氧化性。将基体置于马弗炉中，加入马弗炉使其温度为 1 050 ℃中考察不同的焙烧时间，得出不同的焙烧时间基体增重情况，设计试验考察基体内芯在不同的焙烧时间（1 050 ℃，157.5 h 和 1 050 ℃，246 h）下的增重情况。金属基体信息如表 5-9 所示。

芯体的氧化程度达到一个最大值后就不会继续氧化，在实际应用过程中，随着使用时间的增加，基体的自身变化不大，后期寿命里程中不会发生大的质变，为了能让催化剂在使用过程中性能稳定，在进行涂覆涂层前可以先将金属基体进行氧化来保证后期质量的稳定性。

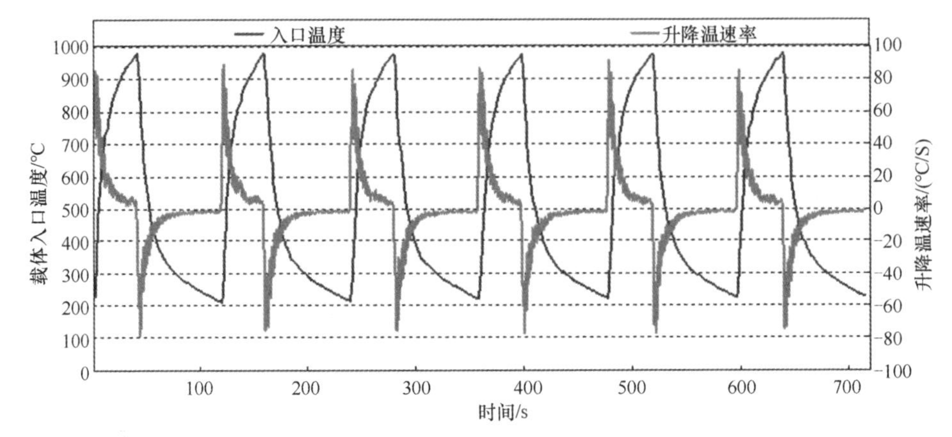

图 5-13　基体入口温度随时间变化情况

表 5-9　金属基体信息

基体规格	基体材质	线切割后的规格	备注
φ 45×60×60/300	外壳：SUS444 内芯：00Cr20-Al6	φ 25×60/300	同心圆形
φ 53.5×60×60/300	外壳：SUS444 内芯：00Cr20-Al6	φ 25×60/300	同心圆形

（7）金属基体失效模式。金属基体常见的失效模式有：①热冲击造成金属基体内芯薄带脱落；②发动机失火造成金属基体内芯薄带烧结或堵塞，如图 5-14 所示。由于摩托车用金属基体在消声器内一直处在极高温度瞬变的条件下，金属基体较薄的金属箔片和较厚的外壳之间热膨胀变形差异产生较高的热负荷和机械负荷，因此金属基体的性能至关重要。 同心圆结构金属基体受结构的限制，最外圈承受了所有的变形张力，如果焊接区域设计不合理，在遇到非正常状态高温时，容易烧毁导致触媒失效。

2. 摩托车尾气净化催化剂的载体材料

摩托车尾气净化催化剂的载体材料主要有稀土储氧材料和耐高温高比表面积氧化铝材料。对于摩托车尾气净化催化剂，要求的高性能稀土储氧材料的性能是材料织构性能（比表面、孔容和孔径分布）和储氧性能以及高温稳定性。对于满足国III排放标准的摩托车催化剂，要求高性能稀土储氧材料经 1000 ℃、5 h 老化后，比表面积保持在 50 m^2/g 左右，200 ℃储氧量在 200 μmol/g 左右，高性能稀土储氧材料外观如图 5-15 所示。要求耐高温高比表面材料的性能是织构性能（比表面、孔容和孔径分布）及高温稳定性。对于满足国III排放标准的催化剂，要求耐高温高比表面材料经 1000 ℃、5 h 老化后，比表面积保持在 140 m^2/g 左右，孔容为 0.4 cm^3/g 左右，耐高温高比表面材料外观如图 5-16 所示。

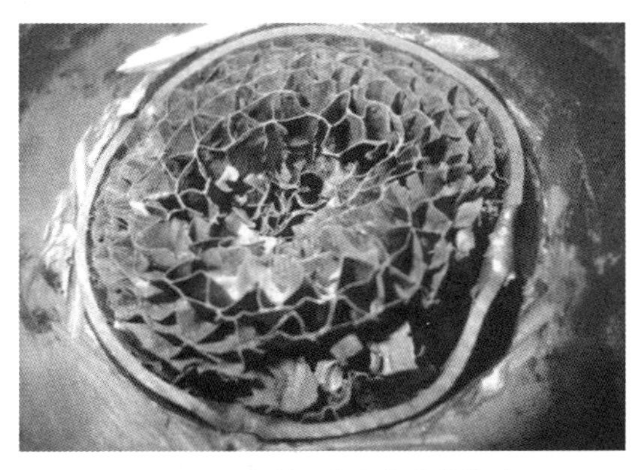

图 5-14　金属基体内芯薄带烧结

图 5-15　高性能稀土储氧材料　图 5-16　耐高温高比表面积材料

3. 摩托车尾气净化催化剂的助剂

摩托车催化剂的助剂主要包括稀土金属（如 Ce、Zr、Y、La、Nd 等）的氧化物、碱土金属（如 Ca、Mg、Sr、Ba 等）的氧化物。助剂本身没有活性或其活性很低，但加入到催化剂中可起到电子配位效应或结构效应，从而大大提高催化剂的活性、稳定性和选择性。例如助剂 CeO_2 的添加可改善其储氧能力、提高贵金属的分散度、促进水煤气变换反应等。目前国外摩托车排放净化催化剂的研究机构有三井矿业&冶炼公司、巴斯夫股份有限公司，专利也主要集中在这两家公司。对于摩托车排放净化催化剂的研究，主要集中在优化催化剂的载体材料的性能及如何选用助剂和活性组分，控制摩托车冷启动阶和热机阶段污染物的排放。三井矿业&冶炼公司研究了低成本 Pd 催化剂对摩托车冷启动阶段污染物排放的影响。通过设计 CeO_2 材料及其与 Pd 的配比关系，得到低温净化性能优异的催化剂。在空燃比 A/F=14.6，流速 25 L/min 条件下，测试催化剂性能指标：CO-T_{50} 为 335 ℃，HC-T_{50} 为 346 ℃[14]。BASF 公司则通过碱式金属的添加从而降低贵金属的用量，同时提高 HC 与水的蒸气重整反应，并通过该反应产生的 H_2 促进 NO_x 的还原[15]。

四、摩托车尾气净化催化剂的种类

我国摩托车企业数量众多，整车制造水平参差不齐，摩托车产品种类繁多，车况复杂，自然对催化剂提出更多、更高的要求。在了解大量摩托车排放特征和净化技术难点以后，以性能优异的催化剂载体材料和先进的催化剂制备技术为基础，研制出了高催化活性、优异的耐久性、性价比高、品种齐全、适用范围广的系列摩托车尾气净化催化剂。

贵金属主要由铂族金属组成，常用比如 Pt、Pd、Rh 等。Pt 和 Pd 有利于氧化 HC 和 CO 污染物；Rh 有利于还原 NO_x 污染物；贵金属配方设计由以下几个方面决定：基体规格型号；催化剂的布局；整车原机排放；钯的用量（取决于 HC 的原机排放和催化剂入口温度）；铑用量（取决于 lambda 控制）。各贵金属含量及比例的选用依据包括金属基体体积；金属基体的长径比；整车污染物浓度；整车 λ 控制精度；触媒的安装位置（安装位置的温度特点）；钯的用量（取决于 HC 的原机排放和入口温度控制）；铑用量（取决于 lambda 控制）。贵金属配比逐渐由 Pt-Rh 型发展为 Pd-Rh 型催化剂的原因有：钯贵金属相对便宜；汽油中硫含量逐渐减少。催化剂分为单钯催化剂（一般情况下作为前级催化剂不单独使用）、单铑催化剂、铂铑催化剂、钯铑催化剂、铂钯铑催化剂。

1. 单 Pd 催化剂

单 Pd 催化剂多用作紧藕合催化剂（靠近发动机）。单 Pd 催化剂具有耐热性能好，尤其是老化后当温度到达起燃后能迅速实现完全转化，对 HC 及 CO 氧化活性高的特征，在使用适合的助剂和载体材料时，对 NO_x 也有突出的催化活性。在单 Pd 催化剂的设计中选择了适中的贵金属用量，特别注意助剂、活性组分与载体材料的协调作用，严格控制制备条件，能得到较好的结果。钯催化剂对饱和烃（C_3H_8）的活性相对于不饱和烃较差，能较好地促进 CO 和 NO_x 的耦合反应，具有一定的三效窗口，单 Pd 催化剂具有较好的耐老化性能，但其对 NO_x 的催化活性不佳，同时耐硫老化性能较差。单 Pd 催化剂具有很好的催化活性和抗老化性能，可以应用于摩托车尾气的净化，由于国III摩托车 NO_x 的限制较低，单钯催化剂处理 NO_x 的能力一般情况下不能满足限制要求，所以不单独使用。单钯催化剂中，当钯载体材料为储氧材料时，相对于钯载体材料为氧化铝材料表现出优异的起燃性能和空燃比性能，说明载体中含的 Ce 对 Pd 催化活性有一定的促进作用，使用含 Ba 的氧化铝载体，这对 HC 的转化是不利的，Ba 等碱性元素的加入会削弱催化剂表面对 HC 的吸附，但增强了对 NO_x 的吸附，有利于 NO_x 的转化，增大催化剂的空燃比窗口。

2. 单 Rh 催化剂

单 Rh 催化剂具有较好的起燃性能，耐硫老化性能较好，是所有类型催化剂中起燃性能最好的催化剂，能很好地协调 CO 和 NO_x 的耦合反应，处理 HC 的能力相对较差，耐热性能相对较差，尤其体现在老化后催化剂没有完全转化，转化率一般在 60%～70%左右。在使用适合载体材料时，对 HC 也有突出的催化活性。在单 Rh 催化剂的设计中选择了适中的贵金属用量，特别注意助剂、活性组分与载体材料的协调作用，严格控制制备条件，能得到较好的催化性能。铑催化剂对饱和烃（C_3H_8）的活性相对于不饱和烃较差，能较好地促进 CO 和 NO_x 的耦合反应，具有一定的三效窗口。Rh 催化剂具有很好的起燃性能和 CO 与 NO_x 的耦合性能，可以应用于摩托车尾气的净化，由于摩托车国Ⅲ重点关注 CO 和 NO_x 的净化性能，并且一般情况下，HC 是能满足排放要求的，在国Ⅲ催化剂的匹配过程中单铑催化剂可以单独使用。单铑催化剂中，无论新鲜催化剂还是老化催化剂，当铑载体材料为储氧材料时，相对于铑载体材料为氧化铝材料表现出优异的起燃性能和空燃比性能，说明载体中含的 Ce 对铑催化活性有一定的促进作用，并且老化后铑容易和铝发生强相互作用生成铝酸铑而使得铑催化剂失活。

3. Pt-Rh 型催化剂

在早期的 TWC 中，Pt 和 Rh 是典型的活性金属，Pt-Rh 型催化剂是传统催化剂，能很好地抵抗燃油中的硫，防止中毒。Pt 有很好的氧化 CO 和 HC 作用。Rh 有很好的 NO_x 还原作用，高温下易与 Al_2O_3 反应丧失活性。Pt-Rh 型催化剂是传统的机动车尾气净化催化剂，耐硫老化性好，具有宽的空燃比窗口，良好的低温活性和较好的耐久性能，在摩托车尾气净化中可以适应多种排放状况的车辆。铂铑催化剂中，当铂铑载体材料为储氧材料时，相对于铂铑载体材料为氧化铝材料表现出优异的起燃新能和空燃比性能，铂铑催化剂对饱和烃（C_3H_8）的活性较好，也能较好地促进 CO 和 NO 的耦合反应，具有宽的三效窗口，良好的抗空速性能，同时抗老化性能较好。

4. Pd-Rh 型催化剂

伴随燃油标准的升级才产生了 Pd-Rh 催化剂，钯涂层和铑涂层进行分层涂敷用来避免形成合金，Pd-Rh 型催化剂具有优异的耐高温性能和对 CO、HC 的氧化性能以及较宽的空燃比窗口，另外，相对 Pt-Rh 型催化剂价格较低，目前在摩托车尾气净化催化剂中得到了更广泛的应用。Pd-Rh 催化剂与 Pt-Rh 催化剂有相似的催化性能，同样表现出低的起燃温度，快速完全转化性能，尤其是具有优异的抗老化能力。相比 Pt-Rh 催化剂，Pd-Rh 催化剂在贫氧状态表现出更为出色的氧化能力，更靠近富燃一边，在催化剂的应用中可根据车辆原始排放状况选择使用。若将钯铑催化剂进行分层涂覆，将铑催化剂涂覆在外层有利于解决钯催化剂不耐硫的问题，同时又能解决铑催化剂没有完全转化率的问题，在摩托车尾气净化中可以适应多种排放状况的车辆。

5. Pt-Pd-Rh 型催化剂

Pt-Pd-Rh 型催化剂，Pd 涂层与 Pt-Rh 涂层的分层涂敷具有高温稳定性和好的 HC 活性。Rh 和 Pt 同时负载储氧材料改善 Rh 的热稳定性。Pt-Pd-Rh 型催化剂综合了以上几类催化剂的优势，是摩托车尾气净化催化剂使用最多的品种。双涂层催化剂制备方式更合理，活性组分之间的协调作用更好，更能发挥活性组分的催化作用，这与活性组分的竞争吸附有关，3 种活性组分对尾气中各污染物的吸附存在差异。只有在吸附物种的种类和数量达到一种协调关系时，才能充分发挥三效催化转化作用。铂铑组合在外层，钯在内层的分层催化剂表现出最突出的空燃比特性、起燃特性、催化选择性；钯催化剂靠近发动机端，铂铑远离发动机端的分区催化剂表现出最突出的起燃特性和催化选择性。

五、摩托车尾气净化催化剂失活模式

催化转化器的失活实际上是催化剂的性能下降，直接影响摩托车排放是否满足排放标准，催化剂失活过程是一个复杂的物理、化学变化过程。催化剂的失活常见的几种情况是发动机失火，催化剂烧毁失效；贵金属有效活性组分降低失效；金属基体性能不良或与消声器焊接不良失效；涂层材料性能衰减失效等。

1. 发动机失火催化剂烧毁失效

当摩托车发动机燃烧不好，CO 和 HC 长期排放过高，待 CO 和 HC 聚集一定浓度时就会出现剧烈燃烧放出大量热量，而使表面温度迅速上升或者摩托车点火系统不良，造成发动机持续失火，使催化剂表面温度迅速上升，当催化剂表面温度超过载体的最高耐受温度时，就会出现催化剂烧毁的现象。对于二冲程摩托车，由于排气中 HC 含量远高于四冲程，在氧化反应过程大量放热，导致催化剂升温过高可达 1 000 ℃，更易造成催化剂因烧毁而失效[14]。当摩托车发动机排放较差或有失火现象时，在选用高孔密度时尤其考虑失活的可能性，因为高目数的催化剂转化效果好，催化剂的床层温度反而比低孔密度高，更易出现烧毁现象。

2. 贵金属有效活性组分降低失效

催化剂中活性组分是贵金属，贵金属的分散程度决定催化剂性能好坏。催化剂在长期使用过程中，由于机油中的磷、锌、钙、燃油清洁剂中的硅和汽油添加剂MMT中的锰等燃烧后所产生的化合物以及含碳沉积物覆盖使得贵金属活性组分下降，导致催化剂性能的下降[15]；同时当催化剂在使用过程中突遇高温，使贵金属晶粒聚集长大，同时支撑贵金属的催化材料在高温下微孔会塌陷，使得贵金属被包裹，活性组分下降，导致催化剂性能的下降。另外，在使用过程中，由于金属基体的热膨胀系数和涂层的热膨胀系数不相同，在冷热频繁交替的过程中，催化剂涂层容易脱落导致贵金属的减少而最终导致催化剂性能的下降。

3. 金属基体性能不良或与消声器焊接不良失效

在催化剂的匹配过程中，也出现金属基体与消声器焊接不紧密的现象而导致尾气未通过催化剂排除，导致排放不满足要求；金属基体在使用过程中，由于摩托车的减振系统较差，行驶时的振动较大，同时较薄的金属箔带和较厚的外壳之间会产生不同的热膨胀变形，出现箔带剧烈变形、大量断裂和箔带脱落，导致涂层脱落、贵金属利用率低导致催化性能下降。

4. 涂层材料性能衰减失效

催化剂在使用过程中，由于涂层材料的比表面积下降使得化学反应面积减少、微孔坍塌使得贵金属利用率降低和新物相的出现使得催化材料的储氧性能被破坏，以上情况均会导致涂层材料的性能失效。涂层材料的比表面积下降的原因有涂层遭受高温袭击和机油中的磷、锌、钙，燃油清洁剂中的硅和汽油中的锰、铅、硫和卤化物覆盖以及碳覆盖，其中碳覆盖在催化剂表面，引起气体扩散通道受阻，导致催化性能暂时下降，在催化剂工作过程中可自动再生，这种失活也是可逆的，而汽油中的锰、铅、硫和卤化物与贵金属活性组分发生化学反应，导致催化剂的永久失活。

5. 催化剂失活分析方法

对失活的催化剂的分析方法一般有：①透射电镜扫描（TEM），通过透射电镜扫描观察贵金属微粒的大小初步判断催化经受高温的情况；②分散度变化（CO-TPD），通过分析贵金属分散度变化情况初步判断催化经受高温的情况；③贵金属和元素分析（ICP），通过分析贵金属含量推断涂层的脱落情况，元素分析主要是检查涂层中是否还有了磷、锌、钙、锰、铅、硫等物质来推断催化剂中毒程度；④比表面积变化（BET），通过比表面积变化来分析判断催化经受高温的情况和推断催化剂中毒程度；⑤材料晶型变化（XRD），通过材料晶型变化来分析判断催化经受高温的情况；⑥表面外来污染物检测（XPS），通过 XPS 分析主要是检查涂层中是否还有了磷、锌、钙、锰、铅、硫等物质来推断催化剂中毒程度；⑦活性评价（CAEF Test），通过活性评价来综合评价催化剂的失活程度。

六、摩托车尾气净化催化剂的发展与挑战

随着排放法规的严格以及检测手段的提高，采用化油器控制空燃比已经不能满足越来越高的排放标准，所以采用电喷手段控制空燃比成为必然。这使得摩托车的排放特性越来越接近汽油车的排放特性。相应的摩托车尾气净化催化剂也越来越接近于汽油车尾气净化催化剂。但摩托车的减震性能差、发动机转速快等特性使得摩托车尾气净化催化剂要有更好的低温起燃活性和更高的抗高温老化性能。

参考文献

[1] 舒华, 姚国平. 汽车电子控制技术. 北京: 人民交通出版社, 2008.

[2] Choi H, Kim M, Min K, et al. The stratified combustion model of direct-injection sparkignition engines. Proceedings of the Combustion Institute, 2002, 29: 695-701.

[3] Takagi T, Fujii K, Ogasawara M. Theoretical evaluation of carbon monoxide and hydrocarbon reduction by secondary-air injection. Fuel, 1975, 54: 74-80.

[4] Sim H S, Min K, Chung S H. Effect of synchronized secondary air injection on exhaust hydrocarbon emission in a spark ignition engine. Journal of Automobile Engineering, 2001, 215: 557-566.

[5] Shafai E, Roduner C, Hans P. Indirect adaptive control of a three-way catalyst. SAE Technical Paper,1996, 960769.

[6] Coppage G N, Bell S R. Use of an electrically-heated catalyst to reduce cold-start emissions in a bi-fuc spark ignited engine. American Society of Mechanical Engineers, 2001, 123: 125-131.

[7] 周奇, 周亚平, 聂浅, 等. 步进式电控化油器在摩托车上的应用研究. 四川兵工学报, 2002, 23: 17-21.

[8] 石祥义. 采用二次空气喷射和催化转化器的摩托车尾气后处理技术研究. 杭州: 浙江大学, 2003.

[9] 杨才华, 豆立新, 刘伯潭. 精调化油器＋尾气后处理解决摩托车国 3 排放问题. 摩托车技术, 2007, 4: 20-23.

[10] 李建春, 陈泉, 陈示强. 电控化油器系统在小排量摩托车上的应用分析. 内燃机, 2010, 1: 16-21.

[11] 川化集团有限责任公司. 高温下保持高比表面氧化铝及其制备方法. CN01128872.8. 2001.
[12] 四川大学. 铈锆铝基储氧材料及其制备方法. CN200510020615.1. 2005.
[13] 四川大学. 低铈型储氧材料及其制备方法. CN200610020111.4. 2006.
[14] Wakabayashi T, Shibata Y, Nakahara Y. Palladium catalyst. U.S. Patent 20150087504A1. 2015 .
[15] Tran P H, Liu X, Liu Y. Base metal catalyst composition and methods of treating exhaust from a motorcycle. U.S. Patent 8668890. 2014.

第六章　尾气净化催化剂应用匹配

第一节　汽油车尾气净化催化剂应用匹配

在实验室设计和筛选后的催化剂需要经过实际应用匹配验证。如何对催化剂进行全面的应用测试和应用匹配，是催化剂能否最终真正满足客户需求的关键一步。对汽油机催化剂，其应用验证主要是在发动机台架和整车上进行，其中台架验证涉及催化剂性能测试和耐久试验，整车测试涉及转毂实验台上进行的标准循环排放测试和道路上进行的实际行驶污染物排放试验。目前关于汽油机台架和整车测试都已出台相应的国家标准或者行业推荐标准。以下就汽油机催化剂应用匹配中涉及的测试方法和常见的几种匹配技术进行举例。

一、测试方法

1. 台架测试

（1）台架性能测试。台架性能测试主要是用来测试催化剂的起燃、转化率、空燃比和储氧量等性能的方法。由于其直接使用发动机作为污染源，所得到的结果可以用于预测实车上的催化剂的表现。如国内目前汽油机催化剂测试的方法，可以参考 HJT331—2006 测试标准。图 6-1 至图 6-3 为根据 HJT331—2006 测试标准测试的几个催化剂的性能测试曲线图。对于汽油机催化剂来说，低起燃温度、高转化率、宽空燃比窗口和高储氧量是开发工作者的不懈追求。

（2）台架耐久试验。排放法规一般对汽车尾气净化催化剂的使用寿命有要求，如国Ⅴ/国Ⅵa 排放标准要求 16 万千米，国Ⅵb 要求 20 万千米。为了快速验证催化剂系统的寿命，可以采用台架快速老化的方式来评价其耐久性。为此目前世界上的主要整车厂或发动机厂都相继开发了适合评价各自整车或发动机耐久的台架耐久循环。如在中国和美国市场应用广泛的由美国通用公司开发的 SBC 老化循环，也被中国国Ⅴ和国Ⅵ排放法规（GB18352.5—2013《轻型汽车污染物排放限值及测量方法》（中国第五阶段），GB18352.6—2016《轻型汽车污染物排放限值及测量方法（中国第六阶段》）所采纳。该老化循环简称“四工况法”，其为涵盖了理论空燃比、富燃和稀燃等可以模拟实际发动机运行工况的循环，见表 6-1。

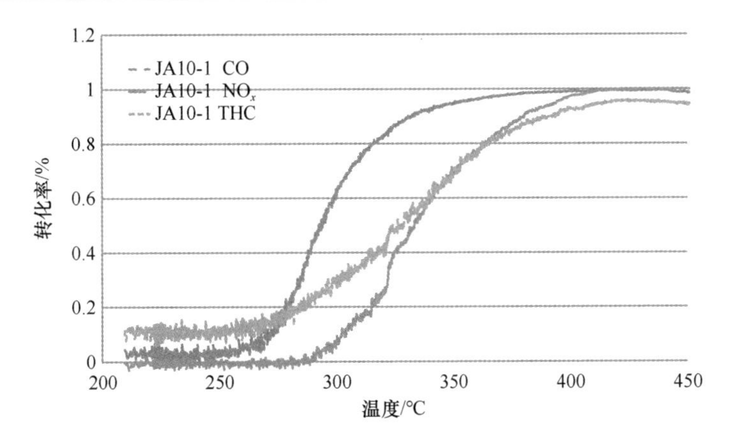

图 6-1　催化剂起燃性能测试图

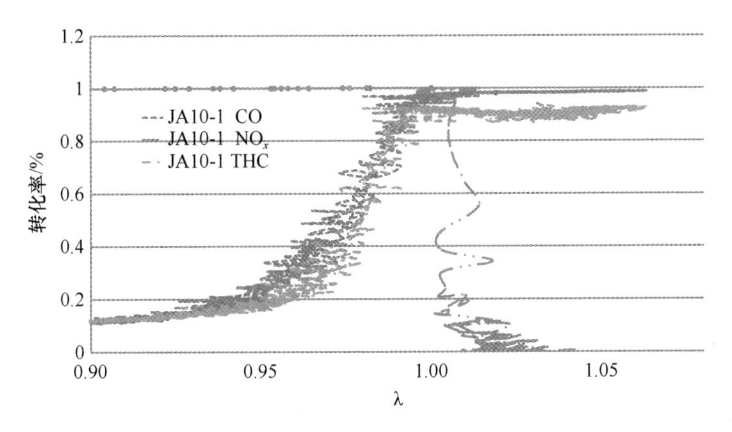

图 6-2　催化剂空燃比扫描图

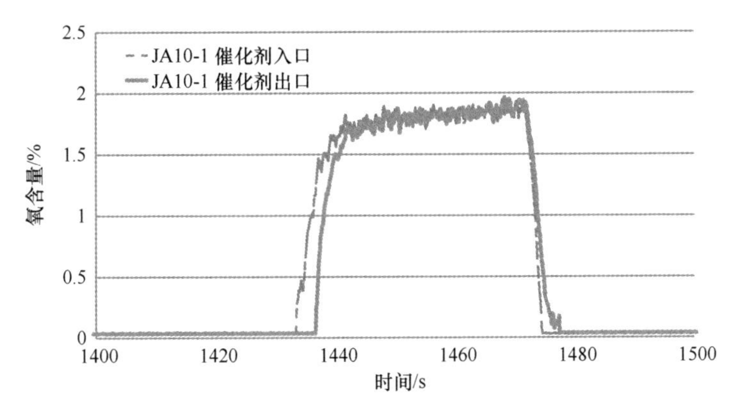

图 6-3　催化剂储氧量测试图

表 6-1　标准台架循环（SBC）

时间/s	发动机空燃比	二次空气喷射
1～40	理论空燃比（通过发动机转速、负荷、点火正时的控制来实现催化器最低温度为 800 ℃）	无
41～45	“浓”（选择 A/F 比值，以实现催化器温度在整个循环内最高为 890 ℃，或比较低的控制温度高 90 ℃）	无
46～55	“浓”（选择 A/F 比值，以实现催化器温度在整个循环内最高为 890 ℃，或比较低的控制温度高 90 ℃）	3%（±0.1%）
56～60	理论空燃比（通过发动机转速、负荷、点火正时的控制来实现催化器最低温度为 800 ℃）	3%（±0.1%）

图 6-4 为 SBC 的空燃比和温度理论参数控制图以及某次 SBC 试验的实际温度和空燃比图。

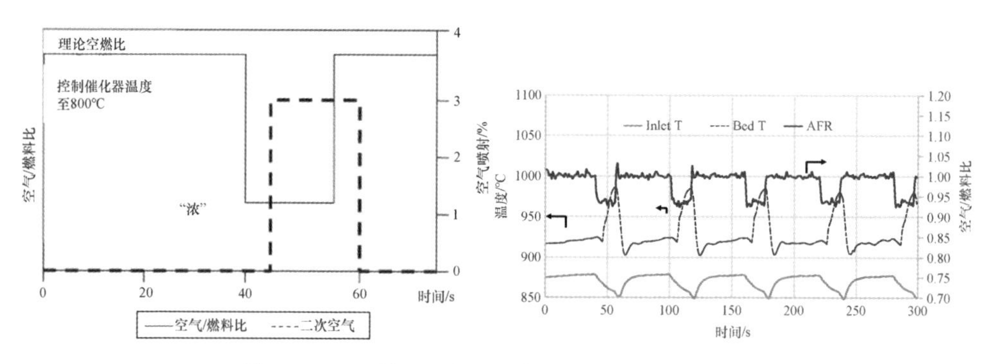

图 6-4　SBC 循环（左）和实际试验效果图（右）

目前除了通用公司的台架老化循环外，各个国际主流主机厂，如大众、丰田、福特等公司，也独立或合作开发了适合各自发动机的台架老化循环，比如比较著名的有大众等企业联合开发的 ZDAKW 断油老化循环。无论采用何种老化循环，主要就是通过调节发动机或二次补气等参数进而调节催化剂入口的尾气特点（诸如空燃比、温度、时间、气体流量等）以达到模拟实车老化的效果。

随着 cGPF 新产品的应用，除了传统的 TWC 的台架热老化循环外，急需要发展针对 cGPF 的台架老化循环。尤其是针对 cGPF 产品的碳烟累计和再生以及灰分的累计试验方法。目前行业内尚没有统一的标准，法规也没有对这方面进行详细的说明。针对 cGPF，主要工作集中在通过改变机油或燃油的品质、用量和加入方式，对碳烟和灰分的加载和再生进行系统研究。对比碳烟和灰分加载或再生前后的催化剂的性能，便可以详细了解碳烟和灰分对 cGPF 的影响。

台架老化作为一种整车耐久试验的替代方案，其与整车道路或转毂可能存在差异，如实车中除了热老化以外，也可能由于燃油或机油中的硫、磷等毒物导致的催化剂中毒造成耐久风险。故 EPA 要求，台架老化要可以模拟 90%的实车耐久，并且中毒导致的老化部分用 1.1 倍的系数进行修正。然而仍然有诸多不确定因素导致台架老化和实际道路耐久之间存在一定的差异，目前行业内的通常做法是仅仅用台架进行催化剂前期开发筛选工作。各大公司根据各自的发动机和整车的实际道路的劣化情况提出各自的劣化系数或工程目标。目前国际上主流主机厂一般要求台架老化后的催化剂的排放水平为法规限值的 60%～90%。

另外，近年来发展起来了一种台架老化的替代方案也逐步得到应用。该方法主要是采用燃烧器来模拟台架。因为燃烧器一般也采用燃油作为燃料，并且采用了自动化的喷油和喷气控制，因此可以达到与台架类似的老化效果，且在成本上更具有优势，是未来的一个发展方向。

2. 整车测试

（1）整车排放实验。整车排放试验，是按照法规规定的测试方法（如 NEDC、WLTC 和 FTP 循环），在整车转毂实验台上进行的排放测试实验。对于中国国Ⅴ和国Ⅵ排放标准的整车测试要求，具体可以见相应的法规（GB18352.5—2013《轻型汽车污染物排放限值及测量方法（中国第五阶段）》和 GB18352.6—2016《轻型汽车污染物排放限值及测量方法（中国第六阶段）》）。法规详细规定了整车测试方法、测试设备和排放限值。

（2）整车耐久试验。整车耐久试验，是按照指定的驾驶循环，在跑道、道路或底盘测功机上进行的试验，以此达到法规规定的耐久里程，该试验需要较长的试验周期和较大的财力投入，一般要半年以上才能完成。如 AMA 或 SRC 循环，见图 6-5。对于中国国Ⅴ和国Ⅵ排放标准的整车测试要求，详细说明见相应的法规（GB18352.5—2013《轻型汽车污染物排放限值及测量方法（中国第五阶段）》和 GB18352.6—2016《轻型汽车污染物排放限值及测量方法（中国第六阶段）》）。驾驶循环曲线的基本原理是模拟实际道路驾驶的加速、减速和匀速等不同的驾驶工况。在实际道路试验中有很多因素也会影响排放效果，诸如发动机的标定策略、发动机的零部件状况、油品和驾驶员的驾驶行为等，这些都要在实际操作中进行监控，以确保试验的正常运行。

（3）实际行驶污染物排放试验（RDE）。实际行驶污染物排放试验，是指在实际道路上进行排放试验。其需要限定的实验边界条件有车辆载荷和测试质量、环境条件、动力学状态、车辆状态和运行、行驶路线、润滑油、燃油、反应剂等方面。使用的测试设备为便携式排放测试系统（PEMS）。对于中国国Ⅵ排放标准的 RDE 测试要求，详细信息说明见法规 GB18352.6—2016《轻型汽车污染物排放限值及测量方法（中国第六阶段）》。

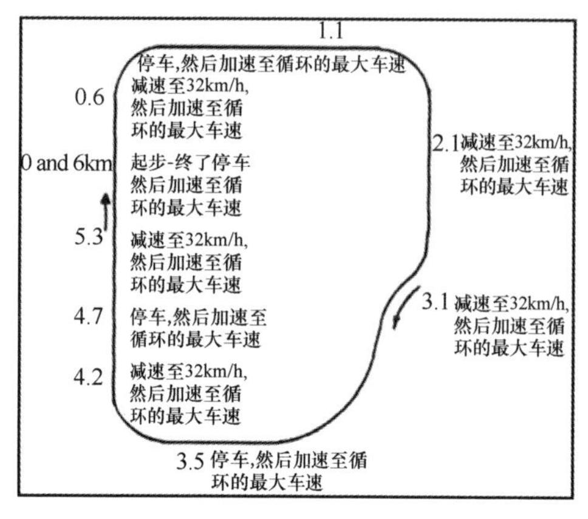

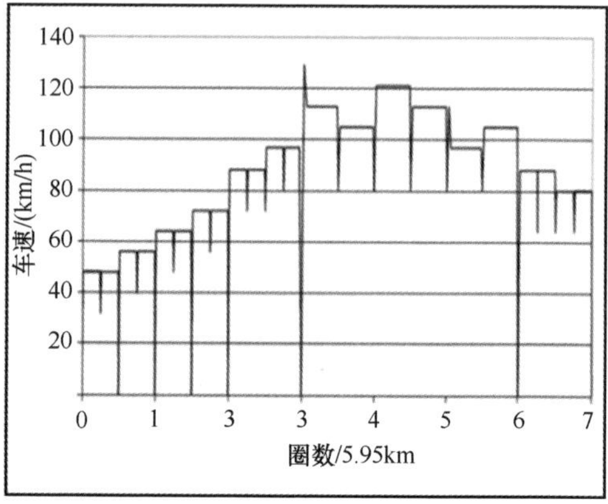

图 6-5　实车耐久道路循环

3. 模拟计算

考虑到完全靠传统的试验方法开发催化剂成本较高，且有些试验开展难度也较高，因此可以借助理论模拟计算进行催化剂的部分开发工作。模拟计算是建立在理论模型的基础之上，针对催化剂方面的模拟主要涉及以下参数：

（1）催化器的体积、长度、目数、壁厚、进口通道和出口通道的宽度比。

（2）催化器基体的密度、热传导系数、比热容和过滤壁的渗透率。

（3）初始 Soot（Ash）加载质量、Soot（Ash）的堆积密度、渗透率。

（4）催化器中发生的反应。

（5）催化器的固相初始温度。

（6）封装结构，气流均匀性。催化剂模拟计算的工作流程见图 6-6。针对要解决的实际问题，从理论上进行模拟计算，然后搭建模型，模型的相关参数首先要经过优化，使得搭建的模型计算的结果与已知试验结果相吻合以证明模型的合理性，最后经过验证的模型才能用于对未知的理论进行模拟计算。

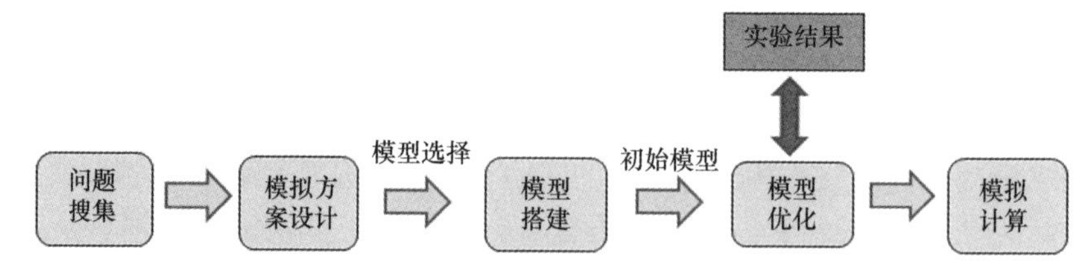

图 6-6　模拟计算工作流程

模拟计算可以围绕催化剂的诸多方面开展工作，诸如催化剂基体选择、催化剂背压、催化剂方案设计和催化剂性能等。

（1）气流均匀性。气流均匀性会影响催化剂的净化效率。利用模拟计算可以有效评估气流均匀性，对封装结构和基体规格等进行初步筛选。例如，采用 CFD 模拟计算不同类型的基体的气流均匀性时，发现如采用中间和边缘位置孔道不同的新型基体，可以使得气流更为均匀，基体中心位置的流量更大（图 6-7）[1]。

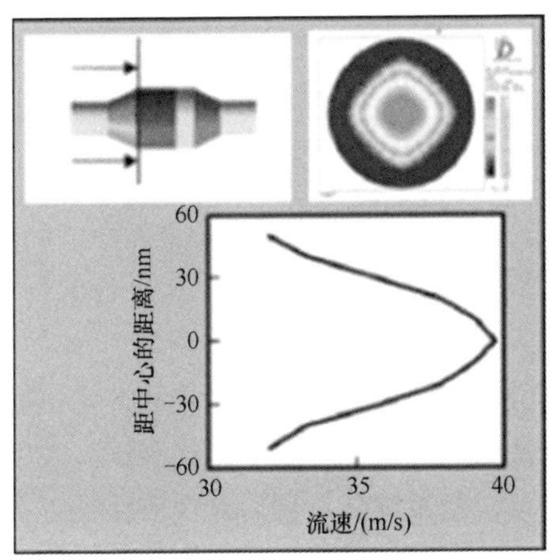

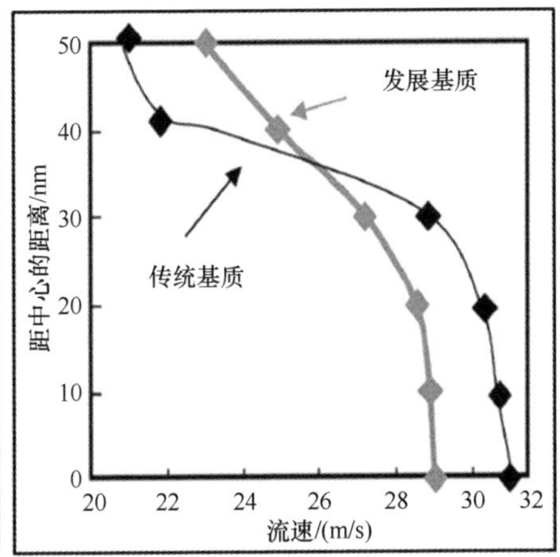

图 6-7　模拟计算新型基体的气流分布

（2）催化剂背压和转化率。研究者模拟计算了不同基体（TWC 和 GPF）的背压（图 6-8）[2]。另外也可以模拟使用不同基体的催化剂转化率，结果见图 6-9。发现引入高目数的基体可以有效提高催化剂转化率，但同时会增加背压，所以在选择催化剂基体时需要在净化效率和背压之间做出平衡。GPF 比传统的基体的背压高得多，因此要充分考虑到 GPF 的加入给催化剂系统带来的高背压风险。

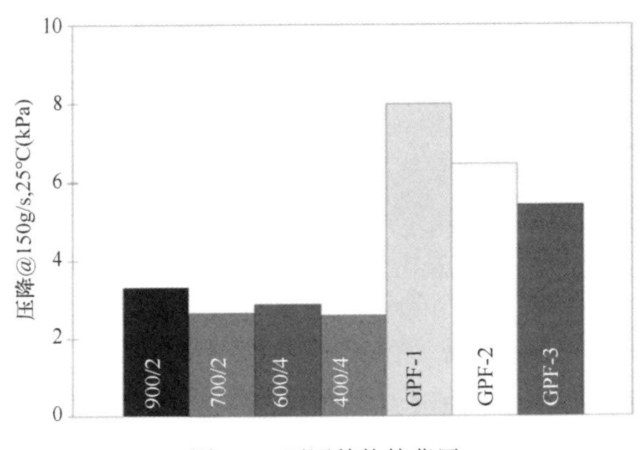

图 6-8　不同基体的背压

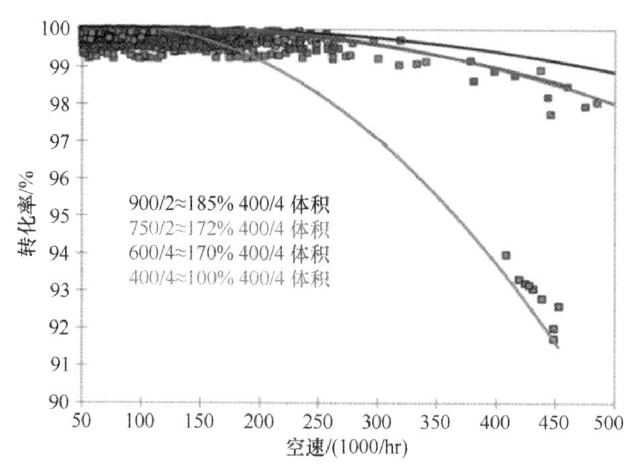

图 6-9　采用不同基体的催化剂的转化效率

模拟计算是近年来比较热的领域，也取得了很大的进步，在正式开始试验之前可以先进行模拟计算，如此对减少试验次数，降低试验成本，提高试验效率是非常有效的。模拟计算最终期望的效果为可以初步评估不同后处理催化剂方案，在未进行试验之前便可以淘汰一些风险较大的方案。然而由于实际发动机和车况情况复杂，在搭建模型时有不少参数难以准确获得，给模拟计算带来了一定的偏差，故需要根据实际测试数据不断完善模拟计算模型，优化各个模拟参数，才能最终获得较好的预测结果。

4. 车载诊断系统（OBD）标定

随着中国的法规规定的排放循环由 NEDC 改为 WLTC，测试工况的运行曲线明显动态多变，对基础排放控制和 OBD 故障监测都带来了更高的挑战，不仅要求在控制和监测策略设计上更加有效，还需要更加精细的匹配和标定。国Ⅵ排放标准对 NMHC + NO_x 和 PM 的 OBD 阈值进一步缩小，国Ⅵ排放标准要求，如果颗粒捕集器性能恶化或者失效，不会使车辆的颗粒排放超过 OBD 阈值，OBD 系统也应在颗粒捕集器不能捕集颗粒时（指颗粒捕集器基体完全损坏、移除、丢失或颗粒捕集器被一个消音器或直管所取代）检测出故障。OBD 系统是一个庞大的工程，涵盖发动机和整车的许多关键零部件，与排放紧密相关的催化器的诊断也是其核心之一。由于催化器寿命有限，在实际应用中也可能出现异常。为了更好地对催化器进行监控和管理，需要引入在线诊断系统（OBD）。常见的汽油车催化器有 TWC 和 cGPF，实际应用中可以采用独立的 TWC 或 TWC 和 cGPF 一起联用，对于这两种应用方式的 OBD 监控方法见图 6-10。TWC 催化剂主要是在 TWC 前后安装传感器，监控催化器前端和后端的空燃比，通过理论计算确定储氧量的方法来诊断催化器是否失效。对于含 cGPF 的催化器系统，对 cGPF 的监控主要是基于对背压的测试[3]，当 cGPF 的背压达到某个临界值时，证明发生了 cGPF 的移除、破损或堵塞等情况，需要提醒用户更换或维修。对于带涂层的 cGPF，也可以采用与传统的 TWC 一样的储氧量诊断方法。但目前的趋势是安装压差传感器，cGPF 作为颗粒捕集的部件，其前后存在一定压差，当移除 cGPF 后，压差会变得很小。通过监测压差的变化情况，来诊断 GPF 是否移除或者完全失效。

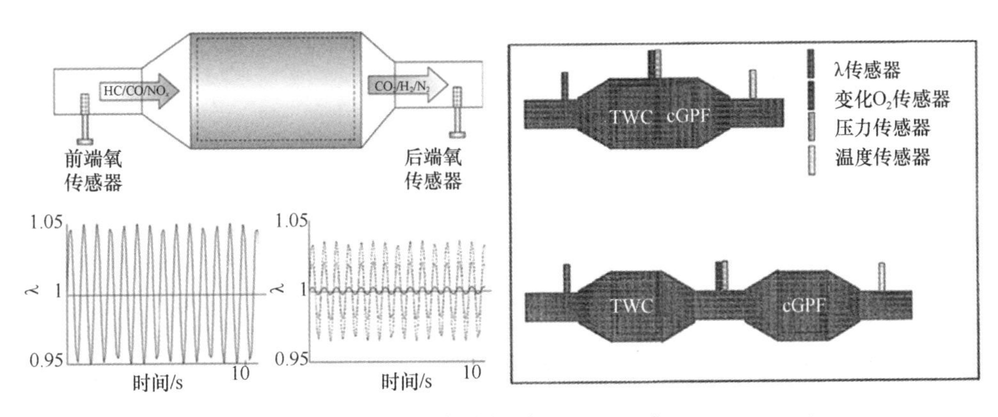

图 6-10 车载 OBD 诊断原理图（左：TWC；右：TWC+cGPF）

二、汽油机催化剂匹配举例

为了满足日益严格的排放法规，催化剂厂家、基体企业厂家、标定厂家和发动机厂家需要共同努力，紧密配合。汽油机催化剂的实际应用匹配涉及的技术是系统性的，也是非常复杂的。图 6-11 是解决与排放相关问题的各个环节关系图，可以看出，随着排放法规的不断加严，排放涉及催化剂、标定、整车、应用环境和监管等各个环节。

因为解决排放涉及多个方面的技术问题，以下就在实际应用中，针对于基体、催化剂、发动机标定等方面所采用的一些技术进行举例说明。

1. 基体选择

（1）基体的目数。基体的目数可以影响基体的有效表面积，也会影响催化剂涂层在基体中的分布，进而对催化剂的性能产生影响。选取了一台 1.5TGDI 国Ⅴ车，前级催化剂基体尺寸为 Φ 118.4×90，贵金属含量 50 g/ft^3，0/9/1；后级基体尺寸为 Φ 118.4×90，贵金属含量 15 g/ft^3，0/2/1。固定基体的体积，考察基体目数对排放的影响。采用 NEDC 测试循环测试排放，结果见图 6-12。可以看出，随着基

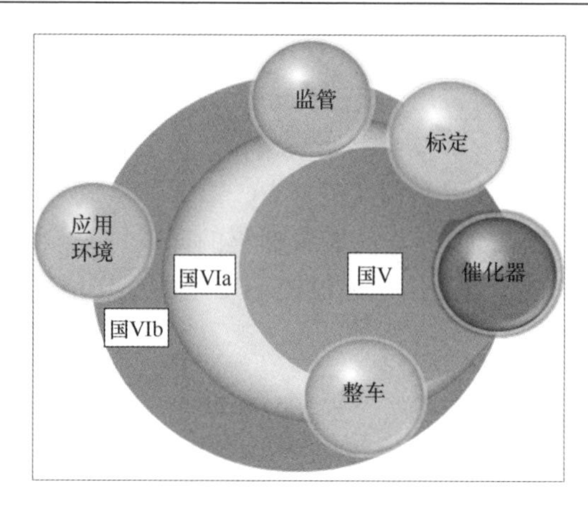

图 6-11　解决与排放相关问题的各个环节关系图

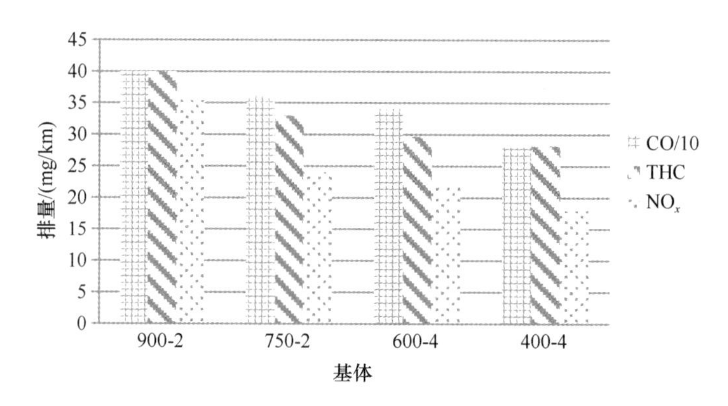

图 6-12　不同的基体的 NEDC 排放结果

体目数的提高，排放值依次下降。这是因为基体目数的增加，提高了催化剂涂层的分散度，增大了催化剂反应面积，进而提高了催化剂的转化率。另外测试了不同基体的催化剂的背压，结果见图 6-13。由图可知随着基体目数的增加，背压明显增加。仅从效果来讲，900-2 基体的排放值最低，在贵金属用量上会有下降空间，但 900-2 基体的价格可能会更高，因此需要在基体价格和贵金属价格方面作出最佳的平衡。若从背压考虑，目数的提高是不利的。因此对于原始排放量比较高的车型，高目数的基体成为趋势；但若背压太高对车的动力性或油耗影响较大时则选择高目数基体就存在风险。

（2）基体的体积。基体的体积可以影响基体的有效表面积，随着基体体积增大，气体空速降低，尾气在催化剂中的反应时间延长，因此对催化剂的效率来讲是有利的。选取一台 1.5NA 国Ⅴ车，催化剂基体直径为 Φ 118.4，目数为 600 cpsi，壁厚为 4 mil。贵金属含量 40 g/ft^3，0/9/1。改变前级基体的长度，即考察基体体

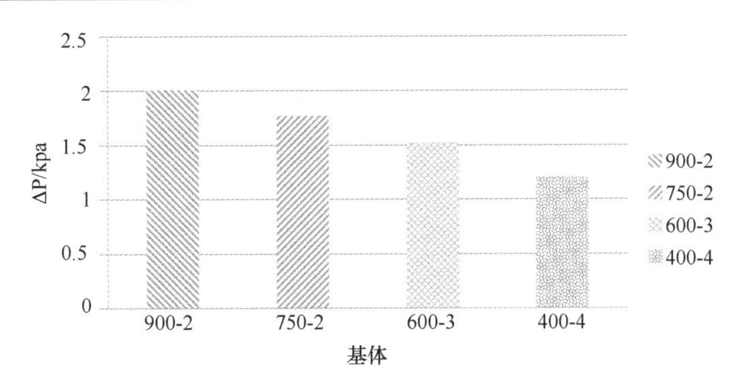

图 6-13 不同的基体的背压测试结果（冷流测试，600 kg/h）

积的影响。采用 NEDC 测试循环测试排放，结果见图 6-14。当基体长度在 152.4～100 mm 范围内，随着催化剂体积减少，CO 和 HC 的排放量基本不变，NO_x 的排放量增加 2 倍。当基体长度在 100～32 mm 范围内，随着催化剂体积减少，CO/HC/NO_x 的排放量均明显增加。这说明 CO/HC 氧化只需要少体积的催化剂即可反应充分，NO_x 则需要大体积的催化剂参与反应。进一步分析冷启动阶段的 CO/HC 排放和 EUDC 高速段的 NO_x 排放量可以发现，减少催化剂体积，不会影响冷启动阶段的 CO/HC 排放，但是高速段的 NO_x 排放增加，这是因为 NO_x 对空速最为敏感。通过对中国市场的满足国Ⅴ排放标准的整车的催化剂匹配情况进行统计发现，大部分情况下，催化剂的体积为发动机排量的 0.8～1.2 倍，对于排放量较高的车型，需要适当增加催化剂体积，对于排放量低的车型，可以适当的降低催化剂体积。

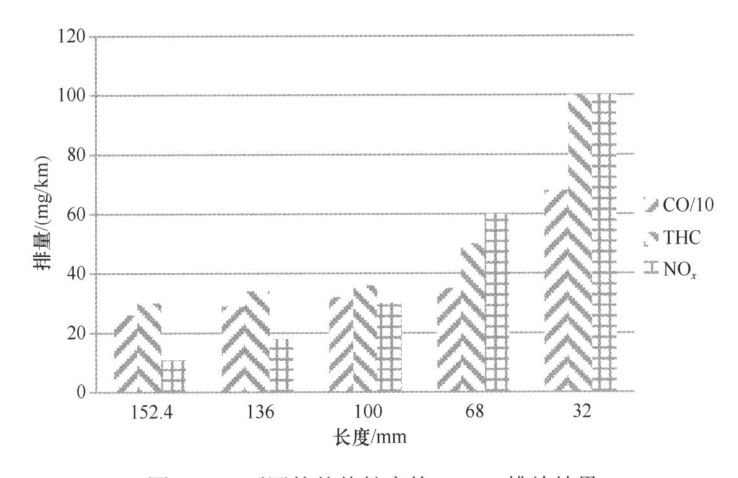

图 6-14 不同的基体长度的 NEDC 排放结果

（3）基体的孔道形状。有研究者比较了 750/3+750/3 的六方孔和 750/2.5+750/2.5

的四方孔结构的催化剂[4]。发现六方孔的催化剂的储氧量比四方孔的高 6%。测试不同气体流量下的背压及其整车测试结果表明，六方孔的催化剂背压更低，起燃升温更快。采用六方孔基体比四方孔基体或部分消除的四方孔基体效果更好，贵金属的用量可以降低 30%以上。

（4）基体的孔壁内部结构。基体的孔壁内部结构，包括孔隙率，平均孔径和孔径分布等对催化剂都有明显影响。有研究者比较了高孔隙率基体和低孔隙率载体（孔隙率从 35%提高到 55%）对 TWC 催化剂的影响[5]。结果表明，在冷启动的 0～100 s，使用高孔隙率基体导致 CCC 和 UC 催化剂升温速率都更快，温度比传统低孔隙率载体高 77 ℃。使用高孔隙率基体使得 HC 起燃更快，尤其对于 15～30 s 段的排放有明显改进。在 100～500 s 范围，由于高孔隙率基体热值低，在断油阶段（降速）催化剂温度会更低。但是此时催化剂整体温度已经比较高，故尾气排放量并没有增加。综合考虑循环总体排放量降低 9%～11%。若缩短怠速时间，再比较高孔隙率基体与传统基体发现，催化剂温度存在明显差异，此时循环整体排放降低 14%～21%。另外也有研究者将高孔隙率基体用于 TWC+cGPF 催化剂中[6]。发现高孔隙率基体可以提高催化剂在启动阶段的升温速率，进而缩短了 NMOG/NO_x 的起燃时间，故降低了 FTP 循环中 NMHC 和 NO_x 的排放。另外 TWC 和 GPF 若使用高孔隙率基体，可以承受更高的涂覆量，对提高催化剂性能和耐久性非常重要。

2. 催化剂涂层技术

（1）贵金属含量和比例。随着全球各个国家逐渐加大对机动车尾气污染的治理力度，汽油机催化器对贵金属的需求量越来越大。在 20 世纪 70 年代后，贵金属的需求量随着催化器使用量的增加而快速增加，之后随着不同市场使用情况不断变化，贵金属 Pt、Pd 和 Rh 的价格也发生了较大的波动。

针对汽油机，采用的贵金属主要为 Pd 和 Rh。Pd 主要是解决 HC/CO/碳烟等的氧化，Rh 主要是针对 NO_x 的还原。值得指出的是无论市场价格如何，Rh 的价格基本都高于 Pd。故在实际应用匹配中，选择贵金属 Pd 和 Rh 的含量和比例，既要考虑其对排放污染物的净化效果，也要考虑成本问题。而为了满足不同的排放标准，需要优化贵金属含量和比例以达到上述目的。满足美国和欧洲的排放法规的贵金属成本一般为几十美金[7]，中国市场的排放法规更接近欧洲水平，故可以参考欧洲的统计结果。通过对中国市场的调查，为了满足汽油车国Ⅴ排放标准，紧耦合 TWC 催化剂中贵金属的使用量一般在 40～100 g/ft^3，其中 Rh 集中在 3～5 g/ft^3；底盘 TWC 催化剂的贵金属含量一般在 5～20 g/ft^3，其中 Rh 集中在 3～5 g/ft^3。当然对于原始排放量较高的车型，贵金属使用量可能超过 100 g/ft^3。为了考察贵金属含量和比例的影响，选取了一台 1.5NA 国Ⅴ车进行试验，催化剂基体规格为 Φ 118.4×136-600/4。首先改变贵金属 PGM 含量=40～100 g/ft^3，固定 Pd/Rh 比例=11/1，制备的系列催化剂的测试结果见图 6-15。然后固定贵金属 PGM 含量 = 60 g/ft^3，改变 Rh 的含量为 3～10 g/ft^3，制备的系列催化剂的测试结果见图 6-16。由图 6-15 可知，当贵金属含量为 80 g/ft^3 和 100 g/ft^3 时，催化剂的水平相当。这说明对于该车型 80 g/ft^3 已经可以满足要求，更多的贵金属含量是富余的。由图 6-16 可知，随着 Rh 含量的增加，整体上 NO_x 的排放值下降，但是 HC/CO 的排放值增加，这是因为 Rh 主要用于净化 NO_x，Pd 主要用于净化 HC。但是对于 Rh = 8～10 g/ft^3 的两种方案，二者差异不大。在实际应用中，不同的发动机和车型的 HC/CO/NO_x 等污染物排放特点不同，选择多少 Pd 和 Rh 贵金属含量要根据实际情况而定，其基本原则为在满足要求的基础上，尽量减少贵金属的富余量。

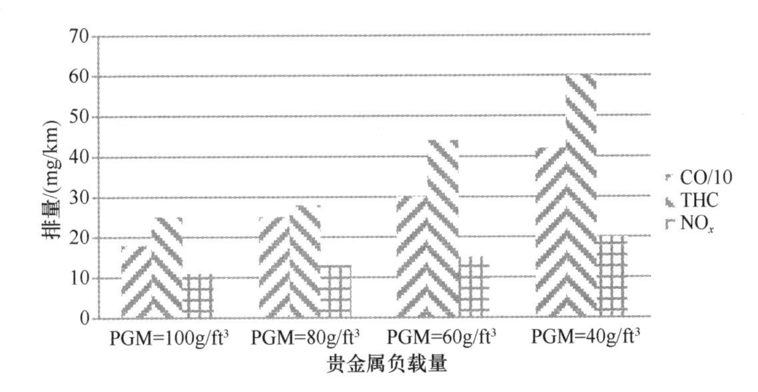

图 6-15　不同的贵金属含量的 NEDC 排放结果

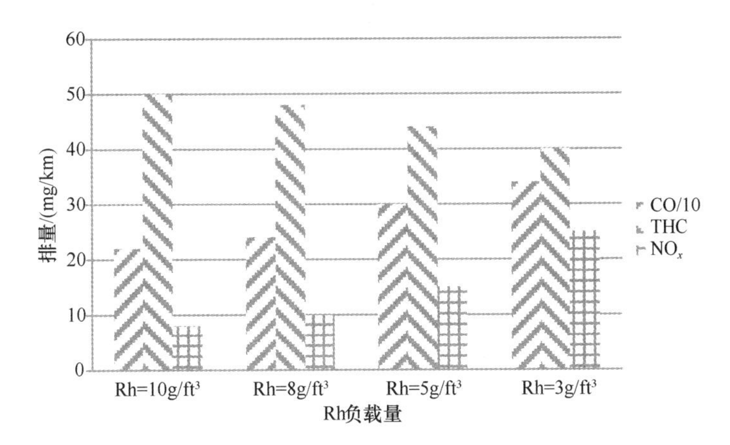

图 6-16　不同的贵金属比例的 NEDC 排放结果

（2）催化剂材料。汽油机催化剂涂层催化材料大部分为储氧材料和耐高温高比表面积氧化铝材料。储氧材料主要是提供催化剂反应窗口需要的储氧量，氧化铝材料最主要的功能是为贵金属的高度分散提供大的比表面积和孔容。随着法规的不断加严，对于储氧材料和氧化铝的性能要求越来越高，尤其储氧材料的进步是非常明显的。近年来，法规的测试循环工况越来越接近实际道路工况，其主要特点就是车速变化快，造成尾气组成和空速等排放特点的动态波动大。选取一台1.5TGDI 国Ⅴ车，前级催化剂基体尺寸为 Φ 118.4×90-750/2，贵金属含量 55 g/ft^3，0/9/2；后级基体尺寸为 Φ 118.4×90-400/4，贵金属含量 13 g/ft^3，0/5/8。现改变其中储氧材料的种类，将旧一代的储氧材料 CeZrO-Ref 切换为新一代储氧材料 CeZrO-Adv，其基本特点为材料的比表面积增加了 10%，且储氧量增加了 20%，测试结果见图 6-17。由图可知使用新一代储氧材料，可以提高催化剂在 NEDC 循环中转化 NO_x 的活性，使得整体 NO_x 排放值降低了大约 1/3。且主要是降低了高速段的 NO_x 的排放，这是因为 NO_x 主要在高速段产生。另外在冷启动和某些加速段也有明显效果。

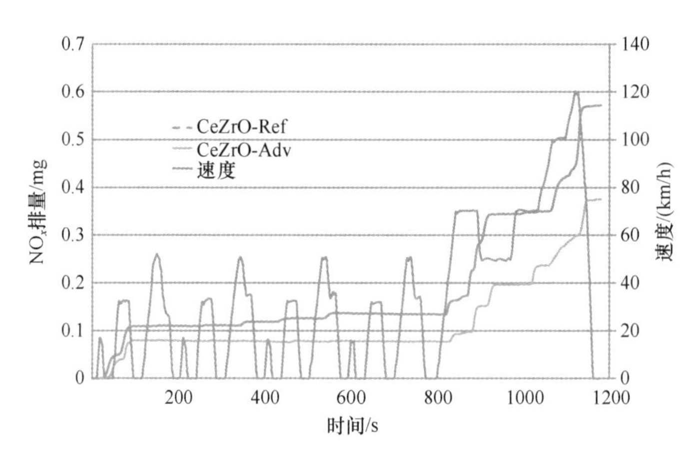

图 6-17　NEDC 循环下的 NO_x 排放结果

催化剂涂层的制备工艺是另一个影响储氧材料和氧化铝使用效果的因素。比如，对于 cGPF 催化剂，如何通过调整催化剂的制备工艺降低其背压是其中关键的技术瓶颈。在实际应用中，对于同样的储氧材料和氧化铝，采用不同的浆料制备工艺，也会对 cGPF 催化剂的背压产生很大影响。为此，采用了不同的工艺，如改变浆料的相关参数，如 pH、固含量、黏度等参数制备了系列 cGPF 催化剂（cGPF1-cGPF4）。催化剂中储氧材料和氧化铝的总涂覆量为 100 g/L，在实车上测试了 WLTC 循环下的 cGPF 催化剂背压，结果见图 6-18。由图可知，不同的制备工艺对 cGPF 催化剂背压影响较大，即使保持同样的储氧材料和氧化铝涂覆量，通过

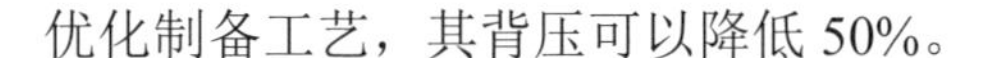
优化制备工艺，其背压可以降低 50%。

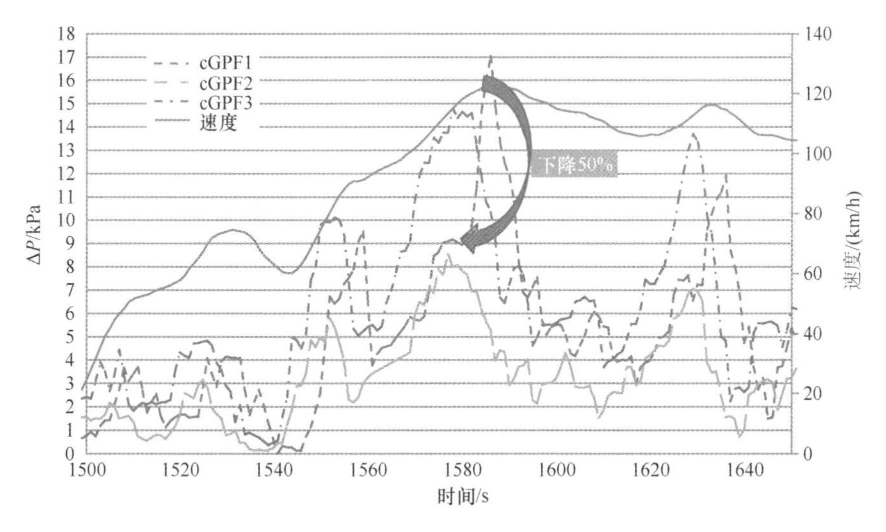

图 6-18　WLTC 循环下的 cGPF 背压测试结果

除了储氧材料和氧化铝外，还有一种可以用于汽油机催化剂涂层的新型材料为吸附剂材料。比如用作 HC/NO_x 吸附剂的分子筛材料，常规的有 β、ZSM-5 或 Y 型分子筛等。选取了一台 3.0NA 国Ⅴ车，该车排放特点为 HC 排放量非常高，原装催化剂（W/O HC adsorber）配置为：前级基体尺寸为 Φ 105.7×100/600-4.0，贵金属含量约 200 g/ft^3；后级基体尺寸为 Φ 105.7×100/600-4，贵金属含量约 20 g/ft^3。现采用 HC 吸附剂技术，新催化剂（W HC adsorbe）配置变为：前级基体尺寸为 Φ 105.7×100/600-4.0，贵金属含量为 150 g/ft^3；后级基体尺寸为 Φ 105.7×100/600-4，加入 HC 吸附剂，贵金属含量约 15 g/ft^3。测试两种方案的 NEDC 排放，整车测试结果显示，加入 HC 吸附剂以后 HC 的排放量降低至少 1/3。分析了 0～200 s 的秒采数据，结果见图 6-19。由图可知，HC 吸附剂的吸附效果主要发生在冷启动阶段，对 40 s 之前的 HC 排放有明显的降低效果。

为了提高吸附剂的抗高温水热性能或吸附性能，常常加入助剂进行改性。如加入贵金属、碱土金属或稀土金属进行改性。Honda 公司报道了吸附剂技术，对比了几种吸附剂 Pd/ZSM-5，Pt/ZSM-5 和 Rh/ZSM-5，结果表明 Pd/ZSM-5 效果最佳[8]。Pd/ZSM-5 作为底盘催化剂和紧耦合催化剂一起使用。通过对整车测试的冷启动阶段排放的分析发现，对于 THC，Pd/ZSM-5 在前 20 s 吸附了 HC，但 30～60 s 出口 HC 含量高于入口，说明部分 HC 没有被氧化便脱附了。Pd/ZSM-5 吸附的 HC 在 150～450 ℃发生脱附，故 Pd/ZSM-5 可以用于降低冷启动阶段的 HC 和 NO_x 排放量。

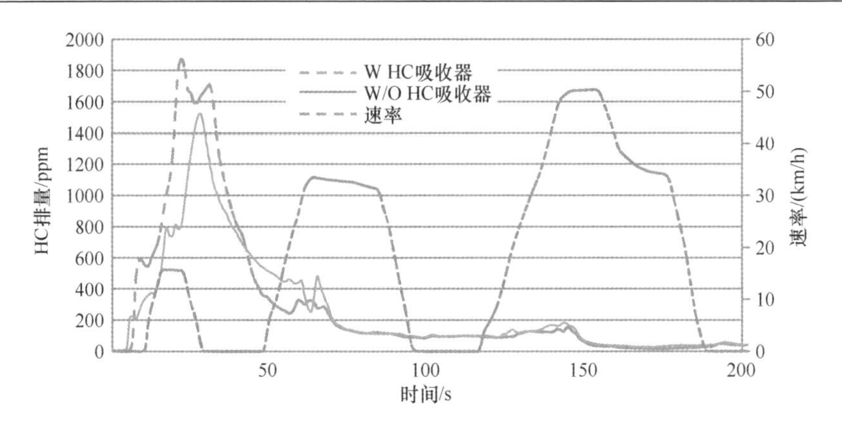

图 6-19 冷启动阶段的 HC 排放图

3. 分区涂覆技术

催化剂分区涂覆技术主要包括分段涂覆技术和分层涂覆技术：分段涂覆技术是优化贵金属和材料等在基体的不同区域的分布，从而在实现催化剂性能提高的同时也降低了贵金属含量。催化剂分段涂覆的设计理念见图 6-20。一般来说，前段贵金属含量高，后段贵金属含量低。前段主要功能为储存氧气并氧化 HC/CO/H_2 等；后段主要功能为 NO_x 与剩余的还原物质反应被还原，分区涂覆设计与发动机的空燃比波动有关。分层涂覆技术的设计理念见图 6-21。举例说明，对于 Pd-Rh 型催化剂，底层主要放置 Pd，上层主要放置 Rh。底层主要功能为氧化 HC/CO/H_2 等；上层主要功能为还原 NO_x。

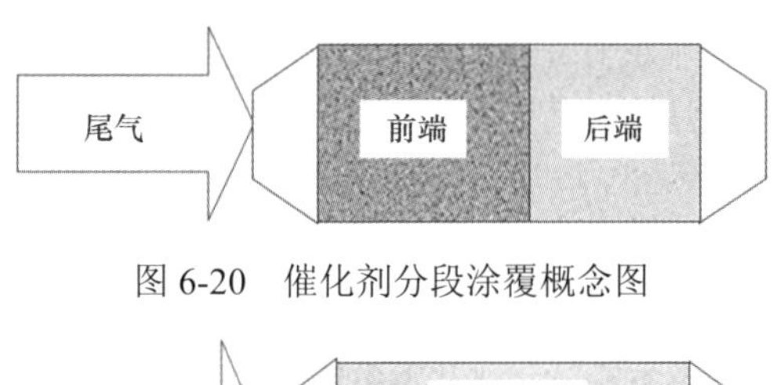

图 6-20 催化剂分段涂覆概念图

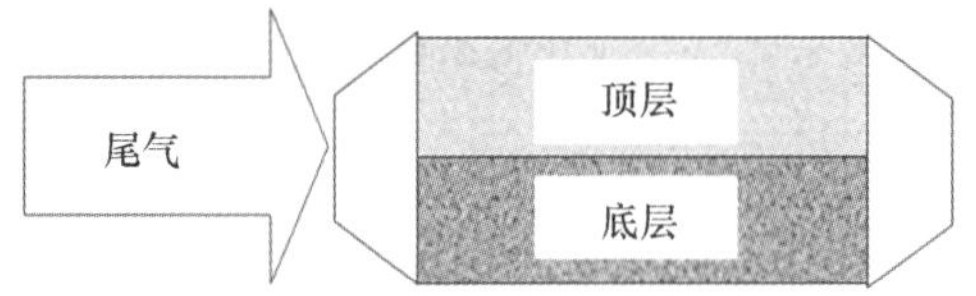

图 6-21 催化剂分层涂覆概念图

选取了一台 1.5NA 国Ⅴ车，催化剂基体尺寸为 Φ 118.4×136-600/3。催化剂采用分段涂覆技术。研究了前段催化剂和后段催化剂的贵金属含量的影响。固定前段的贵金属含量为 50 g/ft^3，改变后段贵金属含量和比例分别为 50 g/ft^3（0∶5∶1）、

30 g/ft^3（0∶5∶1）、15 g/ft^3（0∶2∶1）、10 g/ft^3（0∶1∶1）和 5 g/ft^3（0∶0∶5），测试 NEDC 排放，结果见图 6-22。可以看出采用分段涂覆技术，后段有 5-10 g/ft^3 的 Pd 已经足够，过多的 Pd 放在催化剂的后段对催化剂的性能影响不大。

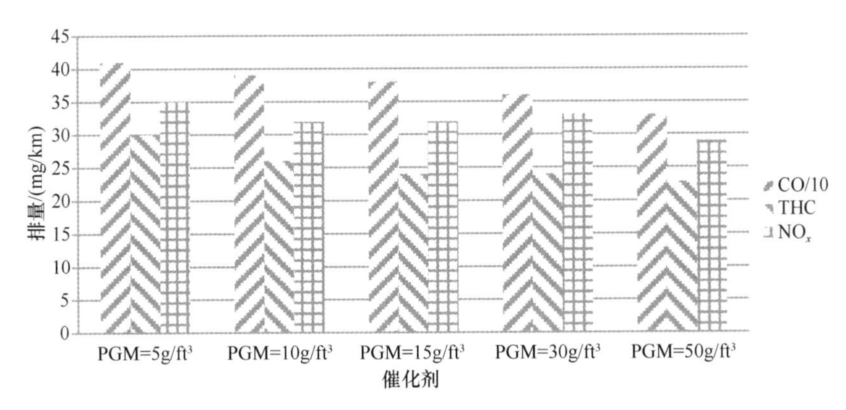

图 6-22　分段涂覆对排放的影响

选取了一台 1.5NA 国Ⅴ车，催化剂基体尺寸为 Φ 118.4×136-600/3。催化剂采用分层涂覆技术。固定贵金属含量为 50 g/ft^3，0/9/1。制备了两个催化剂，其中一个催化剂（Pd/Rh）为双层涂覆方案，Pd 在底层，Rh 在上层，即采用分层涂覆方案；另一个催化剂（Pd-Rh）为单层涂覆方案，Pd 和 Rh 在同一层，即采用单层涂覆方案。测试 NEDC 排放，结果见图 6-23。可以看出采用分层涂覆技术，Pd/Rh 分层催化剂的 NO_x 转化效果要明显好于 Pd-Rh 单层催化剂，而后者的 HC 转化效果要略好于前者。

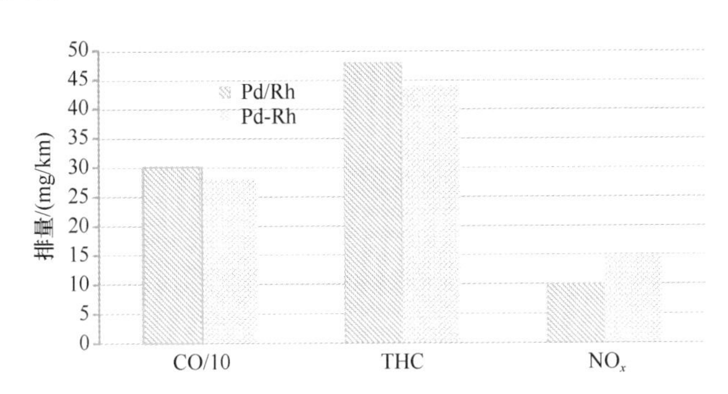

图 6-23　分层涂覆的贵金属含量对排放的影响

4. 标定和发动机技术

提高机内净化能力，如设计低排放燃烧室、优化缸内混合气的组织形式和优化排气系统。发动机控制技术都要求尽可能降低污染物排放量。到目前为止，已经有大量的标定策略得以在实际中得到应用，表 6-2 所示的文献报道的针对不同款车型的标定策略[9]，如对发动机管理系统进行优化以使燃油喷射得到精确控制。在保持原有发动机基本设计不变的前提下，通过局部的改动，如增加二次空气喷射系统、采用精确的燃油控制技术等以实现对空燃比波动和发动机排温的精确控制，就能使现有汽车安全地升级到满足更高排放法规的要求，而且花费的成本也相对较少。不同发动机和整车可能需要采用不同的标定策略以满足排放标准。发动机的控制有很多优化策略，接下来列举几个常用的标定策略实际可以达到的效果。

表 6-2　不同车型满足 PZEV 排放标准的冷启动标定策略

车型	A	B	C	D	E
发动机排量	2.0	2.4	2.0	2.4	2.4
PFI 或 DI	DI	PFI	PFI	DI	PFI
NA 或 Turbo	Turbo	NA	NA	NA	NA
Air 或 no-AIR	AIR	AIR	no-AIR	no-AIR	AIR
平均点火角/°btc	–20	0	–7	–12	–5
发动机转速/（r/m）	1150	1200	1500-1700	1200-1500	900-1200
空燃比	1.05（AIR）	>>1（AIR）	0.95-1	0.95-1	>>1（AIR）
催化剂最高温度/℃	670	1000	500	700	950

（1）推迟点火提前角。可以在提高发动机排气温度的同时推迟点火提前角，这使得发动机的废气量增加。这是由于推迟点火提前角后，燃烧的热效率下降，为了保持同等的输出功率，导致发动机系统提高了进气量。一般来说，MPI 发动机冷启动的点火时刻限制到约上止点前−10 ℃（BTDC），以保持好的冷启动燃烧稳定性[9]。点火延迟及其对排放的影响见图 6-24[10]，可以看出采用优化的冷启动点火时刻，使得催化剂温度升高至 350 ℃的时间缩短 2 s。采用该技术，可以使得 FTP75 前 20 s 的 HC 排放降低 30%。

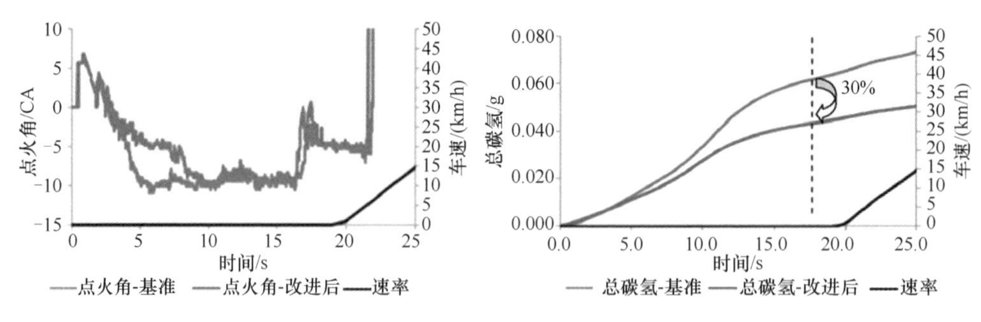

图 6-24　点火延迟（左）及其对排放的影响（右）

（2）冷启动空燃比控制。在闭环控制前需要对冷启动开环燃料控制进行优化，以帮助保证燃烧稳定和降低 HC 排放[10]。图 6-25 为采用新优化的冷启动开环燃料控制策略，比标定基准更为贫燃（$\lambda = 1.05$），对于 FTP 而言，在前 10 s 的 HC 排放可以降低 20%。

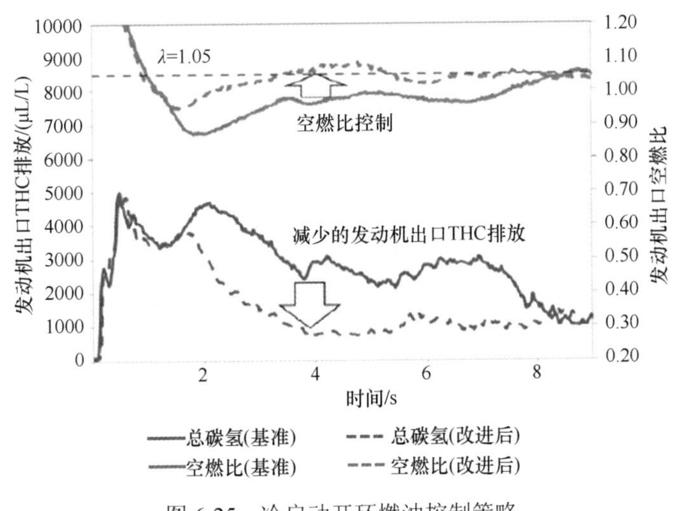

图 6-25 冷启动开环燃油控制策略

（3）冷启动发动机转速。大部分排放为发动机启动阶段催化剂没有达到起燃温度前产生。提高发动机的冷机怠速不仅可以提高发动机的排气温度，同时发动机的进气量也得以提高。上述两方面都对缩短催化剂的起燃时间有好处。低的发动机转速可以降低发动机的 HC 原始排放 10%，具体见图 6-26[10]。

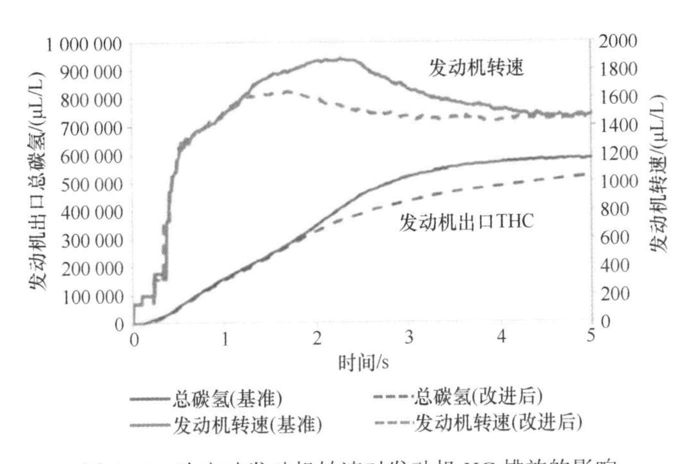

图 6-26 冷启动发动机转速对发动机 HC 排放的影响

（4）二次空气喷射系统。二次空气喷射系统利用发动机进气歧管的真空压力差，从 PCV 管路外接另一进气调节装置，导入新鲜空气来达到提高充气效率的目的。因为不用对发动机进行大的改动，并且效果显著，这是一个广泛应用且能有效降低排放控制技术。有时为了保证发动机在起动过程中的平滑和安全，发动机 ECU 对起动过程的油量可能采用加浓控制，然后空燃比再过渡到理论水平。这个过程将有 H_2 和 CO 产生，且随着废气进入到排气管中。燃烧产生的 H_2 和 CO 在废气中的含量和燃烧产物的浓度成正比，而且和车辆尾气中的 HC 排放趋势一致。来自二次空气喷射系统的空气在排气管中与浓混合气中的 HC、H_2 和 CO 混合产生化学反应，该反应可以很好地降低排气中的 HC 浓度，且在化学反应中产生的热量也有助于催化剂的快速加热。

第二节　天然气车尾气净化催化剂应用匹配

关注环保的人们会经常听到汽车尾气后处理控制的欧Ⅲ、欧Ⅳ、欧Ⅴ标准，同时还有国Ⅲ、国Ⅳ、国Ⅴ标准。国Ⅲ、国Ⅳ、国Ⅴ标准是我国汽车尾气后处理排放的阶段性标准，即汽车尾气排放的主要污染物经尾气后处理催化转化器后，必须达到相应阶段的排放法规要求，欧Ⅲ、欧Ⅳ、欧Ⅴ标准是由欧洲经济委员会（ECE）和欧盟（EU）参与认可、制订并强制实施的汽车尾气排放法规。欧洲从 1992 年 1 月 1 日起实施欧Ⅰ，经过超过 20 年的发展，排放要求越来越严格，排放等级也越来越高，目前欧洲已实施欧Ⅵ排放法规。我国汽车尾气后处理排放标准的制定源于欧洲标准，在制定的过程中主要参考欧洲标准，但又不完全等同。我国的“国Ⅰ”等效于“欧Ⅰ”，其他更高排放要求也基本等效。例如，执行国Ⅱ排放标准的车，7 辆车排放的污染物总量与 1 辆化油器车排放的污染物量相当；2 辆执行国Ⅲ排放标准的车，污染物的排放量又相当于 1 辆执行国Ⅱ标准的车[11]。考虑到中国的油品和发动机质量等因素，在制定更高排放标准时，为适合国情对应欧洲标准略做了修正。

我国汽车根据车重和设计时速可分为轻型汽车和重型汽车，轻型汽车的排放满足 GB18352 的要求，如 GB18352.3—2005《轻型汽车污染物排放限值及测量方法（中国Ⅲ、Ⅳ阶段）》[12]和 GB18352.5—2013《轻型汽车污染物排放限值及测量方法（中国第五阶段）》[13]。重型汽车的排放满足 GB17691 的要求，如 GB17691—2005《车用压燃式、气体燃料点燃式发动机与汽车排气污染物排放限值及测量方法（Ⅲ、Ⅳ、Ⅴ阶段）》[14]。GB18352.3—2005《轻型汽车污染物排放限值及测量方法（中国Ⅲ、Ⅳ阶段）》和 GB18352.5—2013《轻型汽车污染物排放限值及测量方法（中国第五阶段）》的排放试验循环为 NEDC（New European Driving Cycle）

循环，由 1 部（市区运转循环）和 2 部（市郊运转循环）组成，排放限值如表 6-3 所示。随着排放阶段的升级，排放要求逐步加严，排放限值逐步降低。

表 6-3　NEDC 循环排放限值

	级别	阶段	CO/(g/km)	THC/(g/km)	NMHC/(g/km)	NO_x/(g/km)	PM①/(g/km)
第一类车	全部	国III	2.30	0.20	—	0.15	—
		国IV	1.00	0.10	—	0.08	—
		国V	1.00	0.10	0.068	0.060	0.0045
第二类车	I	国III	2.30	0.20	—	0.15	—
		国IV	1.00	0.10	—	0.08	—
		国V	1.00	0.10	0.068	0.060	0.0045
	II	国III	4.17	0.25	—	0.18	—
		国IV	1.81	0.13	—	0.10	—
		国V	1.81	0.13	0.090	0.075	0.0045
	III	国III	5.22	0.25	—	0.21	—
		国IV	2.27	0.16	—	0.11	—
		国V	2.27	0.16	0.108	0.082	0.0045

注：“—”表示不做要求。级别 I 为基准质量（RM）≤1305kg 的车辆；级别 II 为 1305kg<RM≤1760kg 的车辆；级别III为 1760kg<RM≤2610kg 的车辆。

①仅适用于装缸内直喷发动机的汽车。

如表 6-3 所示，国IV在国III的基础上上了一大台阶，CO、THC、NO_x 3 种污染物排放限值均明显降低，这对催化剂的设计是一个巨大的挑战，要求催化剂对每种污染物的转化率均要明显提高。国V相对于国IV，最大的差异在 NO_x 的排放限值的进一步下降，如第一类车，NO_x 的限值从国IV的 0.08 g/km 降至 0.06 g/km，同时增加了对 NMHC（Non Methane Hydrocarbon，非甲烷碳氢化物）的要求。这要求催化剂对 NO_x 的转化率进一步提高。同时，对于装缸内直喷发动机的汽车在国V阶段还增加了 PM（颗粒物质量）的要求。

目前，我国轻型车正在实施的排放阶段为第五阶段，但是第六阶段的排放法规 GB18352.6—2016《轻型汽车污染物排放限值及测量方法（中国第六阶段）》已发布，要求自 2020 年 7 月 1 日起，所有销售和注册登记的轻型汽车应符合该标准要求。国VI标准在 GB18352.5—2013 的基础上进一步加严了污染物的排放限值，增加了对 PN 和 N_2O 的要求，具体排放限值如表 6-4 和表 6-5 所示。同时变更了测试循环，测试循环由稳态的 NEDC 循环变更为瞬态的 WLTC（Worldwide Harmonized Light Vehicles Test Cycle）循环，同时还增加了实际行驶污染物排放（RDE，Real Driving Emission）试验。

表 6-4　国Ⅵa 排放限值

类别	级别	基准质量(TM)/kg	CO/(mg/km)	HC/(mg/km)	NMHC/(mg/km)	NO_x/(mg/km)	N_2O/(mg/km)	PM/(mg/km)	PN/(个/km)
第一类车		全部	700	100	68	60	20	4.5	6.0×10^{11}
第二类车	Ⅰ	TM≤1305	700	100	68	60	20	4.5	6.0×10^{11}
	Ⅱ	1305<TM≤1760	880	130	90	75	25	4.5	6.0×10^{11}
	Ⅲ	TM>1760	1000	160	108	82	30	4.5	6.0×10^{11}

表 6-5　国Ⅵb 排放限值

类别	级别	基准质量(TM)/kg	CO/(mg/km)	HC/(mg/km)	NMHC/(mg/km)	NO_x/(mg/km)	N_2O/(mg/km)	PM/(mg/km)	PN/(个/km)
第一类车		全部	500	50	35	35	20	3.0	6.0×10^{11}
第二类车	Ⅰ	TM≤1305	500	50	35	35	20	3.0	6.0×10^{11}
	Ⅱ	1305<TM≤1760	630	65	45	45	25	3.0	6.0×10^{11}
	Ⅲ	TM>1760	740	80	55	55	30	3.0	6.0×10^{11}

GB17691—2005，《车用压燃式、气体燃料点燃式发动机与汽车排气污染物排放限值及测量方法（Ⅲ、Ⅳ、Ⅴ阶段）》的排放试验循环包括稳态工况（ESC，European Steady State Cycle）和瞬态工况（ETC，European Transient Cycle；ELR，European Load Response Test）。表 6-6 列出了 ESC 和 ELR 的试验限值，ESC 试验测的 CO、THC、CH_4、NO_x 和 PM 的比质量，ELR 试验测得的烟度，均不能超过表 6-6 的数值。表 6-7 列出了 ETC 试验循环下的排放限值，对于需进行 ETC 附加

表 6-6　ESC 和 ELR 试验限值

阶段	CO/[g/(kW·h)]	HC/[g/(kW·h)]	NO_x/[g/(kW·h)]	PM/[g/(kW·h)]	烟度/m^{-1}
Ⅲ	2.1	0.66	5.5	0.1 0.13①	0.8
Ⅳ	1.5	0.46	3.5	0.02	0.5
Ⅴ	1.5	0.46	2.0	0.02	0.5
EEV	1.5	0.25	2.0	0.02	0.15

注：EEV：环境友好型车。

①对每缸排量低于 0.75 dm^3 及额定功率转速超过 3000 r/min 的发动机。

表 6-7　ETC 试验限值

阶段	CO/[g/(kW·h)]	NMHC/[g/(kW·h)]	$CH_4$①/[g/(kW·h)]	NO_x/[g/(kW·h)]	PM②/[g/(kW·h)]
Ⅲ	5.45	0.78	1.6	5.0	0.16 0.21③
Ⅳ	4.0	0.55	1.1	3.5	0.03
Ⅴ	4.0	0.55	1.1	2.0	0.03
EEV	3.0	0.40	0.65	2.0	0.02

注：①仅对 NG 发动机。

②不适用于第Ⅲ、Ⅳ和Ⅴ阶段的燃气发动机。

③对每缸排量低于 0.75 dm^3 及额定功率转速超过 3000 r/min 的发动机。

试验的柴油机和必须进行 ETC 试验的燃气发动机，其 CO、NMHC、CH_4、NO_x 和 PM 的比质量，都不能超过表 6-7 的数值。如表 6-6 和表 6-7 所示，国Ⅳ是在国Ⅲ的基础上上了一大台阶，4 种污染物及烟度的排放限值均明显降低，这对催化剂的设计是一个巨大的挑战，要求催化剂对每种污染物的转化率均要明显提高。国Ⅴ相对于国Ⅳ，最大的差异在 NO_x 的排放上，NO_x 的限值从国Ⅳ的 3.5 g/(kW·h) 降至 2.0 g/(kW·h)，这对柴油车是最大的挑战，稀薄燃烧的重型柴油车的排放量达不到该值，必须装 SCR（选择性催化还原）催化剂才能达到排放标准。对于 CNG 汽车，主要的挑战是等当量比 NO_x 的净化，要求催化剂对 NO_x 的转化率进一步提高；稀薄燃烧的 CNG 汽车，NO_x 的排放需要靠机内净化将其控制在 2.0 g/(kW·h) 以下，以达到国Ⅴ排放要求。

目前，我国正在实施的重型天然气车的排放阶段为第五阶段，但是在 2018 年 6 月已经正式发布 GB17691—2018《重型柴油车污染物排放限值及测量方法（中国第六阶段）》，从 2019 年 7 月 1 日开始实施。国Ⅵ标准进一步加严了污染物的排放限值，增加了对颗粒物数量（PN）的要求，具体如表 6-8 所示。同时变更了污染物排放测试循环，由国Ⅲ、Ⅳ、Ⅴ阶段的 ESC、ETC 变更为 WHSC（World Harm-Onized Steady State Cycle）和 WHTC（World Harmonised Transient Cycle）循环，此外，还增加了整车实际道路排放测试要求和限值（PEMS）。

表 6-8　国Ⅵ发动机标准循环排放限值

测试循环	CO/[g/(kW·h)]	THC/[g/(kW·h)]	NMHC/[g/(kW·h)]	CH_4/[g/(kW·h)]	NO_x/[g/(kW·h)]	PM/[g/(kW·h)]	PN/[个/(kW·h)]
WHSC（CI①）	1.50	0.13	—	—	0.40	0.01	8×10^{11}
WHTC（CI①）	4.00	0.16	—	—	0.46	0.01	6×10^{11}
WHTC（PI②）	4.00	—	0.16	0.50	0.46	0.01	6×10^{11}

注：①CI 为压燃式发动机。
②PI 为点燃式发动机。

部分燃气发动机除稳态 ESC 试验外，必须进行对催化剂要求更高、转化难度更大的瞬态试验工况 ETC 试验。表 6-7 是 ETC 试验限值，同样规定 CO、NMHC、CH_4（限天然气汽车）、NO_x 和颗粒物的排放值，污染物的排放量均不能超过对应阶段的限值。

天然气发动机通常有两种燃烧策略，一种是稀薄燃烧，另一种是当量比燃烧，根据发动机燃烧策略不同，所匹配的后处理催化剂也有所不同。在国Ⅴ阶段，由于稀薄燃烧具有燃油经济性的优势，成为重型天然气发动机采用的主流路线，轻型天然气发动机主要还是采用当量比燃烧。当量比燃烧天然气发动机在后处理催化剂上使用三效催化剂，同时净化 HC、CO、NO_x 3 种污染物。在国Ⅴ阶段，稀燃天然气发动机在后处理催化剂上主要使用氧化型催化剂，用于净化 HC、CO 等气体污染物，NO_x 靠机内净化达到排放限值的要求。但是在国Ⅵ阶段，NO_x 的排放限值降低到 0.46 g/(kW·h)，单靠机内净化已无法满足排放的要求，必须增加机外净化，但是如果继续采用稀燃路线，就必须增加 SCR 系统，才能解决 NO_x 排放的问题，势必会增加后处理成本。因此，在国Ⅵ阶段采用当量比燃烧+三效催化剂（TWC）成为目前的主流路线。

一、测试方法

1. 台架测试

（1）ESC 测试循环。GB17691—2005 规定了 ESC 试验规程，ESC 循环包括 13 个稳态工况的循环。对于规定的每个工况的测试都是从已预热的发动机尾气中直接取样，并连续测试。每个工况均要测试发动机排放的每种污染物的浓度、排气流量和输出功率。表 6-9 是 ESC 的 13 工况循环。表中 A、B、C 是发动机的转速，计算公式为：

$$\text{转速 A} = n_{lo} + 25\%（n_{hi} - n_{lo}） \tag{6-1}$$

$$\text{转速 B} = n_{lo} + 50\%（n_{hi} - n_{lo}） \tag{6-2}$$

$$\text{转速 C} = n_{lo} + 75\%（n_{hi} - n_{lo}） \tag{6-3}$$

其中，n_{lo} 为低转速，即最大净功率 $P_{(n)}$50%下的转速；n_{hi} 为高转速，即最大净功率 $P_{(n)}$70%下的转速。

表 6-9　ESC 13 工况循环

工况号	发动机转速	负荷百分数	加权系数	工况时间/min
1	怠速	—	0.15	4
2	A	100	0.08	2
3	B	50	0.10	2
4	B	75	0.10	2
5	A	50	0.05	2
6	A	75	0.05	2
7	A	25	0.05	2
8	B	100	0.09	2
9	B	25	0.10	2
10	C	100	0.08	2
11	C	25	0.05	2
12	C	75	0.05	2
13	C	50	0.05	2

ESC13 工况法总测试时间是 28 min，测试包含了不同转速和不同负荷，测试循环较为完整，是发动机后处理催化转化器最常用的测试方法之一。

（2）ETC 测试循环。GB17691—2005 规定了 ETC 试验规程，ETC 循环是逐秒变化的瞬态工况。对于天然气发动机，测试的污染物主要包括 CO、CH_4 和 NO_x。测量污染物先经过环境空气的稀释，然后在稀释的排气中取样测量。如图 6-27，ETC 的测试包括了城市街道、乡村道路和高速公路。不同的测试环境，发动机的功率不同，尾气的温度、浓度均有较大的差异。通常，城市街道循环是所有测试中难度最大的，该循环过程中，车速慢，尾气温度较低，转化难度大。对于天然气汽车，应用最多的是城市公交车，因此，必须详细掌握城市工况循环，以推进催化剂的研发。

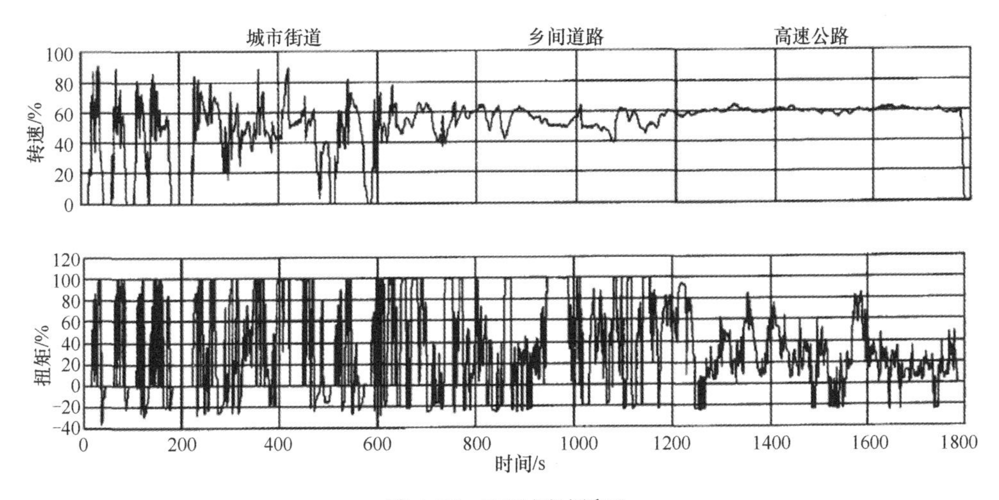

图 6-27　ETC 测试循环

该工况是根据大量实车的经验及试验基础上的数据总结出来的。

（3）WHSC 测试循环。稳态试验循环（WHSC）包含了若干转速规范值和扭矩规范值工况，在进行试验时，根据每台发动机的瞬态性能曲线将百分值转化成实际值。发动机按每工况规定的时间运行，在 20±1 s 内以线性速度完成发动机转速和扭矩转换，具体见表 6-10 所示。为确定试验有效性，试验完成后应对照基准循环进行实际转速扭矩和功率的回归分析。

在整个试验循环过程中测定气态污染物的浓度、排气流量和输出功率，测量值是整个循环的平均值。气态污染物可以连续采样或采样到采样袋，颗粒物取样经稀释空气连续稀释并收集到合适的单张滤纸上。

表 6-10　WHSC 试验循环

序号	转速规范值/%	扭矩规范值/%	工况时间/s
1	0	0	210
2	55	100	50
3	55	25	250
4	55	70	75
5	35	100	50
6	25	25	200
7	45	70	75
8	45	25	150
9	55	50	125
10	75	100	50
11	35	50	200
12	35	25	250
13	0	0	210
合计			1895

（4）WHTC 测试循环。WHTC 测试循环是目前国内发动机台架测试要求最严格的测试方法。该循环是为防治机动车尾气排放对环境污染和改善北京大气环境质量而编制的北京地方标准的测试方法。WHTC 测试循环包括了部分欧Ⅵ的技术要求。表 6-11 是 WHTC 测试循环第Ⅳ、Ⅴ、Ⅵ阶段的排放限值[15]。WHTC 与 ETC 实验循环类似，均是 1800 s 的瞬态测试循环，WHTC 循环测试最大的难点是加入了发动机的冷启动阶段，其中冷启动占整个循环的 14%。前面章节的研究表明，在高空速、高 H_2O 含量条件下，CH_4 在 400 ℃，甚至更高的温度才能达到起燃，而冷启动阶段的平均温度较热机温度至少低 100 ℃以上，部分时间段的温度在 400 ℃以下，这对催化剂的研究提出了很大的挑战。WHTC 第Ⅴ阶段的限值除 NO_x 的量较 ETC 从 2.0 g/(kW·h)升高到 2.8 g/(kW·h)外，其他污染物的排量是相同的。表面看似乎 WHTC 的要求降低了，但冷启动阶段较低的转化率将导致目前商用的稀燃 CNG 氧化型国Ⅴ催化剂均不能达到排放要求，必须重新设计低温性能更加优异的催化剂。图 6-28 是 WHTC 完整的 1800 s 试验工况，对比图 6-27 的 WHTC 试验循环，ETC 循环除包含冷启动外，还包括了转速较高、功率较高，促使催化剂床层的温度也较高的乡间道路和高速公路循环。这两个循环阶段，尾气温度均在催化剂完全转化温度 T_{90} 以上，此时 CH_4 转化率很高，而这两个阶段占到整个循环的 2/3。综上所述，WHTC 相对于 ETC，在排放要求基本相当的前提下，增加了冷启动，取消了乡间道路和高速公路，使催化剂设计要求大幅提高。WHTC 试验循环第Ⅴ阶段执行日期：2013 年 7 月 1 日起，公交和环卫用途车辆及其发动机实施本标准。2013 年 7 月后（待京外供应商国Ⅲ标准车用柴油时），符合适用范围的所有车辆及其发动机实施 WHTC 标准。

表 6-11　**WHTC 试验限值（IV、V、VI）**（单位：g/(kW·h)）

阶段	CO	NMHC	$CH_4$①	NO_x	PM②
Ⅳ	4.0	0.55	1.1	3.7	0.03
Ⅴ	4.0	0.55	1.1	2.8	0.03
Ⅵ	4.0	0.16	0.5	0.46	0.01

注：①仅适用于燃气发动机。
②不适用于燃气发动机。

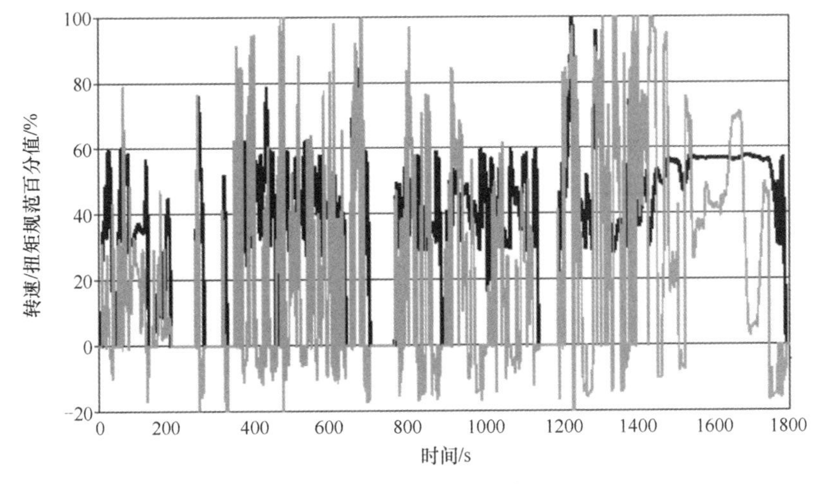

图 6-28　WHTC 测试循环

2. 整车测试

（1）双怠速法及简易工况法。GB18285—2005 规定了点燃式发动机汽车排气污染物排放限值及测量方法，包括双怠速法及简易工况法[16]，该标准自 2005 年 7 月 1 日起实施。表 6-12 规定了不同类型的新生产车在怠速和高怠速时的排放限值[16]。怠速工况指发动机无负载运转时状态，高怠速工况指发动机转速稳定在 50% 额定转速时的工况，该标准重型车的高怠速转速规定为 1800 ± 100 r/min，天然气重型汽车需满足重型汽车的要求。标准中检测的污染物只有 CO 和 HC，无 NO_x 和颗粒物要求。

表 6-12　新生产汽车排气污染物排放限值（体积分数）

车型	类别			
	怠速		高怠速	
	CO/%	HC/$\times10^{-6}$	CO/%	HC/$\times10^{-6}$
2005 年 7 月 1 日起新生产的第一类轻型汽车	0.5	100	0.3	100
2005 年 7 月 1 日起新生产的第二类轻型汽车	0.8	150	0.5	150
2005 年 7 月 1 日起新生产的重型汽车	1.0	200	0.7	200

包括稳态工况法和瞬态工况法。

稳态工况法在底盘测功机上测试循环，包括 ASM5025 和 ASM2540 两个工况，详细工况见图 6-29 和表 6-13。ASM5025 运行速度是 25 km/h；ASM2540 运行速度是 40 km/h。测试总时长 270 s。该测试循环常用于机动车的年检等，均为热机测试，无冷启动阶段，对催化剂要求相对较低。

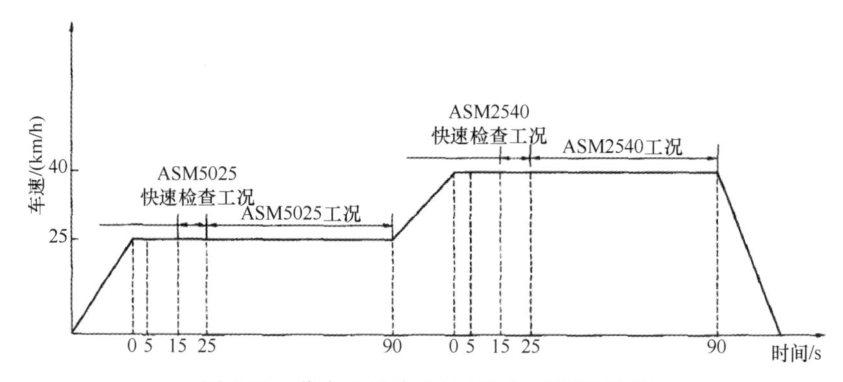

图 6-29　稳态工况法（AMS）试验运转循环

表 6-13　稳态工况法（AMS）试验运转循环表

工况	运转次序	转速/(km/h)	操作时间 *t*/s	测试时间 *t*/s
5025	1	25	5	—
	2	25	15	—
	3	25	25	10
	4	25	90	65
2540	5	40	5	—
	6	40	15	—
	7	40	25	10
	8	40	90	65

瞬态工况法在底盘测功机上进行，具体循环如表 6-15 和图 6-30。瞬态工况循环包括怠速、加速、等速、减速等，各工况所占时间比例列于表 6-14，在整个测试循环中，怠速和等速均占 30%左右。该循环能够较好地反映实车运行情况，并最大限度地模拟车辆在不同状态时的排放情况。

（2）NEDC 测试循环。GB18352.3—2005 规定了 I 型试验的试验循环是由 1 部（市区运转循环）和 2 部（市郊运转循环）组成，如图 6-31、表 6-16 及表 6-17 所示。由四个市区运转循环和一个市郊运转循环组成，总时间为 1180 s。

表 6-14　按工况分解表

工况	时间/s	百分比/%
怠速	60	30.8
怠速、车辆减速、离合器脱开	9	4.6
换挡	8	4.1
加速	36	18.5
等速	57	29.2
减速	25	12.8
合计	195	100

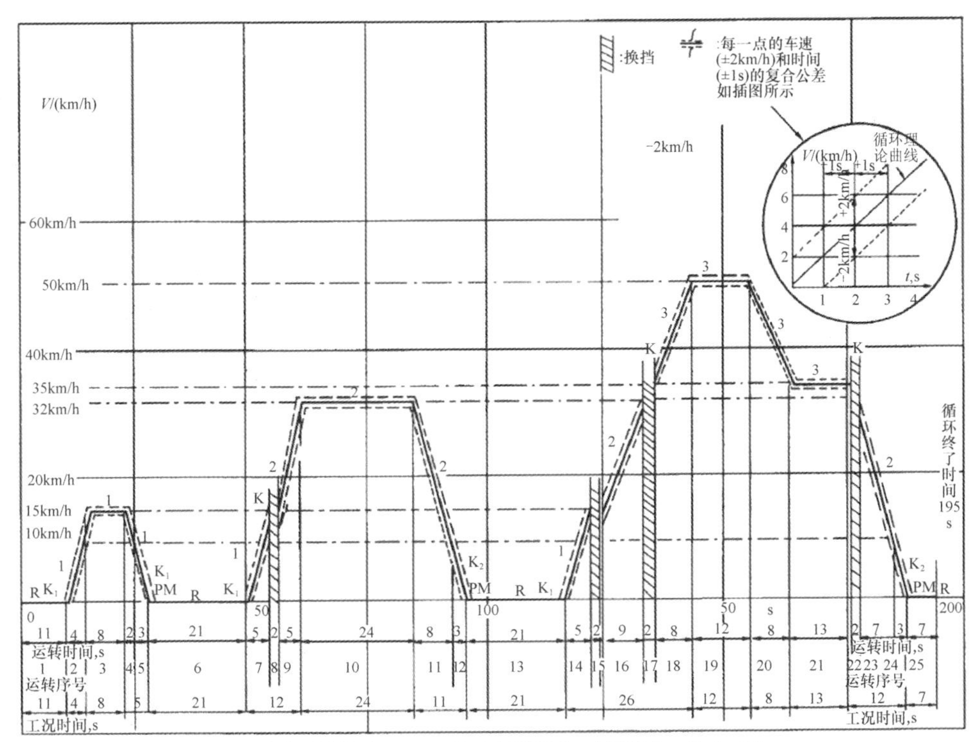

注：k 为离合器脱开；k_1、k_2 为离合器脱开，变速器在一档或二档；1 为一档；2 为二档；3 为三档；PM 为空档；R 为怠速。

图 6-30　瞬态工况法试验运转循环

表 6-15　瞬态工况运转循环

操作序号	操作	工序	加速度/(m^2/g)	速度/(km/h)	每次时间/s		累计时间/s	手动换挡时使用的档位
					操作	工况		
1	怠速	1	—	—	11	11	11	6sPM+5sK_1
2	加速	2	1.04	0→15	4	4	15	1

续表

操作序号	操作	工序	加速度/(m^2/g)	速度/(km/h)	每次时间/s		累计时间/s	手动换挡时使用的档位
					操作	工况		
3	等速	3	—	15	8	8	23	1
4	减速	4	–0.69	15→10	2	5	25	1
5	减速，离合器脱开		–0.92	10→0	3		28	K_1
6	怠速	5	—	—	21	21	49	16sPM+5sK_1
7	加速	6	0.83	0→15	5	12	54	1
8	换挡				2		56	—
9	加速		0.94	15→32	5		61	2
10	等速	7	—	32	24	24	85	2
11	减速	8	–0.75	32→10	8	11	93	2
12	减速，离合器脱开		–0.92	10→0	3		96	K_2
13	怠速	9	—	—	21	24	117	16sPM+5sK_1
14	加速	10	0.83	0→15	5	26	122	1
15	换挡				2		124	—
16	加速		0.62	15→35	9		133	2
17	换挡				2		135	—
18	加速		0.52	35→50	8		143	3
19	等速	11	—	50	12	12	155	3
20	减速	12	–0.52	50→35	8	8	163	3
21	等速	13	—	35	13	13	176	3
22	换挡				2		178	
23	减速	14	–0.86	32→10	7	12	185	2
24	减速，离合器脱开		–0.92	10→0	3		188	K
25	怠速	15	—	—	7	7	195	7sPM

（3）WLTC 测试循环。GB18352.6—2016 规定了全球轻型车统一测试循环（WLTC）由低速段（Low）、中速段（Medium）、高速段（High）和超高速段（Extra High）4 部分组成，持续时间共 1800 s。其中低速段的持续时间 589 s，中速段的持续时间 433 s，高速段的持续时间 455 s，超高速段的持续时间 323 s。如图 6-32 所示。该测试循环与上述的 NEDC 循环相比，最大的特点就是变稳态循环为瞬态循环，同时增加了超高速段。

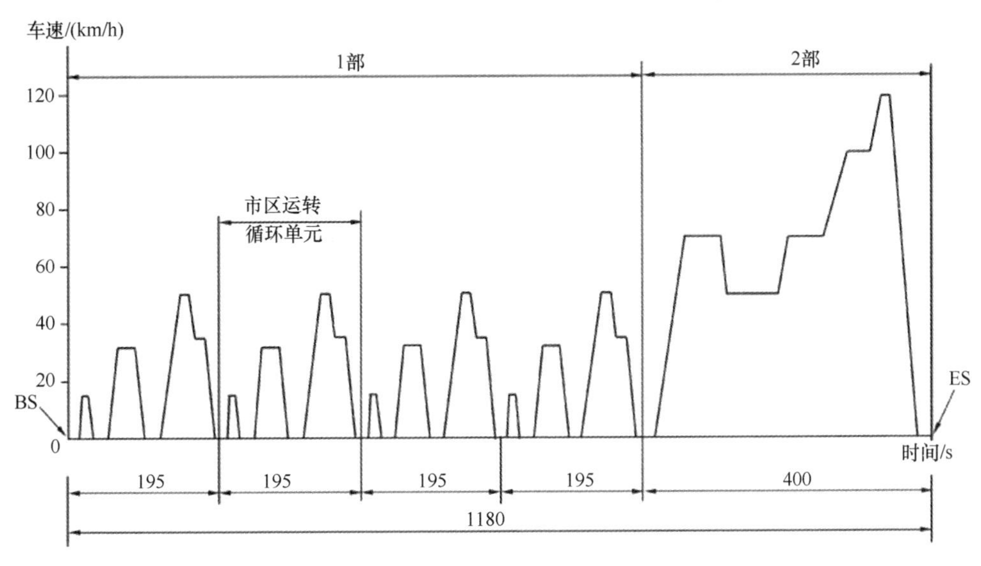

图 6-31 NEDC 试验循环

表 6-16 NEDC 1 部循环单元

操作序号	操作	工况	加速度/(m/s^2)	车速/(km/h)	每次时间 操作/s	每次时间 工况/s	累计时间/s	手动换挡时使用的挡位
1	怠速	1			11	11	11	6s·PM+5s·K_1
2	加速	2	1.04	0→15	4	4	15	1
3	等速	3		15	8	8	23	1
4	减速	4	–0.69	15→10	2	5	25	1
5	减速/离合器脱开		–0.92	10→0	3		28	K_1
6	怠速	5			21	21	49	16s·PM+5s·K_1
7	加速	6	0.83	0→15	5	12	54	1
8	换挡				2		56	
9	加速		0.94	15→32	5		61	2
10	等速	7		32	24	24	85	2
11	减速	8	–0.75	32→10	8	11	93	2
12	减速/离合器脱开		–0.92	10→0	3		96	K_2
13	怠速	9			21	21	117	16s·PM+5s·K_1
14	加速	10	0.83	0→15	5	26	122	1
15	换挡				2		124	
16	加速		0.62	15→35	9		133	2
17	换挡				2		135	
18	加速		0.52	35→50	8		143	3

续表

操作序号	操作	工况	加速度/（m/s^2）	车速/（km/h）	每次时间		累计时间/s	手动换挡时使用的挡位
					操作/s	工况/s		
19	等速	11		50	12	12	155	3
20	减速	12	−0.52	50→35	8	8	163	3
21	等速	13		35	13	13	176	3
22	换挡				2		178	
23	减速	14	−0.86	35→10	7	12	185	2
24	减速/离合器脱开		−0.92	10→0	3		188	K_2
25	怠速	15			7	7	195	7sPM

注：PM 为变速器置空挡，离合器接合。
K_1、K_2 为变速器置一档或二档，离合器脱开。

表 6-17　NEDC 2 部循环单元

操作序号	运转状态	工况	加速度/（m/s^2）	车速/（km/h）	每次时间		累计时间/s	手动换挡时使用的挡位
					操作/s	工况/s		
1	怠速	1			20	20	20	$K_1$①
2	加速		0.83	0→15	5		25	1
3	换挡				2		27	—
4	加速		0.62	15→35	9		36	2
5	换挡	2			2	41	38	—
6	加速		0.52	35→50	8		46	3
7	换挡				2		48	—
8	加速		0.43	50→70	13		61	4
9	等速	3		70	50	50	111	5
10	减速	4	−0.69	70→50	8	8	119	4s.5+4s.4
11	等速	5		50	69	69	188	4
12	加速	6	0.43	50→70	13	13	201	4
13	等速	7		70	50	50	251	5
14	加速	8	0.24	70→100	35	35	286	5
15	等速	9		100	30	30	316	5②
16	加速	10	0.28	100→120	20	30	336	5②
17	等速	11		120	10	10	346	5②
18	减速		−0.69	120→80	16		362	5②
19	减速	12	−1.04	80→50	8	34	370	5②
20	减速/离合器脱开		−1.39	50→0	10		380	$K_5$①
21	怠速	13			20	20	400	PM①

注：①PM 为变速器置空档，离合器接合；k_1k_5 为变速器置一档或五档，离合器脱开。
②如果车辆装有多于 5 档的变速器，使用附加档位时应与制造厂推荐的相一致。

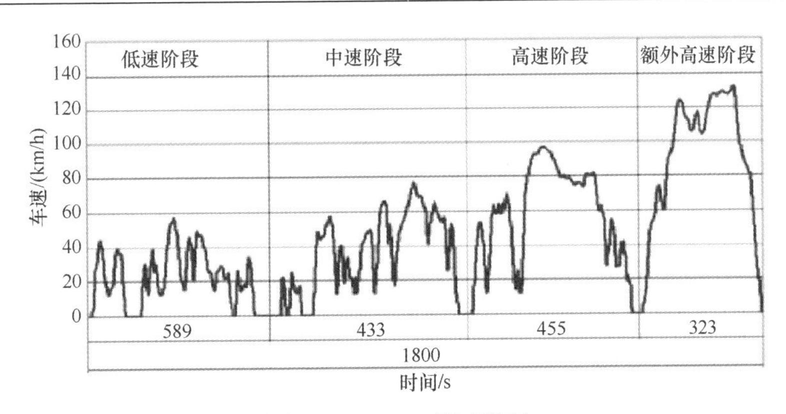

图 6-32　WLTC 测试循环

3. 天然气车匹配路线种类及特点

国Ⅴ天然气车的排放后处理路线主要有 3 种。线路 1 为采用汽油/天然气双燃料发动机+三效催化剂，如图 6-33 所示。采用该技术路线一般适用于排量< 2.0 L 的车型，这类车一般是通过汽油发动机改装而成，主要是轻型车，针对该类车的后处理催化剂不但要处理汽油燃料产生的废气，还要能处理天然气燃料产生的废气。由于两种燃料产生的废气不同，所用的催化剂也不相同，因此在匹配该车时常常使用分区涂覆的技术，一段主要用于净化汽油燃料产生的废气，另一段主要用于净化天然气燃料产生的废气，从而使整车排放也可以满足国Ⅴ排放要求。

图 6-33　汽油/天然气发动机+三效催化剂

线路 2 为采用稀燃天然气发动机+氧化型催化剂，如图 6-34 所示。采用该技术路线一般是通过柴油机改制而成重型天然气发动机，考虑到燃油经济性，所以继续采用稀薄燃烧的技术路线。该技术方案中，通过优化发动机，使 NO_x 的排放低于国Ⅴ限值要求，后处理催化剂主要处理 HC（主要包括 CH_4）和 CO。

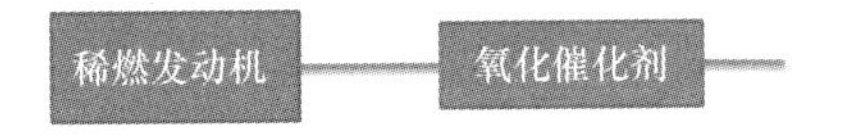

图 6-34　稀燃发动机+氧化型催化剂

路线 3 为采用当量比天然气发动机+三效催化剂，如图 6-35 所示。该方案原则上大小排量发动机均适用，通过氧传感器的实时反馈实现发动机在不同工况条件下对混合气空燃比和点火时刻的精确控制，使空燃比始终控制在 $\lambda = 1$ 附近，三效催化剂在此条件下可以使 CO、HC、NO_x 3 种污染物均达到较高的转化效率。

图 6-35　当量比发动机+三效催化剂

二、天然气发动机/车催化剂匹配举例

1. 基体选择

基体的选择主要考虑基体的体积、孔目数、壁厚等因素。基体的体积大小决定着催化剂的空速，基体的体积太小，催化剂的空速就会很高，尾气在催化剂上停留的时间过短从而不利于尾气的净化。在国Ⅴ阶段天然气发动机排量与催化剂体积比在 0.8～1.2 之间是比较合适的比例。基体的孔目数影响基体的有效表面积，孔目数越高，催化剂的表面积越大，尾气与催化剂的接触面积越大越有利于尾气净化。但是孔目数越高，基体的制备工艺越复杂，价格也会更高，背压也会相应增加。基体的壁厚越薄，基体的传热性能越好，催化剂的升温速率越快，但是薄壁的基体在机械强度上会有一定的下降，制备工艺也更复杂，相应的价格也会有一定的增加。因此在选择基体时需要多方面综合来考虑。总的来说，在国Ⅴ阶段，天然气催化剂选择的基体体积与发动机的排量基本在 1∶1，孔目数为 400 目，壁厚为 4 mil 或 6 mil 的较为常用。

为了研究孔目数对催化剂转化效率的影响，选取了一台某厂家 5.25 L 稀燃天然气发动机，配置单级基体，基体尺寸为 Φ 190.5×152.4，贵金属含量 80 g/ft^3，Pt∶Pd=1∶5。测试了 300 cpsi 和 400 cpsi 的催化剂在发动机不同转速下的转化率，如图 6-36 所示。400 目的催化剂转化率高于 300 目的催化剂，在不同的转速下可提高 3%～5%的转化率。这是因为基体目数的提高，增大了催化剂反应面积，进而提高了催化剂的转化率。

2. 催化剂涂层技术

（1）贵金属含量及比例。针对天然气车后处理催化剂，活性组分采用的贵金属主要为 Pt、Pd、Rh。天然气车尾气净化催化剂分为两类，一类是以 Pt、Pd 为主的氧化型催化剂，一类是以 Pt、Pd、Rh 或 Pd、Rh 为主的三效催化剂。Pt、Pd 主要是解决 HC/CO/碳烟等的氧化，Rh 主要是针对 NO_x 的还原。值得指出的是无论市场价格如何，Rh 的价格基本都是高于 Pd。故在实际应用匹配中，选择贵金属 Pd 和 Rh 的含量和比例，既要考虑其对排放污染物的净化效果，也要考虑成本

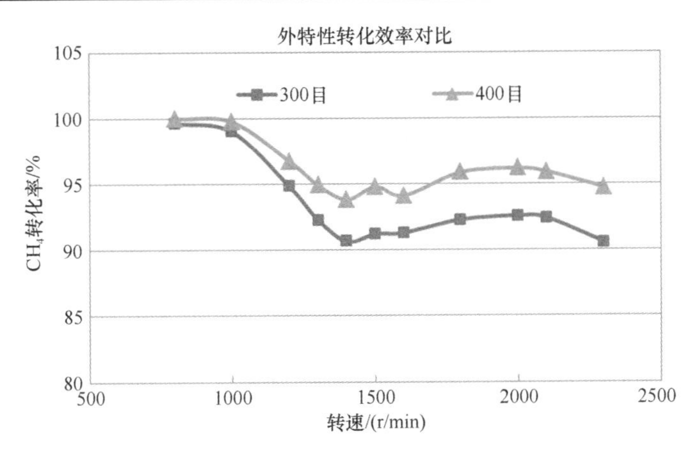

图 6-36　基体孔目数对催化剂转化率的影响

问题。而为了满足不同水平的排放标准，需要优化贵金属含量和比例以达到上述目的。由于天然气车尾气中的 HC 主要是 CH_4，鉴于 CH_4 的特殊性，天然气车催化剂的贵金属用量一般高于汽油车，为了满足天然气车国Ⅴ排放标准，催化剂中贵金属的使用量一般在 80～150 g/ft^3，根据发动机的原排特征不同而有所不同。

某 3.76 L 稀燃天然气发动机原排数据如表 6-18 所示，其中 CO 和 NO_x 的排量很低，原排低于国Ⅴ标准，CH_4 和 NMHC 超过限值，其中 CH_4 的原始排放量达到 14.524 g/(kW·h)，超过限值 1.1 g/(kW·h)的 13 倍。需要净化的污染物主要为 CH_4 和 NMHC。针对这款发动机，我们匹配的催化剂体积为：前后两个 Φ 150 × 100/400 cisi，单个基体的体积为 1.766 L，总体积是 3.53 L，与发动机的排量比为 0.94。贵金属负载量 120 g/ft^3，Pt∶Pd=1∶5，催化剂涂层选用以 ZrO_2 和 Al_2O_3 为主要组分的 CNG-3 基体，催化剂命名为 PT120-CNG-3。该催化剂台架测试结果如下表 6-18 所示。该催化剂对 CO 有很高的转化率，国Ⅴ要求 4.0 g/(kW·h)，经催化剂后 CO 仅剩 0.159 g/(kW·h)，转化率高达 95.6%。对 CH_4 的转化率也高达 96.5%，未转化的 CH_4 排量是 0.502 g/(kW·h)，低于国Ⅴ限值 1.1 g/(kW·h)。排放结果满足国Ⅴ排放标准。

表 6-18　PT120-CNG-3 发动机台架 ETC 测试数据总结

污染物	国Ⅴ标准/[g/(kW·h)]	原排/[g/(kW·h)]	催化剂后/[g/(kW·h)]	转化率/%
CO	4.0	3.578	0.159	95.6
NO_x	2.0	1.753	1.361	—
CH_4	1.1	14.524	0.502	96.5
NMHC	0.55	2.143	0.069	96.8

另一款发动机是5.64 L排量的稀燃天然气发动机。该发动机的原排较上一款发动机更加恶劣，其中CH_4的原排高达28.79 g/(kW·h)，超过限值的26倍。针对这款发动机，我们匹配的催化剂体积为前后两个Φ 190 × 100/400 cisi，单个堇青石体积是2.82 L，总体积是5.64 L，与发动机的排量比为1。由于该发动机的原排太高，因此在贵金属用量上较上一款发动机有所增加，贵金属负载量150 g/ft^3，Pt∶Pd = 1∶5，催化剂涂层选用以Ce/Zr/AlO_x为主要组分的CNG-4基体，催化剂命名为PT150-CNG-4。该催化剂的台架测试结果总结于表6-19。该催化剂对CO有很高的转化率，经催化剂后CO仅剩0.046 g/(kW·h)，转化率高达98.0%，对CH_4的平均转化率也高达97.7%，CH_4的排放量仅为0.67 g/(kW·h)，低于国Ⅴ限值1.1 g/(kW·h)。PT150-CNG-4催化剂满足国Ⅴ排放标准。装催化剂后，主要污染物之一的CH_4排量降至原排的二十六分之一，即装催化剂后26辆车的污染量等同于不装催化剂时1辆车的污染量，从这也可以看出安装尾气净化催化剂的必要性和解决环境问题的有效性。

表6-19　PT150-CNG-4发动机台架ETC测试数据总结

排放物	国Ⅴ标准/[g/(kW·h)]	原排/[g/(kW·h)]	催化剂后/[g/(kW·h)]	转化率/%
CO	4.0	2.35	0.046	98.0
NO_x	2.0	1.5	1.51	—
CH_4	1.1	28.79	0.67	97.7
NMHC	0.55	N/A	N/A	—

（2）两级催化剂匹配技术。北京在2013年发布了北京地方法规DB11/964–2013，从2013年3月1日起，开始实施WHTC台架工况法。WHTC测试循环是北京市借鉴部分欧Ⅵ法规后出台的要求最严格的排放测试方法。WHTC测试循环是目前天然气发动机唯一从冷启动就开始测试的方法。整车的NEDC和WLTC循环测试包含冷启动的测试循环，在该类包含冷启动的测试循环下，催化剂入口在刚开始的一段时间内温度非常低，在达到催化剂的起燃温度以前，催化剂的转化效率非常低，大量的污染物会被排出。为了能达到使催化剂快速起燃的目的，第一是将催化剂的安装位置尽量提前到靠近发动机的位置，第二是增加贵金属的用量，以降低催化剂的起燃温度。

对于某款稀燃天然气发动机，考虑WHTC循环包含冷启动阶段，我们在设计催化剂的时候加入了密偶催化剂（相对于放在底盘的催化剂，放在离发动机更近的位置，催化剂入口温度较高）。分前后级两个催化剂，具体细节如表6-20。前级密偶催化剂为了提高催化剂的低温活性，将贵金属的含量提高到200 g/ft^3，并提高了贵金属中Pd的含量，提高CH_4在低温时的转化率，并且前级选用导热性更好的金属基体，后级贵金属的用量也提高到 150 g/ft^3，采用陶瓷基体。

表 6-20　催化剂方案明细表

	前级密偶催化剂		后级催化剂	
	基体规格	贵金属含量及比例	基体规格	贵金属含量及比例
催化器方案	金属基体：Φ 104×110×100/200 cpsi，1 支	1∶9∶0，200 g/ft^3	陶瓷基体：Φ 267×101.6/400 cpsi，1 支	1∶5∶0，150 g/ft^3

图 6-37 是 WHTC 下的原排和催化剂后的 HC 排放对比图，图 6-38 是 WHTC 循环下的温度变化曲线。前 400 s 催化剂床层的温度均在 300 ℃以下，在发动机的气氛和温度下，该温度段即使全球最好的催化剂对 CH_4 的转化率也非常低，在前 400 s，催化剂对 HC 几乎没有转化率。特别需要关注的是 400～500 s 这一段，温度在 300～400 ℃之间，对照转化率曲线发现，这一段时间内，催化剂已经达到很高的转化率；600～1600 s 这段时间，催化剂的温度集中在 400～500 ℃之间，此时催化剂对 HC 达到完全转化，此催化剂表现出非常优异的温度特性。表 6-21 列出了 WHTC 循环下主要污染物原排和催化剂后的平均排放量。最难转化的 CH_4

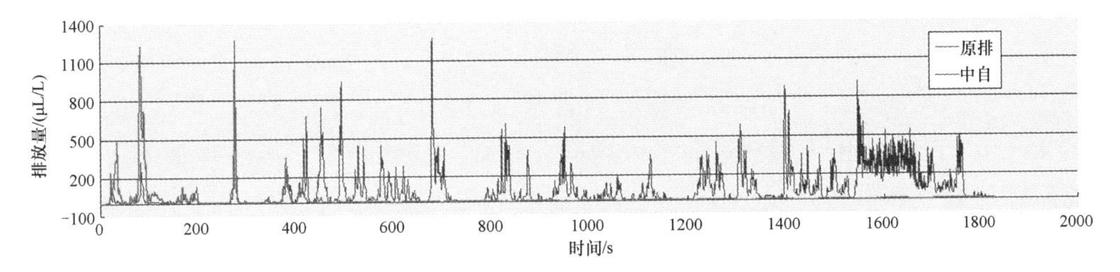

图 6-37　WHTC 循环下 HC 排放对比

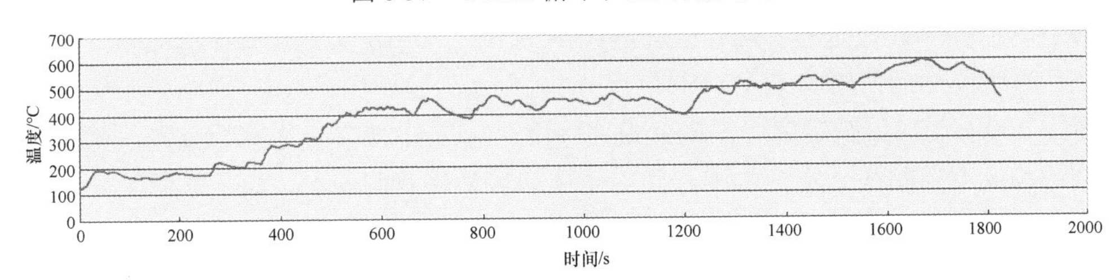

图 6-38　WHTC 循环下温度变化曲线

表 6-21　发动机台架 WHTC 循环测试数据总结

催化器	排放值		
	NO_x[限值 2.8 g/(kW·h)]	CH_4[限值 1.1 g/(kW·h)]	NMHC[限值 0.55 g/(kW·h)]
原排	2.268	7.249	2.574
	2.308	10.002	3.169
催化器后	1.54	0.226	0.086

经催化剂后，排放量从原排的 10 g/(kW·h)降至 0.226 g/(kW·h)，低于 1.1 g/(kW·h)的限值，排放达到京Ⅴ要求。对于前 400 s 的排放问题，目前正在研究的解决方法是在催化剂涂层上加入分子筛类碳氢吸附剂，即在低温时，将碳氢吸附到催化剂的表面，在温度升高到一定值时，HC 化合物再被释放出来，然后被催化剂氧化。目前碳氢吸附剂还处于实验室研发阶段，未进行商业化使用。对于 HC 吸附剂，主要需解决的问题是水热稳定性、吸附量及脱附温度等。

某汽油/天然气双燃料车采用的是柳机 1.8 L 自然吸气的发动机，整车测试质量 2100 kg，属于第二类第Ⅲ类车，设计目标是满足国Ⅴ第二类第Ⅲ类排放标准。原始排放如表 6-22 所示。

表 6-22 Q490 原始排放（单位：g/km）

	THC	NO_x	CO	NMHC	CH_4
国Ⅴ限值	0.16	0.082	2.27	0.108	
汽油原排	1.475	4.083	8.73	1.433	0.042
天然气原排	0.804	3.256	7.18	0.234	0.570

这款车为双燃料车，要求后处理催化剂需要同时处理汽油废气和天然气废气，因此我们在匹配时考虑了采用两级催化剂，催化剂前级 Φ 118.4 × 63.5/600-4，体积是 0.7 L。后级 Φ 118.4 × 90/400-4，体积是 0.99 L。总体积 1.69 L。两级基体均采用康宁公司的进口基体。前级贵金属含量 100 g/ft^3，Pd/Rh=95/5，后级贵金属含量 45 g/ft^3，Pt/Pd/Rh=10/25/5。前级采用高孔目数的基体是为了增加基体的表面积，进而增加废气和催化剂反应的表面积。前级采用高贵金属含量有利于降低催化剂的起燃温度，让 HC、CO、NO_x 能快速起燃，催化剂一旦达到起燃后，会放出热量，使催化剂床层温度升高，当达到一定的温度后，后级即使贵金属负载量较低，污染物也可以达到完全转化。前级催化剂使用的 Pd-Rh 配方有利于汽油废气的净化，后级催化剂使用的 Pt-Pd-Rh 配方有利于天然气废气的净化。前级贵金属上载量为 100 g/ft^3，后级贵金属上载量为 40 g/ft^3，总贵金属含量为 67.8 g/ft^3，就催化剂的总成本控制在一定的范围，同样能达到国Ⅴ排放的要求。由于该款车为双燃料车，根据 GB18352.5—2013 的要求，需要分别进行汽油燃料和天然气燃料的排放测试。该催化剂在检测中心的测试结果如表 6-23 所示。从表中可以看出，该催化剂对 CO、HC、CH_4、NO_x 均有很高的转化率，尤其是 NO_x 的转化率高达 99%，且各种污染物的排放值均小于国Ⅴ排放限值的 50%。

按 GB18352.5—2013 的要求，国Ⅴ车的耐久里程为 16 万千米。根据法规要求，该款进行了 16 万千米的耐久。每 1 万千米后进行分别进行汽油燃料和天然气燃料的排放测试，汽油燃料下的测试结果如表 6-24 所示，天然气燃料下的测试结果如表 6-25 所示。

表 6-23 催化剂在两种燃料下的新鲜排放结果（单位：g/km）

	THC	NO_x	CO	NMHC	CH_4
国Ⅴ限值	0.16	0.082	2.27	0.108	
汽油排放	0.052	0.036	0.757	0.050	0.002
天然气排放	0.055	0.027	0.840	0.005	0.050
平均转化率（汽油）	96.5%	99.1%	91.3%	96.5%	95.2%
平均转化率（天然气）	93.2%	99.2%	88.3%	97.9%	91.2%

表 6-24 汽油燃料下 0～16 万千米排放结果

里程/(万千米)	THC/(g/km)	NOx/(g/km)	CO/(g/km)	NMHC/(g/km)
国Ⅴ限值	0.16	0.082	2.27	0.108
0	0.052	0.036	0.757	0.05
1	0.036	0.016	0.534	0.033
2	0.069	0.033	0.651	0.066
3	0.055	0.044	0.733	0.052
4	0.068	0.042	0.817	0.064
5	0.054	0.056	0.695	0.050
6	0.072	0.059	0.718	0.068
7	0.082	0.036	1.096	0.077
8	0.059	0.054	1.080	0.054
9	0.084	0.054	1.479	0.076
10	0.084	0.058	0.725	0.079
11	0.052	0.037	1.012	0.046
12	0.076	0.058	0.908	0.071
13	0.045	0.063	0.856	0.041
14	0.040	0.048	0.821	0.036
15	0.054	0.044	1.035	0.049
16	0.056	0.051	0.936	0.051

表 6-25 天然气燃料下 0～16 万千米排放结果

里程(万千米)	THC/(g/km)	NO_x/(g/km)	CO/(g/km)	NMHC/(g/km)	CH_4/(g/km)
国Ⅴ限值	0.16	0.082	2.27	0.108	
0	0.055	0.027	0.840	0.005	0.05
1	0.053	0.014	1.167	0.003	0.049
2	0.077	0.024	1.441	0.038	0.039
3	0.046	0.023	0.470	0.006	0.040
4	0.083	0.039	1.888	0.012	0.071
5	0.074	0.032	1.344	0.010	0.064
6	0.085	0.051	1.419	0.015	0.070
7	0.086	0.027	1.529	0.008	0.078
8	0.074	0.026	1.777	0.008	0.066

续表

里程(万千米)	THC/(g/km)	NO_x/(g/km)	CO/(g/km)	NMHC/(g/km)	CH_4/(g/km)
9	0.078	0.035	1.908	0.006	0.072
10	0.123	0.041	1.435	0.041	0.082
11	0.079	0.040	1.023	0.008	0.071
12	0.071	0.038	1.160	0.008	0.062
13	0.064	0.051	0.957	0.007	0.057
14	0.053	0.069	0.842	0.007	0.046
15	0.097	0.071	1.258	0.009	0.088
16	0.089	0.042	1.052	0.008	0.082

从整个 16 万 km 的排放结果来看（图 6-39），在汽油燃料下，THC 的排放均在国Ⅴ限值的 60%以下，NO_x、CO、NMHC 的排放均在国Ⅴ限值的 80%以下，满足国Ⅴ的要求且还有一定的富余量。

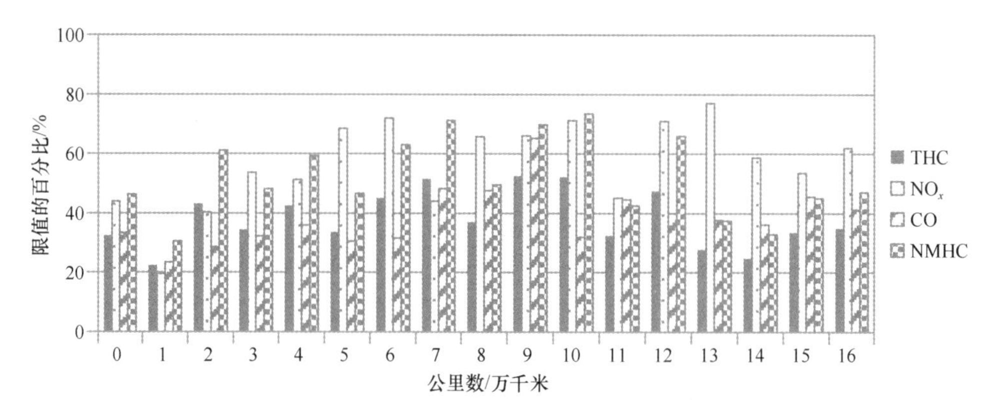

图 6-39　汽油燃料下 0～16 万千米的排放结果

从图 6-40 中可以看出，在天然气燃料下，THC 的排放均在国Ⅴ限值的 80%以下，除个别千米数外，大部分 NO_x、CO 的排放均在国Ⅴ限值的 80%以下，满足国Ⅴ的要求且还有一定的富余量。

综上所述，该催化器对汽油燃料和天然气燃料的尾气均有很高的转化率，经 16 万千米耐久后排放满足国Ⅴ要求。

3. 分区涂覆技术

当贵金属含量较低时，使用分区涂覆技术可使提升催化剂的转化效果。分区涂覆，即在催化剂的前半段涂覆高贵金属的涂层，让 CO、CH_4 能快速起燃，当前段催化剂起燃后，会放出热量，使催化剂床层温度升高，后半段即使贵金属负载

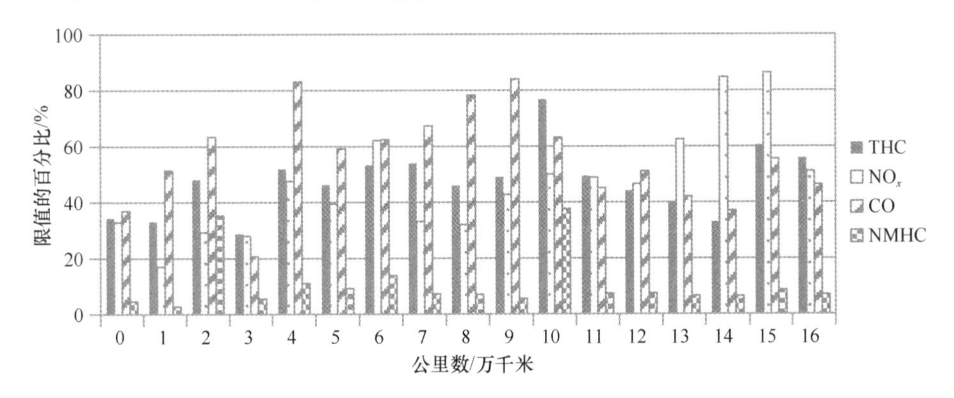

图 6-40　天然气燃料下 0～16 万千米排放结果

量较低，在较高的温度下 CH_4 也可以达到完全转化。国内某 14 L 的天然气发动机，由于该发动机排量较大，匹配的催化剂也相对较大，匹配的基体规格为 Φ 330×152.4/300 cpsi，体积 13 L。由于客户对成本有较高的要求，贵金属的含量最高只能做到 80 g/ft^3，对于要达到国Ⅴ的排放标准有一定的难度，因此针对该发动机运用了分区涂覆技术，将此款催化剂设计成前半段贵金属负载量 120 g/ft^3，后半段 40 g/ft^3，总贵金属含量为 80 g/ft^3。满足用户对催化剂成本的要求。该催化剂的台架测试结果如表 6-26 所示。CH_4 的原排（发动机在不加催化器时的排放）在 367～680 μL/L，NMHC 原排在 525～981 μL/L；经催化剂后，这两种污染物均达到 99%以上的转化率，甚至有若干工况点转化率达 100%（此时，未转化的污染物量低于测试仪器的检测限）。催化剂性能满足客户要求。

表 6-26　PT80-CNG-1 发动机台架测试结果

扭矩	CH_4 原排/（μL/L）	NMHC 原排/（μL/L）	温度/℃	未转化 CH_4/（μL/L）	未转化 HC/（μL/L）	CH_4 转化率/%	NMHC 转化率/%
1583	523	760	572	5.7	9	98.90	98.81
1662	572	828	591	4.4	8.6	99.20	98.96
1703	680	981	601	3.8	7.5	99.40	99.24
1781	637	941	597	2.48	5.4	99.60	99.43
1818	630	914	598	1.52	4.4	99.75	99.52
1844	640	929	592	0.95	2.5	99.61	99.73
1784	679	974	593	–0.4	1.12	100	99.88
1783	604	863	592	–1.5	–0.8	100	100
1585	488	623	586	–2.3	–0.9	100	100
1450	395	564	584	–2.4	2.7	100	99.52
1337	386	555	582	–2.08	3.4	100	99.39
1165	367	525	580	–0.88	4.08	100	99.22

第三节　摩托车尾气净化催化剂应用匹配

摩托车尾气净化排放要满足法规标准要求，需要从机内净化和机外净化两个方面着手。机内净化，就是从有害排放物的生成机理出发，在燃烧室内部对有害排放物的生成反应予以最大限度的控制，从根本上达到降低排放的目的。机外净化是在发动机外部对燃烧后的废气进行处理，使其中的有害成分转化成无害成分后再排入大气中。可以说，机内净化是在燃烧完善度方面寻求解决方案，而机外净化则是在排气系统中寻求处理方案。在排气系统中寻找最佳的净化尾气的方案是本章重点研究对象。摩托车尾气净化催化剂在与摩托车的匹配是系统工程，通过了解摩托车的尾气成分、空燃比特点和尾气温度场分布，然后有针对性地设计三效催化剂，最终使催化剂的性价比到达最优状态。对摩托车尾气净化催化剂，其应用验证主要是在整车上进行，台架耐久试验可以快速判断催化剂耐久性能。整车测试涉及转毂实验台上进行的标准循环排放测试和整车耐久排放试验。以下就摩托车尾气净化催化剂应用匹配中涉及的测试方法和常见的几种匹配技术进行举例。

一、测试方法

1. 台架耐久试验

摩托车排放法规一般要求摩托车催化剂的使用寿命，国III排放标准耐久里程要求根据摩托车车型和排量的不同为1.2万～3.0万千米不等，国Ⅳ耐久里程要求根据摩托车车型和排量的不同2.0万～3.5万千米不等。一般情况下，摩托车整车耐久1万千米试验周期为1个月，为了提高催化剂的匹配效率和快速的验证催化剂系统的寿命，可以采用台架快速老化的方式来评价其耐久性，通过与汽油台架老化等里程换算，摩托车耐久1万千米台架老化只需要10 h。摩托车台架老化的设计依据主要来源于汽油车的SBC台架老化理论。摩托车台架老化时催化剂的布局和参数控制如图6-41所示。

2. 整车测试

（1）摩托车整车排放试验。摩托车整车排放试验，是按照法规规定的测试方法，在整车转毂实验台上进行的排放测试。在中国摩托车排放实施III阶段，根据适用的范围不同，颁布了两个排放标准，分别为GB14622—2007规定了摩托车污染物排放限值及测量方法（工况法，中国III阶段）和GB18176—2007规定了轻便摩托车污染物排放限值及测量方法（工况法，中国III阶段），两个标准自2008年

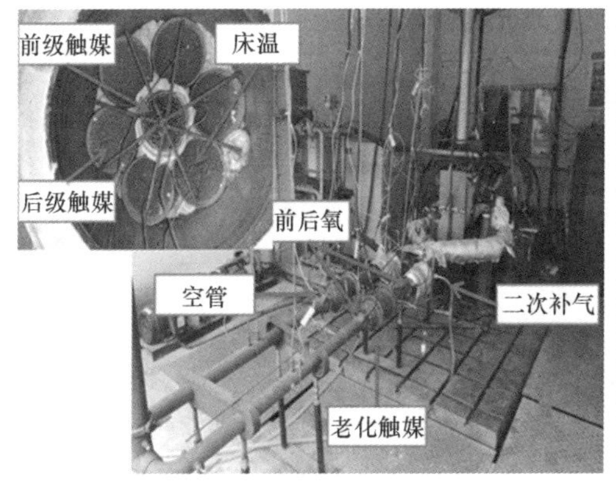

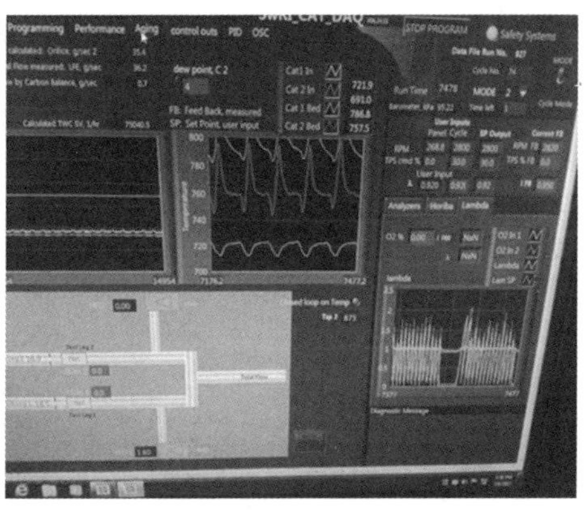

图 6-41　摩托车台架老化时催化剂的布局和参数控制

7 月 1 日起实施。在中国摩托车排放实施Ⅳ阶段，根据适用的范围不同，颁布了两个排放标准，分别为 GB14622—2016 规定了摩托车污染物排放限值及测量方法（工况法，中国Ⅳ阶段）和 GB18176—2016 规定了轻便摩托车污染物排放限值及测量方法（工况法，中国Ⅳ阶段），两个标准自 2018 年 7 月 1 日起实施。

摩托车整车排放测试是最准确、最能反应催化剂实际性能的试验方法。将催化剂焊接在摩托车排气消声器内，按照规定的工况运行进行实车测试来评价匹配催化剂是否满足排放标准。整个测试系统包括底盘测功机、摩托车、废气采样系统，排气分析系统等其他辅助设备。

摩托车工况法是指按照常用的工况模型测量或检测摩托车燃油、排放等性能的一种试验方法。摩托车工况法根据适用范围的不同分成两个排放标准 GB14622 和 GB18176，现将两个标准进行对比分析，如表 6-27 所示。

（2）整车耐久试验。整车耐久试验，是按照指定的驾驶循环，在底盘测功机上进行试验，以此达到法规规定的耐久里程，该试验需要较长的试验周期和较大的财力投入，一般要 1 万千米需要 1 个月才能完成。如 AMA 循环，见图 6-49。在中国国Ⅲ排放标准的整车工况试验和整车耐久试验过程中，催化剂所面临的环境是不同的，整体来说，耐久循环的工况更恶劣，具体表现详见图 6-50 和 6-51 测试循环和耐久循环的空燃比对比和催化剂前温度对比，一般情况下，耐久循环的催化剂前排气温度比测试循环排气温度高 100～200 ℃，耐久循环的空燃比较测试循环的空燃比偏浓。对于中国国Ⅲ和国Ⅳ排放标准的整车耐久试验要求相同的。驾驶循环曲线的基本原理是模拟实际道路驾驶的加速、减速和匀速等不同的驾驶工况。在实际道路试验中有很多因素也会影响排放效果，诸如发动机的标定策略，发动机的零部件状况，油品和驾驶员的驾驶行为等，这些都要在实际操作中进行监控，以确保试验的正常运行。

表 6-27 标准 GB14622—2007 和 GB18176—2007 的区别

对比项目	标准 GB14622—2007	标准 GB18176—2007
适用范围	适用于整车整备质量不大于 400 kg、发动机排量大于 50 mL 或最大设计车速大于 50 km/h 的装有点燃式发动机的两轮或三轮摩托车。	适用于整车整备质量不大于 400 k、发动机排量不大于 50 mL 或最大设计车速不大于 50 km/h 的装有点燃式发动机的两轮或三轮摩托车。
排放限值	详见表 6-28 标准 GB14622—2007 摩托车排气污染物排放限制。	详见表 6-29 标准 GB18176—2007 轻便摩托车排气污染物排放限制。
工况特点	对于三轮摩托车和发动机排量小于 150 mL 的两轮摩托车，试验由 6 个连续的市区循环构成，1 次试验持续 1170 s；对于发动机排量不小于 150 mL 的两轮摩托车，试验由 6 个连续的市区循环加 1 个市郊循环构成，持续时间为 1570 s。	1 次试验持续 896 s，又 8 个连续运行的循环组成，其中前 4 个循环为冷态试验循环，后 4 个循环为热态试验循环，每个试验由 7 个解读组成（怠速、加速、等速和减速等）。
摩托车磨合	至少行驶 1000 km。	至少行驶 250 km。
Ⅰ型运行循环	详见表 6-30 标准 GB14622—2007 市区运行循环市区运行循环和图 6-42 标准 GB14622—2007 Ⅰ型试验运行循环，图 6-43 三轮摩托车和发动机排量小于 150 mL 的两轮摩托车的运行循环(UDC)；详见表 6-31 标准 GB14622—2007 市郊运行循环和图 6-44 发动机排量不小于 150 mL 的两轮摩托车的运行循环（UDC+EUDC）。	详见表 6-32 标准 GB18176—2007 底盘测功机上的运行循环和图 6-45 标准 GB18176—2007 Ⅰ型试验运行循环，图 6-46 轻便摩托车试验运行循环。
耐久里程	详见表 6-33 标准 GB14622—2007 摩托车类型和耐久测试试验总里程。	轻便摩托车总耐久里程为 10000 km。
Ⅴ型运行循环	详见图 6-47 标准 GB14622—2007 耐久循环运行规范。	详见图 6-48 标准 GB18176—2007 耐久循环运行规范。
Ⅴ型运行循环最大车速	详见表 6-34 标准 GB14622—2007 车辆耐久循环最大车速（km/h）。	详见表 6-34 标准 GB18176—2007 车辆耐久循环最大车速（km/h）。
耐久试验里程和测试次数	详见表 6-35 标准 GB14622—2007 试验里程和测量次数。	详见表 6-36 标准 GB18176—2007 试验里程和测量次数。
劣化系数计算方法	将所有的排气污染物的测量结果作为耐久行驶里程的函数进行绘图，行驶里程按四舍五入方法圆整到整数。利用最小二乘法得到所有测量点的最佳拟合直线，计算时不考虑 0 km 的测量结果，并采用外推法得出耐久性试验总里程时每种排气污染物的排放量。	
基准燃料要求	研究法辛烷值（RON）不小于 93； 硫含量，%（质量分数）不大于（0.010～0.015）	

表 6-28 标准 GB14622—2007 摩托车排气污染物排放限制

类别		排放限值/(g/km)		
		CO	HC	NO_x
两轮摩托车	<150 mL(UDC)	2.0	0.8	0.15
	≥150 mL(UDC+EUDC)	2.0	0.3	0.15
三轮摩托车	全部(UDC)	4.0	1.0	0.25

注：UDC 指 ECER40 试验循环模型，包括全部 6 个市区循环模型的排气污染物测量，采样开始时间 T=0。UDC+EUDC 指高车速为 90 km/h 的 ECER40＋EUDC 试验循环模型，包括市区和市郊全部循环模型的排气污染物测量，采样开始时间 T=0。

表 6-29 标准 GB18176—2007 轻便摩托车排气污染物排放限制

排气污染物	排放限制/(g/km)	
	两轮轻便摩托车	三轮轻便摩托车
CO、L_1	1.0	3.5
HC+NO_x，L_2	1.2	1.2

表 6-30　标准 GB14622—2007 市区运行循环

操作序号	运行状态	工况号	加速度/(m/s^2)	车速/(km/h)	经历时间		累计时间/s	手动变速箱使用挡位
					运行时间/s	工况时间/s		
1	怠速	1			11	11	11	6sPM+5sK
2	加速	2	1.04	0～15	4	4	15	按 C.6.5、C.6.6、C.6.7 条规定
3	等速	3		15	8	8	23	
4	减速	4	–0.69	15～10	2	5	25	
5	减速离合器脱开		–0.92	10～0	3		28	K
6	怠速	5			21	21	49	16sPM+5sK
7	加速	6	0.74	0～32	12	12	61	按 C.6.5、C.6.6、C.6.7 条规定
8	等速	7		32	24	24	85	
9	减速	8	–0.75	32～10	8	11	93	
10	减速离合器脱开		–0.92	10～0	3		96	K
11	怠速	9			21	21	117	16sPM+5sK
12	加速	10	0.53	0～50	26	26	143	按 C.6.5、C.6.6、C.6.7 条规定
13	等速	11		50	12	12	155	
14	减速	12	–0.52	50～35	8	8	163	
15	等速	13		35	13	13	176	
16	减速	14	–0.68	35～10	9	12	185	
17	减速及离合器脱开		–0.92	10～0	3		188	K
18	怠速	15			7	7	195	7sPM

注：PM 为空挡，离合器接合；K 为离合器脱开。

表 6-31　标准 GB14622—2007 市郊运行循环

操作序号	运行状态	工况号	加速度/(m/s^2)	车速/(km/h)	经历时间		累计时间/s	手动变速箱使用挡位
					运行时间/s	工况时间/s		
1	怠速	1			20	20	20	EUDC 所使用的换挡点按摩托车制造企业提供的规范实施
2	加速	2	0.47	0～70	41	41	61	
3	等速	3		70	50	50	111	
4	减速	4	–0.69	70～50	8	8	119	
5	等速	5		50	69	69	188	
6	加速	6	0.43	50～70	13	13	201	
7	等速	7		70	50	50	251	
8	加速	8	0.24	70～90	23.1	23.1	274.1	
9	等速	9		90	84	84	358.1	
10	减速	10	–0.69	90～80	3.9	21.9	362	
11	减速		–1.04	80～50	8		370	
12	减速及离合器脱开		–1.39	50～0	10		380	
13	怠速	11			20	20	400	

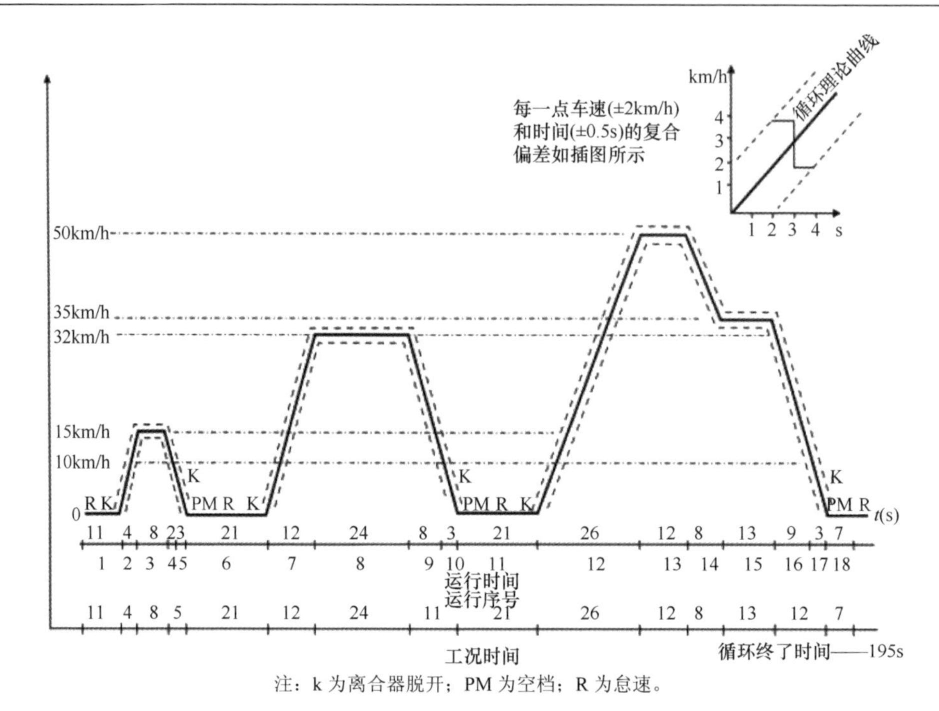

注：k 为离合器脱开；PM 为空档；R 为怠速。

图 6-42　标准 GB14622—2007 Ⅰ型试验运行循环

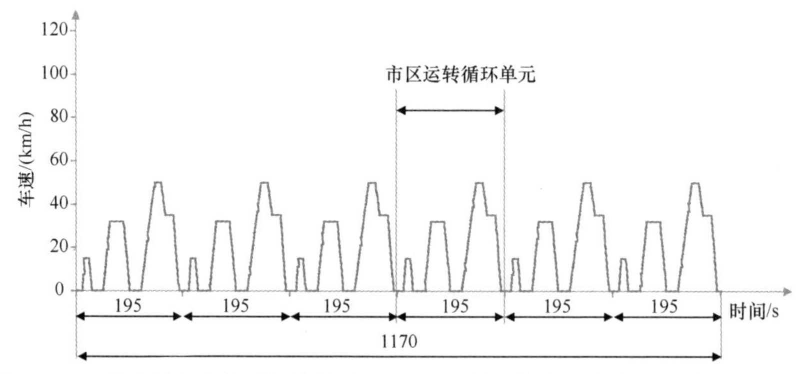

图 6-43　三轮摩托车和发动机排量小于 150 mL 的两轮摩托车的运行循环（UDC）

二、摩托车尾气净化催化剂匹配举例

摩托车化排放要满足国Ⅲ标准要求，需要从机内净化和机外净化两个方面着手。机内净化是在燃烧完善度方面寻求解决方案，而机外净化则是在排气系统中寻求处理方案，下面重点介绍机外净化的工作流程。

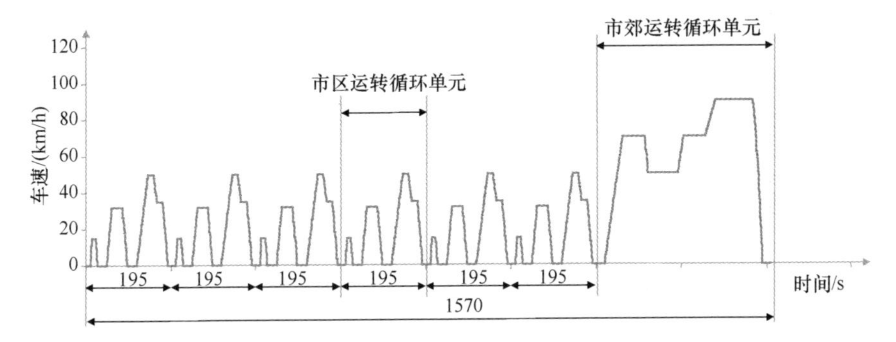

图 6-44　发动机排量不小于 150 mL 的两轮摩托车的运行循环（UDC+EUDC）

表 6-32　标准 GB18176—2007 底盘测功机上的运行循环

序号	运行状态	加速度/(m/s^2)	车速/(km/h)	运行时间/s	累计时间/s
1	怠速	—	—	8	8
2	加速	油门全开	0→最大		—
3	等速	油门全开	最大	57	—
4	减速	−0.56	最大→20		65
5	等速	—	20	36	101
6	减速	−0.93	20→0	6	107
7	怠速	—	—	5	112

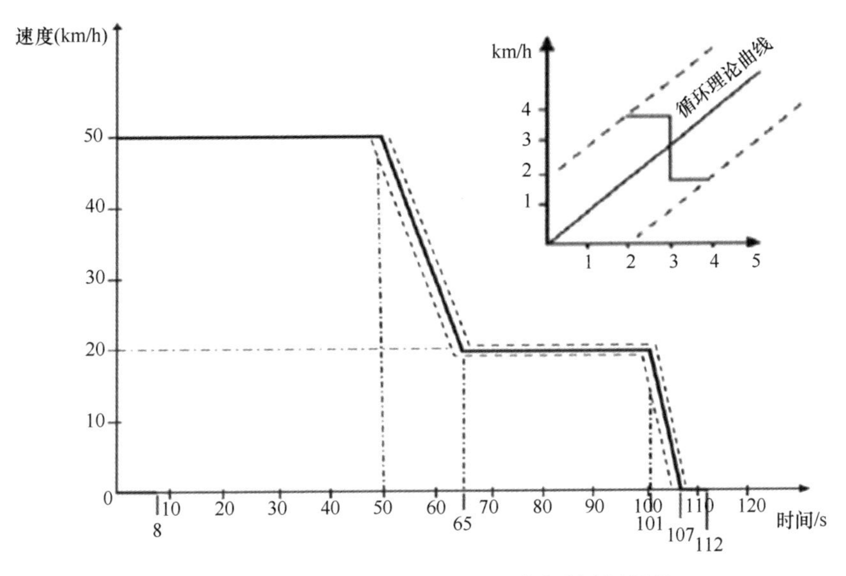

图 6-45　标准 GB18176—2007 Ⅰ 型试验运行循环

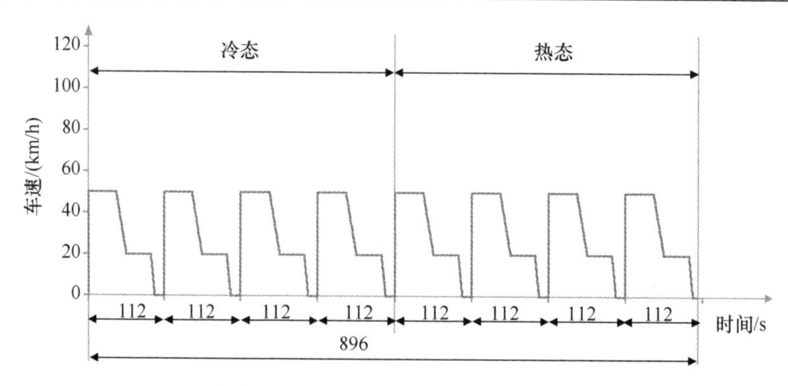

图 6-46　轻便摩托车试验运行循环

表 6-33　标准 GB14622—2007 摩托车类型和耐久测试试验总里程

摩托车类型	发动机排量/mL	最高车速/(km/h)	最少试验里程/km	试验总里程/km
I	<150 mL	不限	6000	12000
II	≥150 mL	<130	9000	18000
III	>150 mL	≥130	15000	30000

表 6-34　标准 GB14622—2007 和标准 GB18176—2007 车辆耐久循环最大车速

循环	GB14622—2007 摩托车类型/(km/h)				循环	GB18176—2007/(km/h)
	I	II	III			
			方案一	方案二		
1	65	65	65	65	1	45
2	45	45	65	45	2	35
3	65	65	55	65	3	45
4	65	65	5	65	4	45
5	55	55	55	55	5	35
6	45	45	55	45	6	35
7	55	55	70	55	7	35
8	70	70	55	70	8	45
9	55	55	46	55	9	35
10	70	90	90	90	10	45
11	70	90	110	110	11	45

表 6-35　标准 GB14622—2007 试验里程和测量次数

摩托车种类	初次试验里程/km	最少试验里程/km	最少测量次数
I	2500	6000	4
II	2500	9000	4
III	3500	15000	4

表 6-36　标准 GB18176—2007 试验里程和测试次数

初次试验里程/km	最少试验里程/km	最少测量次数
1000	5000	4

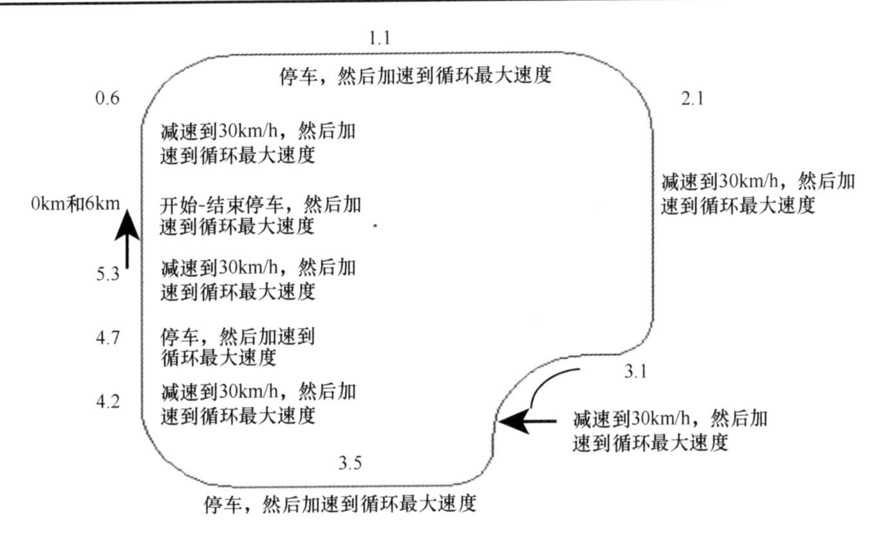

图 6-47　标准 GB14622—2007 耐久循环运行规范

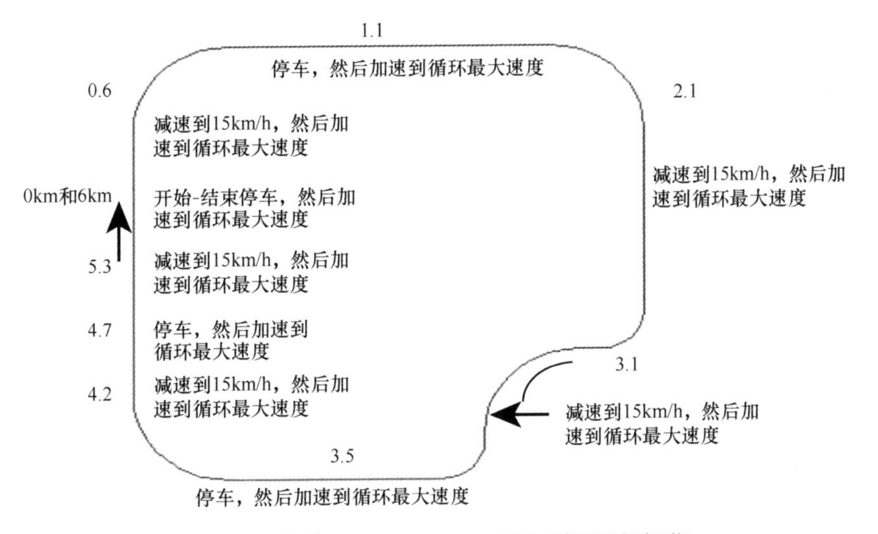

图 6-48　标准 GB18176—2007 耐久循环运行规范

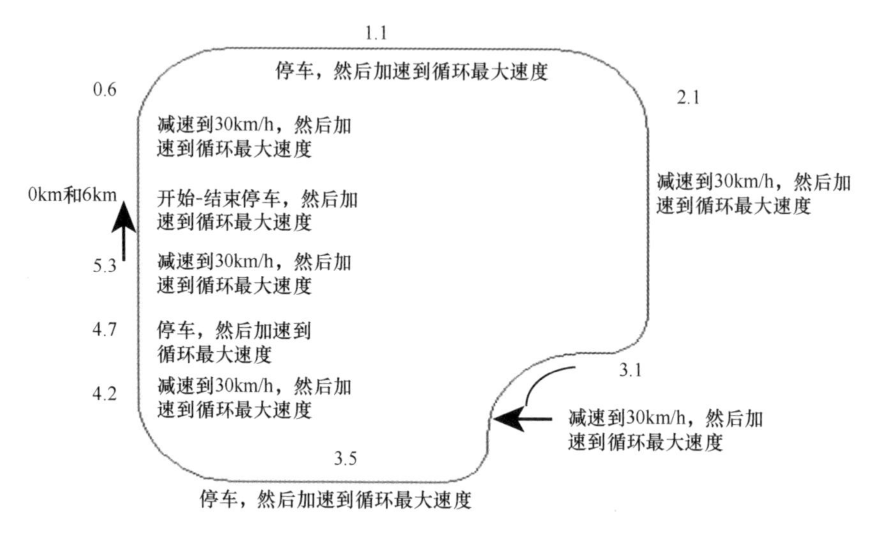

图 6-49　标准 GB14622—2007 耐久循环运行规范

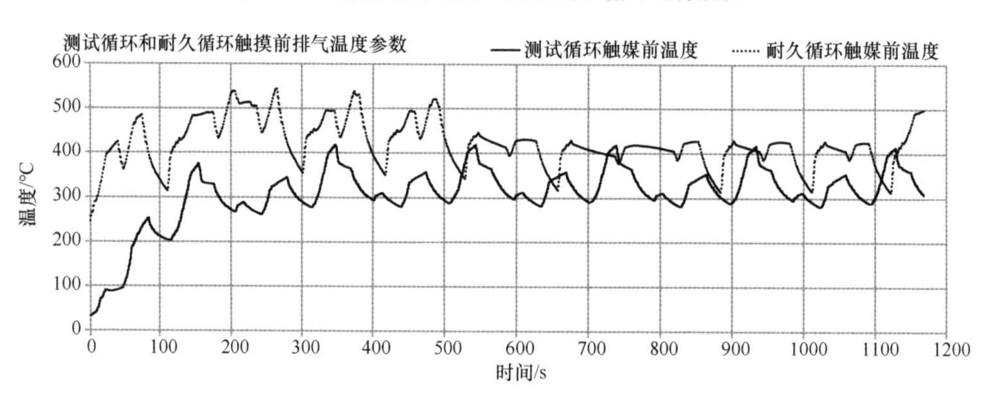

图 6-50　测试循环和耐久循环催化剂前排气温度对比

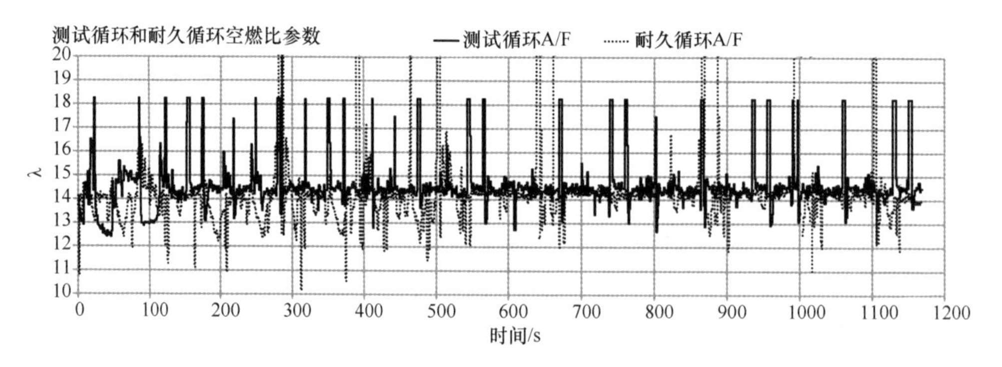

图 6-51　测试循环和耐久循环催化剂前空燃比对比

1. 匹配前的准备工作

在进行国III匹配试验之前必要的准备工作：①对原车排放系统进行调校，如化油器、氧传感器及空燃比控制精度等，使每个部件都处于最佳的工作状态，最大限度地降低原始排放。如果经过精细的调整仍不能达到理想状况，就说明有的部件存在质量问题，应当更换或采取其他措施；②采用工况法测试原始排放值（按国家相关标准进行），测试过程中最好同时作连续稀释采样，以便了解整车各工况的 CO、HC、NO_x 的排放量，寻求解决排放的最佳方案，得到 HC、CO 和 NO_x 的原始排放值。如果 3 者的排放值出现极端，如 CO 偏高，则说明控制燃烧不完全，属于富燃，或叫偏浓；反之，若 NO_x 偏高，则是氧过量，属于贫燃，或叫偏稀，则要对原车控制系统重新调校，直到理想为止；③测量排气管温度场分布，以确定催化剂安装位置。排气管温度场分布分为两种，一种是排放工况下的温度场分布，另一种是耐久工况下的温度场分布。通过两个温度场确定催化剂的安装位置。用热电偶详细测量整个排气管离发动机不同距离的温度，一般两个测试点之间的距离在 50 mm 以内，找出温度为 300～700 ℃之间的位置，这个过程要在发动机的不同转速下重复测试多次，可根据工况法的几种发动机转速来测试，最后确定多数情况下温度出现在 350～550 ℃之间的位置，这就是催化剂的最佳安装位置，最后再根据安装的方便和整车的外观等因素进行适当的调整。

2. 选定标准实验样车

选定标准实验样车要求：①选定同排量中具有代表性的车型，以利于相似车型的扩展匹配；②样车必须为检测合格的产品车，同时其发动机缸压和进气负压必须合格，无漏气、烧机油（四冲程）等不良现象；③对样车必须进行磨合 1000 km 以上使发动机和整车达到一个相对稳定的状态，磨合后清理或者更换滤芯，更换机油后运行 500 km 后适合做排放测试，同时对整车和发动机进行调试检测确保合格无异常现象；④与排放相关的部件（如；发动机、化油器、空滤器、消声气、轮胎等）必须选用产品质量稳定的厂家；⑤做等速排放优化整车的动力系统排放的同时兼顾整车性能，一般从化油器、空滤器、消声气入手改进，发动机的改良相对困难。

3. 选择适合的催化剂

选择适合的催化剂，在首先保证催化剂具有较高性能的前提下，还需要根据如下原则选催化剂：①催化剂的体积和孔密度要与发动机排气量协调。通常催化剂体积=排量×(0.8～1.8)即与排量相同或者稍大，原始排放比较理想的化油器车型和使用电子控制燃油喷射（电喷）的车型催化剂体积可稍小。对于由密偶催化剂和三效催化剂组成的催化剂体系，密偶催化剂的体积=排量×(0.8～1.8)或(0.2～0.6)；三效催化剂的体积=排量×(0.8～1.8)或(0.6～1.2)；对于由中偶催化剂组成的催化剂体系，中偶催化剂体积=排量×(0.8～1.8)。目前要满足国III排放标准可供选择的金属基体目数为100～300目。100目的金属蜂窝基体一般情况下不单独使用；②根据原始排放的稀浓程度可选择单Pd型、单Rh型、Pd-Rh型、Pt-Rh型、Pt-Pd-Rh型等催化剂，贵金属用量要适合；③催化剂基体外形，根据背压、安装、美观等因素确定，并与孔密度配合使用。

4. 匹配方案的设计

在匹配催化剂前先了解催化剂的工作特点：摩托车催化转化器的工作特性。在摩托车排放控制中匹配催化剂时，如何合理地安装使用催化剂和保证催化剂的正常工作，需要了解催化剂的主要特性。温度特性：指CO、HC和NO_x在一定的浓度和空速条件下，转化率随温度变化的情况。催化剂的起燃温度指CO、HC和NO_x的转化率达到50%的温度，也是催化剂开始有效工作的温度。起燃温度越低，催化剂发挥作用越快。一般新鲜催化剂的起燃温度为230～280 ℃，老化后会有一定程度的升高。空速特性：在标准状态下，指1 h内通过催化剂气体的体积与催化剂的体积之比。对于同一催化剂，在一定温度、浓度、压力下，由于排气空速不同，其净化效果也不同。摩托车的发动机转速高，催化剂由于空间位置一般配置较小，摩托车催化剂的空速一般较高，催化剂的转化效率偏低。摩托车排放控制能否达到预期目标，需要综合考虑催化剂在各种工况下的排放净化效果。空燃比特性：对同一催化剂，在温度和空速恒定的条件下，CO、HC或NO_x转化率随尾气中氧含量的不同而不同，富氧条件有助于提高CO和HC的转化率，而贫氧条件有助于提高NO_x的转化率。国III摩托车为了追求动力效果，一般情况下尾气是处于偏浓的状态，使用催化剂主要是转化CO和HC，为了保证净化效果，摩托车排气系统需要有充足的氧含量，可以通过化油器的优化匹配或引入二次空气系统补充氧气。由于催化剂长期在高温下工作，易引起涂层结构和活性组分物理、化学状态发生改变，导致催化剂的活性和转化率发生变化。摩托车发动机的排气温度和流速变化很大，这就要求催化剂具有良好的耐热性能，防止催化剂的使用寿命下降。摩托车催化剂在使用过程中，由于燃油和机油中的铅、硫、磷等毒性化合物吸附在催化剂上或与活性组分发生化学反应，所引起的催化剂活性下降或失效现象称为催化剂中毒。先进的发动机技术不仅能够降低机外净化的压力，而且利于机外净化以较低的成本满足严格的排放法规。在摩托车国III排放实际匹配过程中，应根据不同排放技术路线，选用不同类型的催化剂，即根据摩托车催化剂的工作特性，合理选择氧化型、还原型、三元催化型催化剂。方案的设计原则：

①摩托车排气催化控制技术是一项系统化的工程，必须遵循先机内、后机外，内外协调的原则。尾气中污染物浓度超过一定限值（即原始排放恶劣），安装再好的催化剂也达不到国Ⅲ排放标准；②保证整车性能为前提的原则；③以整车原始排放为基础，辅以连续稀释采样或等速排放数据为指导的原则；④力求低成本高可靠、使用维护简单、对使用条件要求尽可能低的原则；⑤采用的方案力求在生产时调试简便，一致性好的原则；⑥多方案优选原则。

5. 匹配路线种类及特点

降低国Ⅲ摩托车排放的技术路线主要有 3 种，分别如图 6-52、图 6-53、图 6-54 所示。

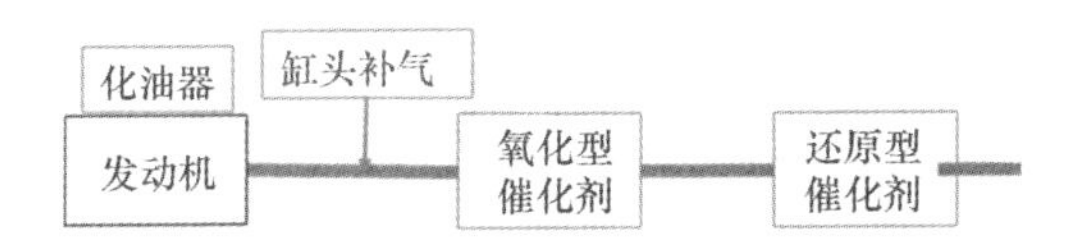

图 6-52　化油器+缸头补气+氧化型催化剂+还原型催化剂

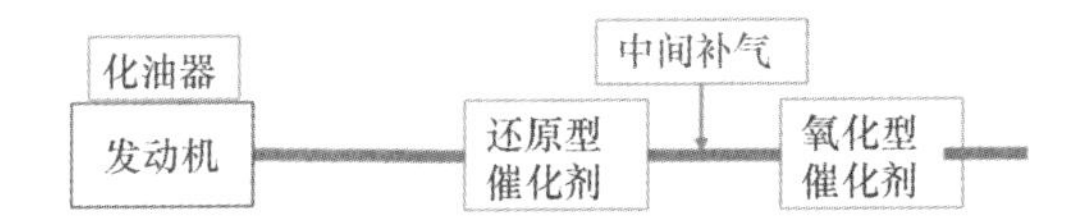

图 6-53　化油器+还原型催化剂+中间补气+氧化型催化剂

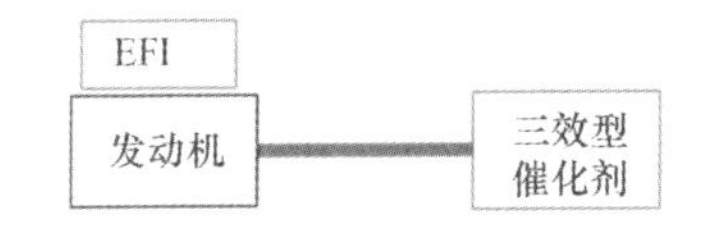

图 6-54　闭环电喷系统+三效型催化剂

路线 1 为采用化油器+缸头补气+氧化型催化剂+还原型催化剂，如图 6-52 所示。技术路线满足国Ⅲ排放方案，一般适应于摩托车排量< 150 mL 的车型，并且要求发动机必须以较好的机内净化为前提，特别是要在降低 NO_x 上做工作，此技术方案需要同时调整化油器使发动机处于浓混合气状态，最大程度降低 NO 排放，但此状态又不利于 CO、HC 的转化，因此增加了二次补气装置，补入新鲜空气（提高氧气含量），提高空燃比，提高催化剂对 CO、HC 的催化效率。在这样的空燃比控制条件下，前级催化剂偏重于氧化型，大量消除 CO、HC 等还原性气体，后级催化剂偏重于还原型催化剂，主要是消除多余的 NO_x，这种技术方案在国Ⅲ排放耐久实验中的难点在于发动机和化油器的劣化，发动机劣化导致原排越来越高，而化油器随着耐久时间的增加量孔和油针的磨损，也会使空燃比越来越低，最终导致排气条件过浓，二次补气阀补给的空气远远不足以消耗 CO、HC，催化剂作

用无法发挥导致超标，因此此项技术路线的关键是提高发动机技术和改进化油器的耐久性能，良好的发动机技术+改进型化油器+尾气净化催化剂，对于中低排量的摩托车也是可以满足国III排放要求的。

路线 2 为采用化油器+还原型催化剂+中间补气+氧化型催化剂，如图 6-53 所示。技术方案中间补气技术方案，与图 6-52 相比，补气位置发生变化，是在前后 2 个催化剂之间安装补气阀。此技术方案满足国III排放标准，一般摩托车排量 < 150 mL 的车型。需要调整原排气，让经过前级的混合气处于浓 CO 排放状态，经过前级还原型催化剂后将 NO_x 消除，多余的 CO、HC 通过后级催化剂消除。在后级催化剂前安装补气阀，补入 CO、HC 需要的氧气，以提高催化剂对 CO、HC 的转化效率，此项技术方案充分利用了催化剂的工作特性，偏浓状态催化剂对 NO_x 具有更高转化效率，而偏稀状态催化剂对 CO、HC 的转化效率更高。此项技术在一定程度上弥补了化油器劣化对排放的影响。因为前级催化剂要求排放处于浓混合状态，排气越浓对 NO_x 的去除效率越高。前级催化剂要求是还原型催化剂，偏重于对 NO_x 净化效果，后级催化剂是氧化型催化剂，偏重于对 CO、HC 氧化反应的催化效果，此项技术路线的主要难点是中间补气阀，由于补气阀所处的位置，导致传统的补气阀在此位置上无法补进新鲜空气，必须采用专用双簧片补气阀[9]。

路线 3 为采用闭环电喷系统+三效型催化剂，如图 6-54 所示。该方案原则上大小排量摩托车均适用，按其有无反馈分开环和闭环系统，使用传感器的数量和功能也各不相同，其性能和价格有很大差异。其能实现在发动机在不同工况条件下对混合气空燃比和点火时刻的精确控制，使发动机燃烧更充分，达到有效降低排放和燃油消耗的目的，能使密偶催化剂和三效催化剂工作在理论空燃比附近达到最高的转化效率。但目前因其价格相对较高、结构复杂且使用条件要求较高，所以多在 150 mL 排量以上车型和整车整备质量较大的车型上使用。该系统末装有氧传感器，可通过精确匹配发动机空燃比控制点与三效催化剂高效工作的空燃比窗口，大幅度降低 CO、HC 和 NO_x 排放，使整车达到国III标准，并能保证一致性和耐久性。相比之下，电喷技术具有显著的优势。尤其闭环电喷的整个控制系统有自适应能力，受到外界影响后，系统可以自我修正，而且性能稳定，能够切实起到控制摩托车排放的作用。要真正满足国III排放标准，电喷系统是最佳的选择。

6. 匹配实验、调试和验证

匹配实验、调试和验证分为 3 个阶段：①样品阶段：考虑整车排放劣化的因素，新鲜催化剂匹配实验结果相对排放限值必须要有足够的富裕量，一般情况下为排放限值的 50%左右，整车的其他性能必须同时合格，然后进行整车耐久试验，耐久里程根据法规规定的标准执行，通过耐久试验后确定催化剂方案是否满足设计要求，若满足要求，则锁定催化剂状态；②小批阶段：样车匹配方案完成后就进入“小批阶段”，即按实验状态复制 60～120 台样车同时复制 60～120 套催化剂进行小批验证实验，从中随机抽取 3～5 台摩托车进行排放试验，并将排放试验的结果和样品阶段的结果进行比较分析，确定摩托车和催化剂小批阶段和样品阶段状态一致性；③量产阶段：小批合格后进行“量产阶段”，从中随机抽取 1～2 台摩托车进行排放试验，并将排放试验的结果和小批阶段、样品阶段的结果进行比较分析，确定摩托车和催化剂批产阶段和小批阶段、样品阶段状态一致性。以上任何阶段出现问题都须认真分析改进，甚至可能更改催化剂方案。

7. 催化剂的性能和寿命评价

随着整车厂的发动机技术进步和催化剂企业的技术提升，摩托车三效催化剂的贵金属含量从最初的超过 100 g/ft^3，到后来的 40 g/ft^3，再到 32 g/ft^3，甚至 17 g/ft^3，最低到 10 g/ft^3，一般情况下，新鲜催化剂（0 km）的排放值一般要求为国家排放限值的 50%，1000 km 后催化剂的排放值一般要求为国家排放限值的 60%，1/2 耐久里程后催化剂的排放值一般要求为国家排放限值的 75%，为了包容零部件的散差，保证在量产过程中抽车合格，全耐久里程后催化剂的排放值一般要求为国家排放限值的 85%。为了更好地提高催化剂的性价比以及摩托车整车的竞争力，需要主机厂和催化剂企业共同提升技术。

三、摩托车催化剂匹配举例

摩托车尾气净化催化剂匹配案列分别从以下几个方面进行举例说明：①基体选择：分别从基体的体积和基体的目数进行匹配工作，来考察不同的基体对整车排放的影响；②催化剂技术：分别从催化剂贵金属含量、贵金属比例和催化剂涂层涂覆量进行匹配工作，来考察不同的催化剂技术对整车排放的影响；③不同类型的摩托车匹配，分别从排量为 110 CC[①]、125 CC 不同骑行方式车型（弯梁、骑士和踏板车）的匹配案例和不同整车排量（125 CC、150 CC、250 CC），来考察不同类型车型对催化剂匹配的要求。

1. 基体选择

（1）基体体积的匹配。通过改变催化剂基体体积来考察不同基体体积对整车排放结果的影响。

① 1 CC=1 cm^3

某合资品牌的摩托车，排量为 110 CC（弯梁车国Ⅲ认证车），针对这款电喷摩托车，催化剂主要用三效催化剂。通过变更催化剂基体体积来考察催化剂基体体积对排放的影响。前级统一采用基体规格 Φ 35×52×50/200，体积是 0.043 L。前级规格较小的原因是受安装位置和排气背压决定的，催化剂涂层选用低铈和高铈的储氧材料和 Al_2O_3 为主要组分的 MTM-3 基体；主要通过变更后级基体规格来考察基体体积对排放性能的影响，基体规格分别为 Φ 45×112×101.6/300，体积是 0.145 L；Φ 42×100×90/300，体积是 0.113 L；Φ 42 ×100×60/300，体积是 0.075 L。后级规格较大，需要净化大部分的污染物，催化剂涂层选用低铈和高铈的储氧材料和 Al_2O_3 为主要组分的 MTM-3 基体。

在设计这款车的贵金属配方和含量时，提供一种催化剂 Pt-Pd-Rh 型，具体的方案详见表 6-37，通过对三类催化剂进行性能评价，找出性价比更高更适合这款车的催化剂。从以上测试结果看出，本实验提供的催化剂在实际应用中表现出了优异的催化净化性能。三类催化剂消声器定义为 MTC-1、MTC-2、MTC-3。

表 6-37　三类催化剂贵金属配方和含量

编号	催化剂类型	前/后级			前级	后级
		贵金属配比 (Pt/Pd/Rh)	贵金属含量/ (g/ft^3)	催化材料	基体规格	基体规格
MTC-1	Pt-Pd-Rh 型	1/20/5	40	MTM-3	Φ 35×52×50/200	Φ 45×112×101.6/300
MTC-2	Pt-Pd-Rh 型	1/20/5	40	MTM-3	Φ 35×52×50/200	Φ 42×100×90/300
MTC-3	Pt-Pd-Rh 型	1/20/5	40	MTM-3	Φ 35×52×50/200	Φ 42×100×60/300

表 6-38 是弯梁车 110 CC 测试的原始排放数据，从原始排放数据可以看出，该款摩托车 CO 的排放值偏高，重点净化 CO 的排放。

表 6-38　弯梁车 110 CC 测试的原始排放数据（单位：g/km）

CO	THC	NO_x	CO_2
7.094	0.711	0.227	43.65

分别安装催化剂 MTC-1–3 在弯梁摩托车上，测试结果如下表 6-39 所示。

表 6-39　弯梁车 110 CC 安装催化剂后排放数据

催化剂编号	CO/(g/km)	THC/(g/km)	NO_x/(g/km)	CO_2/(g/km)
MTC-1	0.771	0.121	0.052	49.20
MTC-2	1.008	0.143	0.072	48.88
MTC-3	1.432	0.160	0.095	48.52

测试结果表明，该催化剂 MTC-1–3 的设计是成功的，排放结果还满足国Ⅲ法

规要求；MTC-1–3 三个催化剂对 CO 有相当好的氧化性能，但由于催化剂基体体积不同，对 CO 净化性能存在明显差异。MTC-1 催化剂使用的基体体积最大，净化 CO 的能力最好，其次是 MTC-2，表现最差为 MTC-3，与上文的催化剂体积越大，净化效果越好的结论一致。但从催化剂性价比的比较可知，MTC-3 催化剂更具有竞争力，匹配效果最好。

（2）基体目数的匹配。通过改变催化剂基体目数（200 cpsi、300 cpsi、400 cpsi）来考察不同基体目数对整车排放结果的影响。

某合资品牌的踏板摩托车，排量为 125 CC（踏板车国III认证车），针对这款电喷摩托车，催化剂主要用三效型催化剂。通过变更催化剂基体孔目数来考察催化剂基体孔目数对排放的影响。单级催化剂设计，统一采用基体规格 Φ 45×112×101.6，目数分别 200 cpsi、300 cpsi、400 cpsi，体积是 0.145 L。基体规格较大，需要净化大部分的污染物，催化剂涂层选用低铈和高铈的储氧材料和 Al_2O_3 为主要组分的 MTM-3 基体。

在设计这款车的贵金属配方和含量时，提供一种催化剂 Pt-Pd-Rh 型，具体的方案详见表 6-40，通过对三类催化剂进行性能评价，找出性价比更高、更适合这款车的催化剂。从以上测试结果看出，本实验提供的催化剂在实际应用中表现出了优异的催化净化性能。三类催化剂消声器定义为 MTC-4、MTC-5、MTC-6。

表 6-40　三类催化剂贵金属配方和含量

编号	催化剂类型	前/后级			单级基体规格
		贵金属配比(Pt/Pd/Rh)	贵金属含量/(g/ft^3)	催化材料	
MTC-4	Pt-Pd-Rh 型	1/20/5	40	MTM-3	Φ 45×112×101.6/200
MTC-5	Pt-Pd-Rh 型	1/20/5	40	MTM-3	Φ 45×112×101.6/300
MTC-6	Pt-Pd-Rh 型	1/20/5	40	MTM-3	Φ 45×112×101.6/400

表 6-41 是踏板车 125 CC 测试的原始排放数据，从原始排放数据可以看出，该款摩托车 NO_x 的排放值偏高，重点净化 NO_x 的排放。

表 6-41　电喷踏板车 125 CC 原始排放数据（单位：g/km）

CO	THC	NO_x	CO_2
2.466	0.394	0.518	50.98

分别安装催化剂 MTC-4—6 在踏板摩托车上，测试结果如下表 6-42 所示。

测试结果表明，该催化剂 MTC-4–6 的设计是成功的，排放结果还满足国III法规要求；MTC-4–6 三个催化剂对 NO_x 有相当好的氧化性能，但由于催化剂基体孔目数不同，对 NO_x 净化性能存在明显差异。MTC-6 催化剂使用的基体孔目数最大，

表 6-42　踏板车 125 CC 安装 MTC-15—17 催化剂后排放数据

催化剂编号	CO/(g/km)	THC/(g/km)	NO_x/(g/km)	CO_2/(g/km)	油耗/(L/100 km)
MTC-4	0.452	0.108	0.075	53.20	2.30
MTC-5	0.361	0.088	0.059	53.88	2.39
MTC-6	0.422	0.096	0.047	53.52	2.41

净化 NO_x 的能力最好，其次是 MTC-5，表现最差为 MTC-4 与上文的催化剂孔目数越大，净化 NO_x 效果越好的结论一致。但从催化剂净化 CO 的能力看，300 目的方案效果是最好的，而 200 目的净化效果较 300 目差，原因是 200 目的基体孔目数较小，气体的有效接触面积较小，所以表现出净化 CO 和 NO_x 能力要稍差些，然而随着孔目数的增加，当达到 400 目数，由于基体的孔目数较大，使得整个消声器排气背压较大，原始排放的 CO 增加，导致最终排放的 CO 较 300 目增加，所以在选择基体孔目数时需要综合考虑反应面积的大小和背压升高的因素。

2. 催化剂涂层技术

（1）贵金属含量和比例。通过改变催化剂中贵金属配方和含量（Pt/Pd/Rh=5/0/1、1/20/5、0/0/1）来考察不同影响因素对整车匹配结果的影响。

某合资品牌的摩托车排量为 110 CC（踏板车国Ⅲ认证车），针对这款中间补气的化油器摩托车匹配催化剂，前级主要用还原型催化剂，安装位置距离发动机排气口较近，起到快速起燃和净化 NO_x 作用。基体规格 Φ 35×52×50/200，体积 0.043 L。前级规格较小是受安装位置和排气背压决定的，催化剂涂层选用低铈的储氧材料和 Al_2O_3 为主要组分的 MTM-2 基体；后级主要用氧化型催化剂，距离发动机排气口较远，主要起净化 CO 和 HC 的作用，基体规格 Φ 45×112×101.6/300，体积 0.145 L。后级规格较大，需要净化大部分的污染物，催化剂涂层选用高铈的储氧材料和 Al_2O_3 为主要组分的 MTM-1 基体。

在设计这款车的贵金属配方和含量时，提供 3 种催化剂，包括 Pt-Rh 型、Pt-Pd-Rh 型和单 Rh 型，具体的方案详见表 6-43，通过对三类催化剂进行性能评价，找出性价比更高、更适合这款车的催化剂。本试验提供的催化剂总体积是 0.188 L，

表 6-43　三类催化剂贵金属配方和含量

编号	催化剂类型	前级			后级		
		贵金属配比 (Pt/Pd/Rh)	贵金属含量/ (g/ft^3)	催化材料	贵金属配比 (Pt/Pd/Rh)	贵金属含量/ (g/ft^3)	催化材料
MTC-7	Pt-Rh 型	5/0/1	50	MTM-2	5/0/1	50	MTM-1
MTC-8	Pt-Pd-Rh 型	1/20/5	40	MTM-2	1/20/5	40	MTM-1
MTC-9	单 Rh 型	0/0/1	21	MTM-2	0/0/1	21	MTM-1

三类催化剂消声器定义为 MTC-7、MTC-8、MTC-9，在实际应用中表现出了优异的催化净化性能。

表 6-44 是踏板车 110 CC 测试的不同耐久里程原始排放数据，从原始排放数据可以看出，该款摩托车 CO 和 NO_x 的排放值偏高，属于较难净化的车型。该踏板摩托车经过 2 500 km、3 600 km、4 800 km、6 000 km 耐久后，原始排放波动很小，说明摩托车自身的性能较稳定。综合原始排放信息，催化剂主要是解决 CO 和 NO_x 的净化问题和催化剂自生的耐久性能，所以在设计催化剂材料时，重点关注 CO 和 NO_x 协同净化问题。

表 6-44　踏板车 110 CC 测试不同耐久里程原始排放数据

CO/(g/km)	THC/(g/km)	NO_x/(g/km)	CO_2/(g/km)	里程/km
9.191	0.611	0.349	46.15	0
9.317	0.647	0.256	40.92	1000
10.805	0.726	0.189	39.73	2500
9.174	0.665	0.269	41.02	3600
9.165	0.588	0.262	40.51	4800
9.450	0.626	0.275	41.70	6000

表 6-45 是安装 MTC-7 催化剂后测试的不同耐久里程排放数据，该新鲜催化剂对 CO 还是有较高的转化率，国III要求 2.0 g/km，经催化剂后 CO 为 0.535 g/km，转化率高达为 94.18%。该催化剂伴随整车经过 2 500 km、3 600 km、4 800 km、6 000 km 耐久后，推算 12 000 km 的 CO 排放值为 1.394 g/km，接近国III限制的 70%；该新鲜催化剂对 NO_x 还是有较高的转化率，国III要求 0.15 g/km，经催化剂后 NO_x 为 0.063 g/km，转化率为 81.95%。该催化剂伴随整车经过 2 500 km、3 600 km、4 800 km、6 000 km 耐久后，推算 12 000 km 的 NO_x 排放值为 0.089 g/km，接近国III限制的 60%，该催化剂的耐久性能较好。

表 6-45　踏板车 110 CC 安装 MTC-7 催化剂后不同耐久里程排放数据

催化剂状态	CO/(g/km)	THC/(g/km)	NO_x/(g/km)	CO_2/(g/km)	里程/km
新鲜	0.535	0.079	0.063	41.20	0
耐久	1.057	0.115	0.042	40.58	1000
耐久	1.232	0.107	0.039	41.70	2500
耐久	1.111	0.117	0.062	43.43	3600
耐久	1.207	0.106	0.053	42.61	4800
耐久	1.289	0.141	0.060	40.11	6000

表 6-46 是安装 MTC-8 催化剂后测试的不同耐久里程排放数据，该新鲜催化剂

对 CO 有较高的转化率，国III要求 2.0 g/km，经催化剂后 CO 为 0.871 g/km，转化率高达为 90.52%。该催化剂伴随整车经过 2 500 km、3 600 km、4 800 km、6 000 km 耐久后，推算 12 000 km 的 CO 排放值为 1.364 g/km，接近国III限制的 70%；该新鲜催化剂对 NO_x 有较高的转化率，国III要求 0.15 g/km，经催化剂后 NO_x 为 0.057 g/km，转化率为 83.67%。该催化剂伴随整车经过 2 500 km、3 600 km、4 800 km、6 000 km 耐久后，推算 12 000 km 的 NO_x 排放值为 0.100 g/km，接近国III限制的 67%，该催化剂的耐久性能较好。

表 6-46　踏板车 110 CC 安装 MTC-8 催化剂后不同耐久里程排放数据

催化剂状态	CO/(g/km)	THC/(g/km)	NO_x/(g/km)	CO_2/(g/km)	里程/km
新鲜	0.912	0.118	0.056	42.23	0
耐久	1.013	0.153	0.068	42.65	1000
耐久	1.132	0.170	0.097	43.30	2500
耐久	1.148	0.158	0.108	42.41	3600
耐久	0.963	0.148	0.094	41.34	4800
耐久	1.305	0.172	0.100	41.98	6000

表 6-47 是安装 MTC-9 催化剂后测试的不同耐久里程排放数据，该新鲜催化剂对 CO 还是有较高的转化率，国III要求 2.0 g/km，经催化剂后 CO 为 0.556 g/km，转化率高达为 93.94%。该催化剂伴随整车经过 2 500 km、3 600 km、4 800 km、6 000 km 耐久后，推算 12 000 km 的 CO 排放值为 1.420 g/km，国III限制的 71%；该新鲜催化剂对 NO_x 还是有较高的转化率，国III要求 0.15 g/km，经催化剂后 NO_x 为 0.06 g/km，转化率为 82.81%。该催化剂伴随整车经过 2 500 km、3 600 km、4 800 km、6 000 km 耐久后，推算 12 000 km 的 NO_x 排放值为 0.038 g/km，为国III限制的 26%，该催化剂的耐久性能较好，尤其体现在 NO_x 的耐久性能。

表 6-47　踏板车 110 CC 安装 MTC-9 催化剂后不同耐久里程排放数据

催化剂状态	CO/(g/km)	THC/(g/km)	NO_x/(g/km)	CO_2/(g/km)	里程/km
新鲜	0.556	0.105	0.060	40.28	0
耐久	0.840	0.121	0.048	41.80	1000
耐久	0.597	0.104	0.070	42.20	2500
耐久	0.913	0.153	0.042	41.45	3600
耐久	1.203	0.092	0.033	42.79	4800
耐久	1.129	0.122	0.034	40.60	6000

测试结果表明，该催化剂 MTC-7–9 的设计是成功的，无论是新鲜排放还是耐久排放均满足国III法规要求；MTC-7–9 3 个催化剂对 CO 有相当好的氧化性能，

但由于贵金属铑含量不同，对 NO_x 净化性能存在明显差异。MTC-9 催化剂使用的贵金属铑含量最多，净化 NO_x 的能力最好，其次是 MTC-8，表现最差为 MTC-7，与上文的铑催化剂主要起还原性能结论一致。从催化剂性价比的比较可知，MTC-9 催化剂更具有竞争力，匹配效果最好。

（2）涂层涂覆量。通过改变催化剂中涂层涂覆量（100 g/L、200 g/L、300 g/L）来考察不同影响因素对整车匹配结果的影响。

某合资品牌的摩托车排量为 125 CC（踏板车国III认证车），针对这款电喷摩托车匹配催化剂，主要采用三效型催化剂，通过变更催化剂基体孔目数，考察催化剂基体孔目数对排放的影响。单级催化剂设计，统一采用基体规格 Φ45×112×101.6/300，催化剂涂层涂覆量设计分别为 100 g/L、200 g/L、300 g/L，体积是 0.145 L。基体规格较大，需要净化大部分的污染物，催化剂涂层选用低铈和高铈的储氧材料和 Al_2O_3 为主要组分的 MTM-3 基体。

在设计这款车的贵金属配方和含量时，提供一种催化剂 Pt-Rh 型，具体的方案详见表 6-48，通过对三类催化剂进行性能评价，找出性价比更高、更适合这款车的催化剂。从以上测试结果看出，本试验提供的催化剂在实际应用中表现出了优异的催化净化性能。三类催化剂消声器定义为 MTC-10、MTC-11、MTC-12。

表 6-48　三类催化剂贵金属配方和含量

编号	催化剂类型	贵金属配比 (Pt/Pd/Rh)	单级			单级基体规格
			涂覆量/(g/L)	贵金属含量/(g/ft^3)	催化材料	
MTC-10	Pt-Rh 型	7/0/1	100	40	MTM-3	Φ45×112×101.6/300
MTC-11	Pt-Rh 型	7/0/1	200	40	MTM-3	Φ45×112×101.6/300
MTC-12	Pt-Rh 型	7/0/1	300	40	MTM-3	Φ45×112×101.6/300

表 6-49 是踏板车 125 CC 测试的原始排放数据，可以看出，该款摩托车 NO_x 的排放值偏高，重点净化 NO_x 的排放。

表 6-49　电喷踏板车 125 CC 原始排放数据（单位：g/km）

CO	THC	NO_x	CO_2
3.123	0.401	0.564	49.98

分别安装催化剂 MTC-10–12 在踏板摩托车上，测试结果如表 6-50 所示。

测试结果表明，该催化剂 MTC-10–12 的设计是成功的，排放结果满足国III法规要求；MTC-10–12 3 个催化剂对 NO_x 有相当好的氧化性能，但由于催化剂涂层涂覆量不同，对 NO_x 净化性能存在明显差异。MTC-12 催化剂使用的涂层涂覆量

表 6-50　踏板车 125 CC 安装 MTC-10–12 催化剂后排放数据

催化剂编号	CO/(g/km)	THC/(g/km)	NO_x/(g/km)	CO_2/(g/km)	油耗/(L/100km)
MTC-10	0.425	0.102	0.069	53.20	2.32
MTC-11	0.361	0.088	0.052	53.88	2.38
MTC-12	0.415	0.094	0.045	53.52	2.42

最大，净化 NO_x 的能力最好，其次是 MTC-11，表现最差为 MTC-10，与上文的催化剂涂层涂覆量越大，净化 NO_x 效果越好的结论一致。但从催化剂净化 CO 的能力看，涂层涂覆量为 200 g/L 的方案效果是最好的。原因是涂覆量为 200 g/L，涂层厚度适中，而当涂层涂覆量为 100 g/L 时，深层厚度偏小，气体的捕集性能较差，然而随着涂层涂覆量的增加，当涂层涂覆量达到 300 g/L，由于基体的孔目数一致，又使得涂层太厚，使得整个消声器排气背压较大，原始排放的 CO 增加，导致最终排放的 CO 较 200 g/L 增加，所以在选择涂层涂覆量时需要综合考虑涂层厚度和背压升高的因素。

3. 不同骑行方式车型的匹配案例

（1）排量为 110 CC 的不同骑行方式车型的匹配案例。选取某合资品牌的相同排量不同类型弯梁、骑士和踏板化油器摩托车，排量为 110 CC（国Ⅲ认证车），针对这 3 款不同类型化油器摩托车，我们首先进行整车的原始排放调查，数据如表 6-51 所示。

表 6-51　不同类型 110 CC 摩托车的原始排放数据（单位：g/km）

车型	CO	THC	NO_x
弯梁车	6.168	0.843	0.162
骑式车	7.132	0.783	0.187
踏板车	9.270	0.722	0.257

从整车的原始排放的数据可以看出，不同类型的摩托车在相同排量下，整车原始排放数据相差很大，尤其是 CO 和 NO_x 的原始排放值差距较大，3 种类型的摩托车 CO 和 NO_x 原始排放值排序：弯梁车<骑式车<踏板车，踏板车的排放值更大，排放处理更难，对催化剂要求更高。

根据排放特点，弯梁车排放值最好，在催化剂配置时可以适当降低催化剂基体体积和催化剂中贵金属含量，而踏板车排放最差，在催化剂配置时需要适当增大催化剂基体体积和催化剂中贵金属含量，才能满足排放法规的要求。有针对性设计以下催化剂，方案信息如表 6-52 所示。

表 6-52　三类催化剂贵金属配方和含量

车型	贵金属配比 (Pt/Pd/Rh)	贵金属含量/ (g/ft^3)	前级基体规定	后级基体规格	催化材料
弯梁车	1/20/5	17	Φ 35×52×50.8/200	Φ 42×100×60/300	MTM-1
骑式车	1/20/5	32	Φ 35×52×50.8/200	Φ 42×100×90/300	MTM-1
踏板车	1/20/5	40	Φ 35×52×50.8/200	Φ 45×112×101.6/300	MTM-1

将以上 3 个催化剂进行消声器焊接（将两级催化剂焊接到排气筒中）定义为 MTC-13、MTC-14、MTC-15。

根据法规和摩托车整车原始排放的信息看，催化剂主要是解决 CO 和 NO_x 的净化问题，所以在设计催化剂材料时，重点关注 CO 和 NO_x 的净化问题，针对这个问题主要的应对策略是选用高铈的储氧材料和 Al_2O_3 为主要组分的载体。

分别安装 MTC-13、MTC-14 和 MTC-15 在弯梁、骑士和踏板车上进行整车排放测试，具体数据如表 6-53 所示，通过与排放数据进行对比分析，催化剂 MTC-13、MTC-14 和 MTC-15 表现出优异的催化性能，并且为客户节约成本，具有更好的性价比优势。

测试结果表明，该催化剂 MTC-13、MTC-14 和 MTC-15 的设计是满足排放法规的需求的。

表 6-53　催化剂 MTC-13、MTC-14 和 MTC-15 整车排放结果

编号	车型	CO/(g/km)	THC/(g/km)	NO_x/(g/km)
MTC-13	弯梁车	0.753	0.2725	0.052
MTC-14	骑士车	0.725	0.118	0.056
MTC-15	踏板车	0.871	0.102	0.057

（2）排量为 125 CC 的不同骑行方式车型的匹配案例。某 125 CC 排量的骑士车和踏板车排放特点对比：

①原始排放数据对比，从骑式车原始排放数据表 6-54 可以看出，该款骑士摩托车 HC、NO_x 的排放值距离国Ⅲ标准很接近，摩托车 CO 的排放值相对较高，综合原始排放信息，催化剂主要是解决 CO 的净化问题，所以在设计催化剂材料时，重点关注 CO 的净化问题，针对这个问题主要的应对策略是使用高铈材料来净化 CO。从踏板车原始排放数据表 6-55 可以看出，该款踏板摩托车 HC 的排放值距离国Ⅲ标准很接近，摩托车 CO、NO_x 的排放值相对较高，综合原始排放信息，催化剂主要是解决 CO、NO_x 的净化问题，所以在设计催化剂材料时，重点关注 CO、NO_x 的净化问题，针对这个问题主要的应对策略是前级使用低铈材料来净化 NO_x，后级使用高铈材料来净化 CO。

表 6-54　骑士车 125 CC 原始排放数据（单位：g/km）

CO	THC	NO_x	CO_2
7.884	1.012	0.200	42.67

表 6-55　踏板车 125 CC 原始排放数据（单位：g/km）

CO	THC	NO_x	CO_2
10.360	0.889	0.295	49.01

②从图 6-55 骑式车催化剂前温度特性随工况变化曲线可知，工况进行到 150 s 的时候，催化剂前的温度达到 500 ℃，催化剂前温度波动范围 320～550 ℃，平均温度为 400 ℃。从图 6-56 踏板车催化剂前温度特性随工况变化曲线可知，在工况进行到 150 s 的时候，催化剂前的温度达到 560 ℃，催化剂前温度波动范围 310～

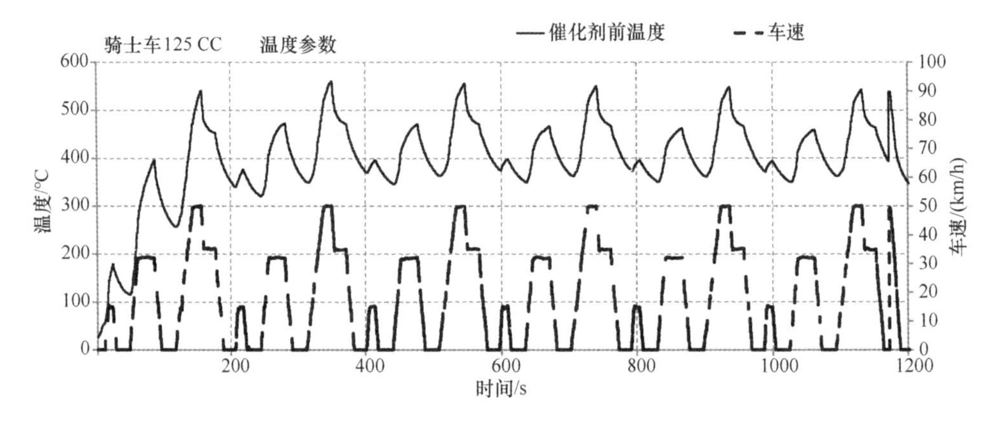

图 6-55　骑式车催化剂前温度特性随工况变化曲线

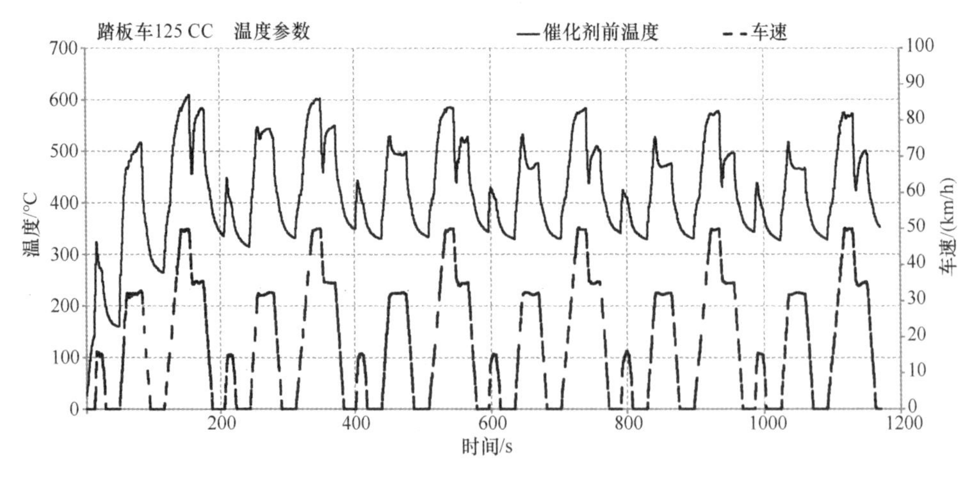

图 6-56　踏板车催化剂前温度特性随工况变化曲线

605 ℃，平均温度为 420 ℃，相比较可知，踏板车的温度较骑式车温度高，并且热震荡波动大，对催化剂要求更高。

③整车空燃比参数随工况变化的曲线对比，从图 6-57、图 6-58 可知，骑式车的空燃比波动范围为 0.72～1.25，平均值为 0.92，从分布图可以看出，空燃比分布较均匀；从图 6-59、图 6-60 可知，踏板车的空燃比波动范围为 0.65～1.25，平均值为 0.84，从分布图可以看出，空燃比分布较集中，主要偏向空燃比小的区域；从空燃比对比可知，踏板车的空燃比偏浓，对催化剂 CO 净化能力要求更高。

骑士摩托车匹配催化剂，前级主要用还原型催化剂，距离发动机排气口较近，起到快速起燃和处理 NO_x 的作用。基体规格 Φ 45×60×60/300，体积是 0.087 L。前级规格较大的原因是安装位置允许并且前级的净化 NO_x 任务相关，贵金属负载量 20 g/ft^3，贵金属配方是 Pt-Rh 型（Pt/Pd/Rh：2/0/5），催化剂涂层选用低铈的储

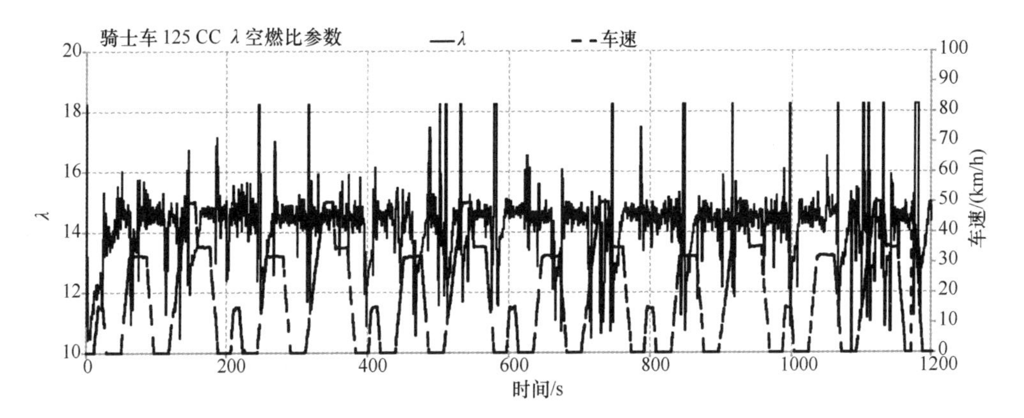

图 6-57　骑式车催化剂前空燃比特性随工况变化曲线

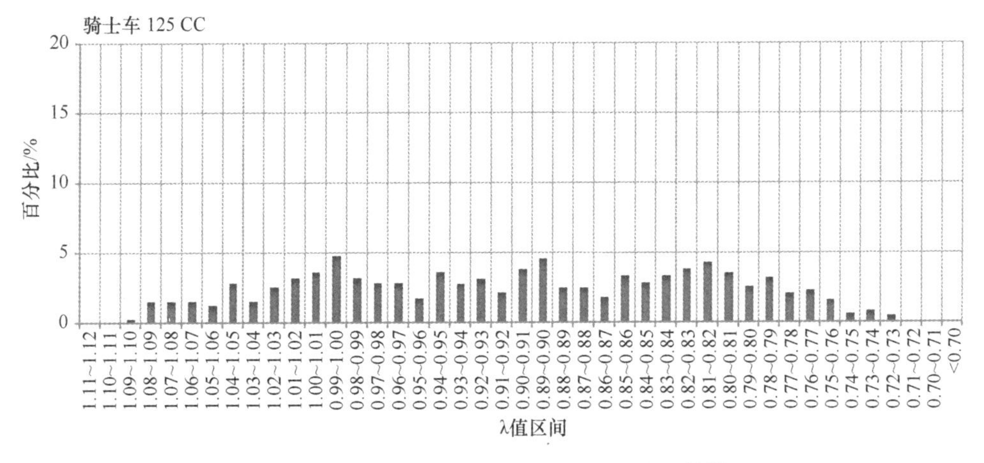

图 6-58　骑式车催化剂前空燃比区间统计特性

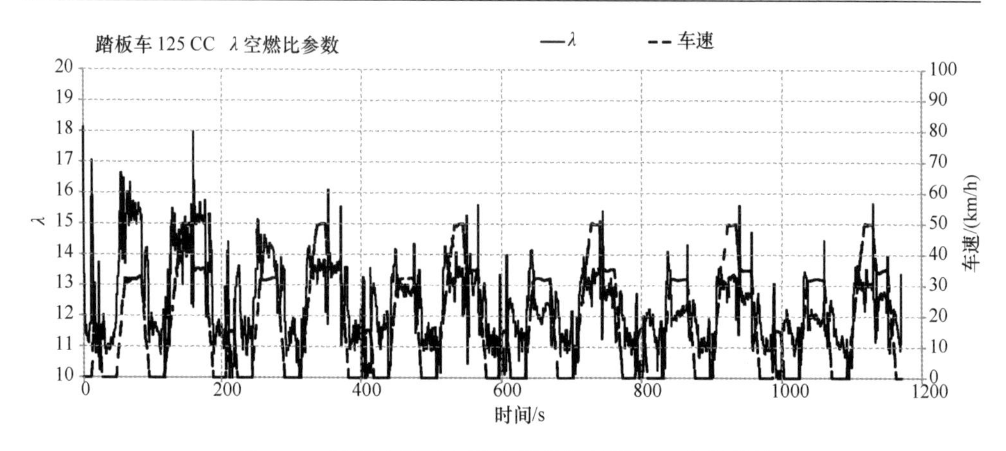

图 6-59　踏板车催化剂前空燃比特性随工况变化曲线

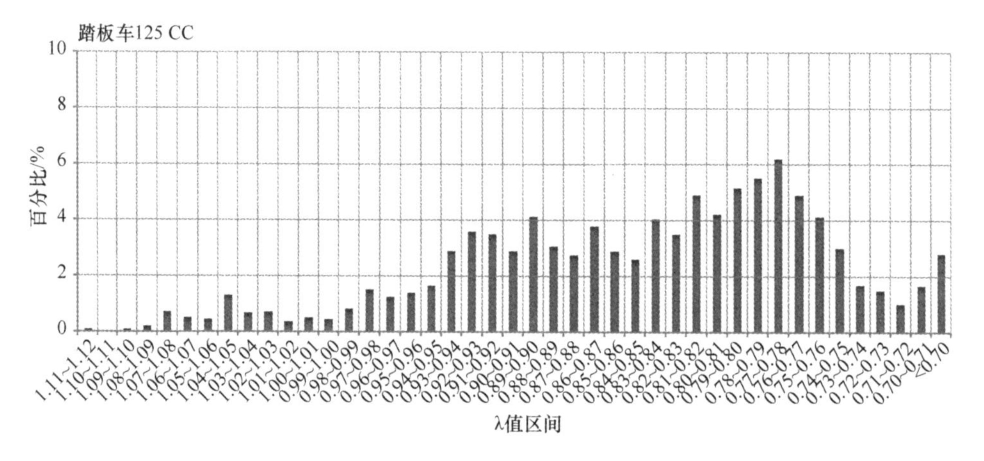

图 6-60　踏板车催化剂前空燃比区间统计特性

氧材料和 Al_2O_3 为主要组分的 MTM-2 载体；后级主要用氧化型催化剂，距离发动机排气口较远，起主要净化 CO 和 HC 的作用，基体规格 Φ 53.5×60×60/300，体积是 0.120 L。后级规格较大，需要净化大部分 CO 和 HC 污染物，贵金属负载量 56.6 g/ft^3，贵金属是配比为（Pt/Pd/Rh：1/3/0），催化剂涂层选用高铈的储氧材料和 Al_2O_3 为主要组分的 MTM-1 基体；总体积是 0.207 L，整个消声器（将两级催化剂焊接到排气筒中）定义为 MTC-16。

测试结果表 6-56 可知，该催化剂 MTC-16 的设计无论是新鲜排放还是耐久排放，均满足排放法规的需求。

针对这款中间补气的化油器摩托车匹配催化剂，前级主要用还原型催化剂，距离发动机排气口较近，起到快速起燃和处理 NO_x 的作用。基体规格 Φ 42×100×90/300，体积是 0.113 L。前级规格较大是由于安装位置允许并且前级的净化 NO_x

表 6-56　骑士车 125 CC 安装 MTC-16 催化剂后不同耐久里程排放数据

催化剂状态	CO/(g/km)	THC/(g/km)	NO_x/(g/km)	CO_2/(g/km)	耐久里程/km
新鲜	0.818	0.163	0.077	57.42	0
耐久	0.866	0.156	0.089	56.89	1000
耐久	0.981	0.176	0.105	56.89	2500
耐久	0.950	0.178	0.109	58.80	3600
耐久	1.176	0.181	0.107	57.63	4800
耐久	1.161	0.181	0.099	56.82	6000

任务相关，贵金属负载量 40 g/ft^3，贵金属配方是 Pd-Rh 型（Pt/Pd/Rh：0/2/3），催化剂涂层选用低铈的储氧材料和 Al_2O_3 为主要组分的 MTM-2 基体；后级主要用氧化型催化剂，距离发动机排气口较远，起主要净化 CO 和 HC 的作用，基体规格 Φ 42×100×90/300，体积是 0.113 L。后级规格较大，需要净化大部分 CO 和 HC 污染物，贵金属负载量 40 g/ft^3，贵金属是配比为 Pt/Pd/Rh：1/20/5，催化剂涂层选用高铈的储氧材料和 Al_2O_3 为主要组分的 MTM-1 基体；总体积是 0.226 L，整个消声器（将两级催化剂焊接到排气筒中）定义为 MTC-17。

在同一化油器垫片厚度的情况下，分别安装 MTC-17、A 竞争对手催化剂和 B 竞争对手催化剂进行整车排放测试，具体数据如表 6-57 所示，通过与竞争对手排放数据进行对比分析，催化剂 MTC-17 表现出优异的催化性能。

表 6-57　催化剂 MTC-17、A 竞争对手和 B 竞争对手整车排放结果（单位：g/km）

编号	CO	THC	NO_x	CO_2
MTC-17	1.806	0.112	0.084	59.56
A 竞争对手	2.209	0.110	0.083	60.74
B 竞争对手	1.753	0.110	0.092	59.08

测试结果表明，该催化剂 MTC-17 的设计是满足排放法规的需求的。

4. 不同排量的匹配案例

某 3 款电喷骑士车排量分别为 125 CC、150 CC、250 CC 排放特点对比：

（1）原始排放数据对比。从原始排放数据表 6-58～表 6-60 可以看出，随着排量的增加，整车的原始排放值也在增加，不同排量的骑士摩托车 CO、THC 的排放值距离国Ⅲ排放标准接近，摩托车 NO_x 的排放值相对较高，综合原始排放信息，催化剂主要是解决 NO_x 的净化问题，所以在设计催化剂材料时，重点关注 NO_x 的净化问题，使用低铈材料来净化 NO_x。从图 6-61～图 6-63 原始排放的稀释采样数据可以看出，污染物主要集中在冷启动阶段和高速阶段，并且随着排量的增大，污染物排放相对分散。

表 6-58　电喷骑士车 125 CC 原始排放数据（单位：g/km）

CO	THC	NO_x	CO_2
2.533	0.497	0.373	49.68

表 6-59　电喷骑士车 150 CC 原始排放数据（单位：g/km）

CO	THC	NO_x	CO_2
2.708	0.836	0.487	51.14

表 6-60　电喷骑士车 250 CC 原始排放数据（单位：g/km）

CO	THC	NO_x	CO_2
3.710	1.265	0.584	84.98

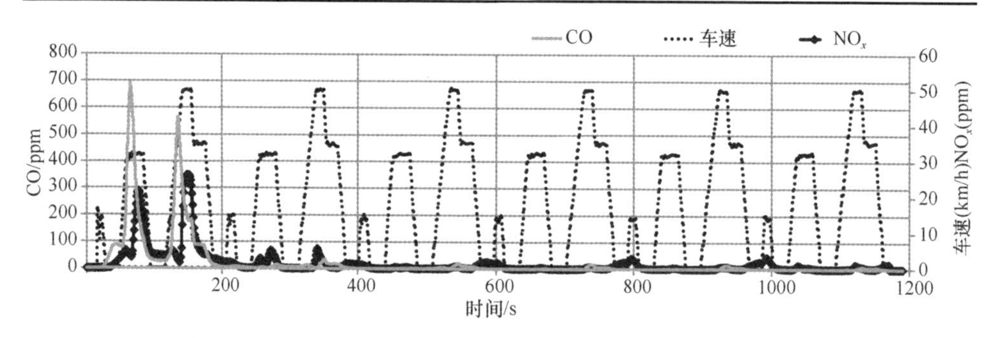

图 6-61　排量为 125 CC 污染物随工况变化曲线

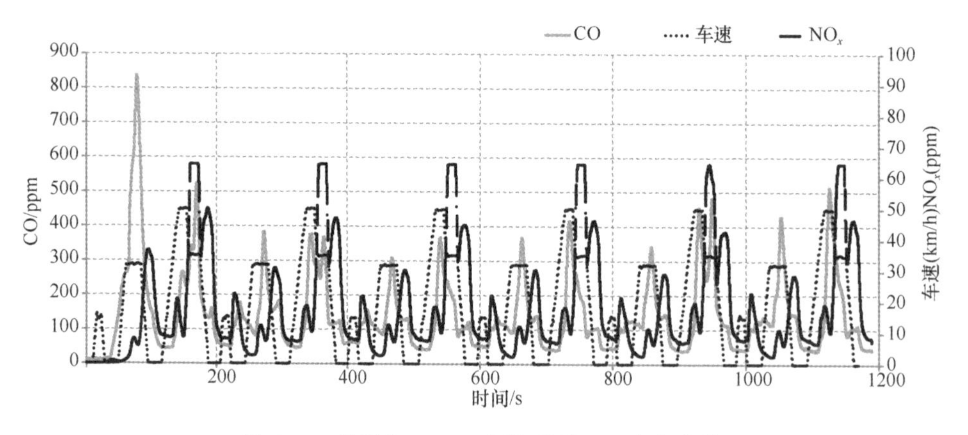

图 6-62　排量为 150 CC 污染物随工况变化曲线

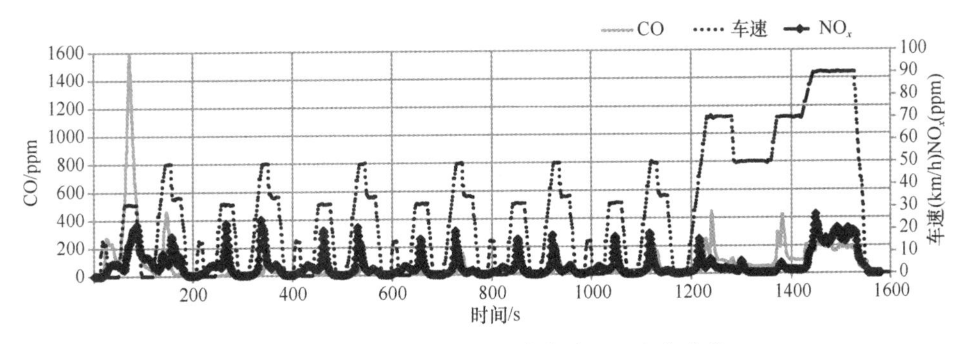

图 6-63　排量为 250 CC 污染物随工况变化曲线

（2）整车的温度参数对比。从图 6-64 可知，排量为 125 CC 在工况进行到 150 s 时，催化剂前的温度达到 400 ℃，催化剂前温度波动范围 320～600 ℃。从图 6-65 可知，排量为 150 CC 在工况进行到 150 s 时，催化剂前的温度仅有 260 ℃，催化

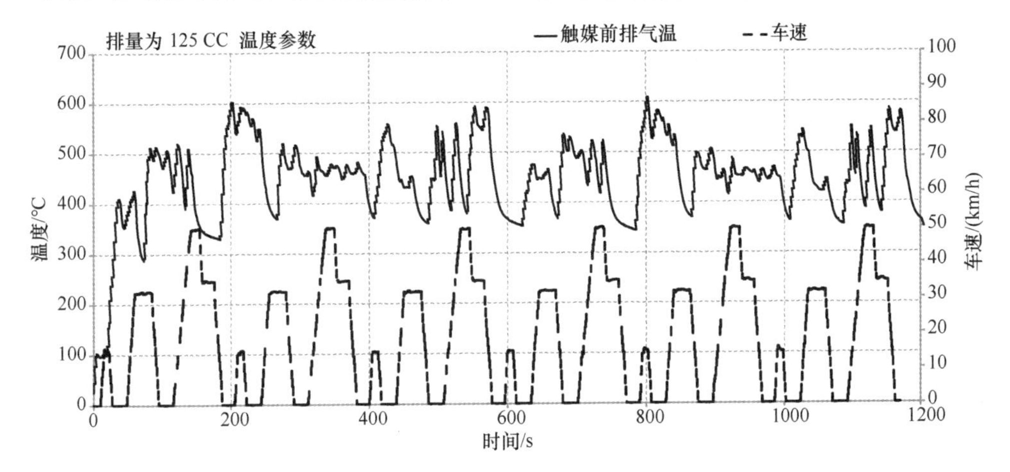

图 6-64　排量为 125 CC 催化剂前温度特性随工况变化曲线

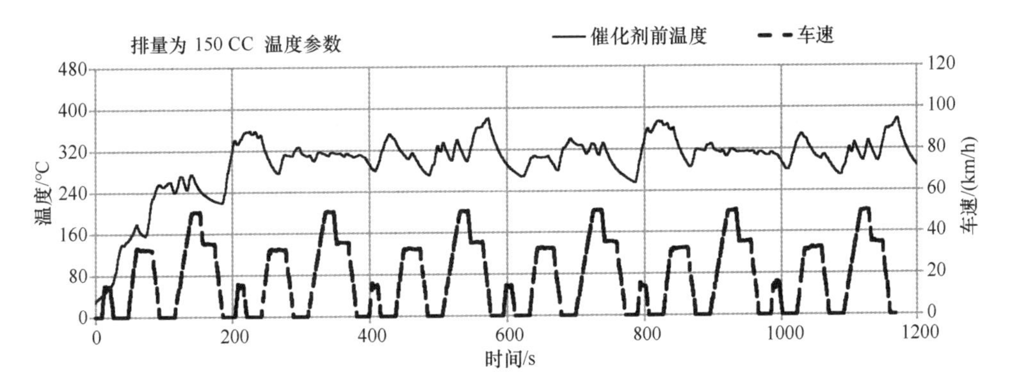

图 6-65　排量为 150 CC 催化剂前温度特性随工况变化曲线

剂前温度波动范围 280～380 ℃。从图 6-66 可知，排量为 250 CC 在工况进行到 150 s 时，催化剂前的温度到达 300 ℃，催化剂前温度波动范围 350～650 ℃。从以上温度特点可以看出，催化剂前的温度高低与摩托车排量无关，与催化剂安装位置有直接关系。

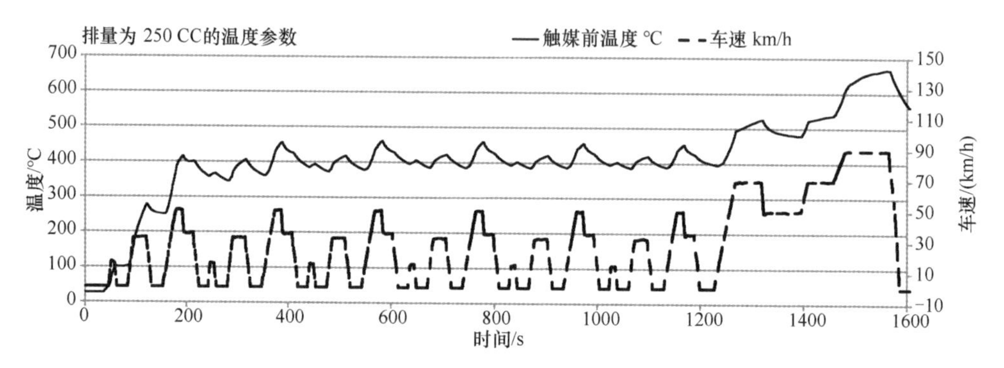

图 6-66 排量为 250 CC 催化剂前温度特性随工况变化曲线

（3）整车空燃比参数随工况变化的曲线对比。从图 6-67 可知，排量为 125 CC 的空燃比波动范围为 10.0～18.2，平均值为 14.6；从图 6-68 可知，排量为 150 CC 的空燃比波动范围为 12.4～18.2，平均值为 15.0；从图 6-69 可知，排量为 250 CC 的空燃比波动范围为 12.8～20.0，平均值为 18.7；从空燃比随排量的变化趋势看，随着排量增加，空燃比的值在增大，设计催化剂时重点考虑 NO_x 的净化能力。

排量为 125 CC 某合资品牌的摩托车（骑士车国III认证车），针对这款电喷系统的摩托车匹配催化剂，单级三效催化剂，距离发动机排气口较近，起到快速起

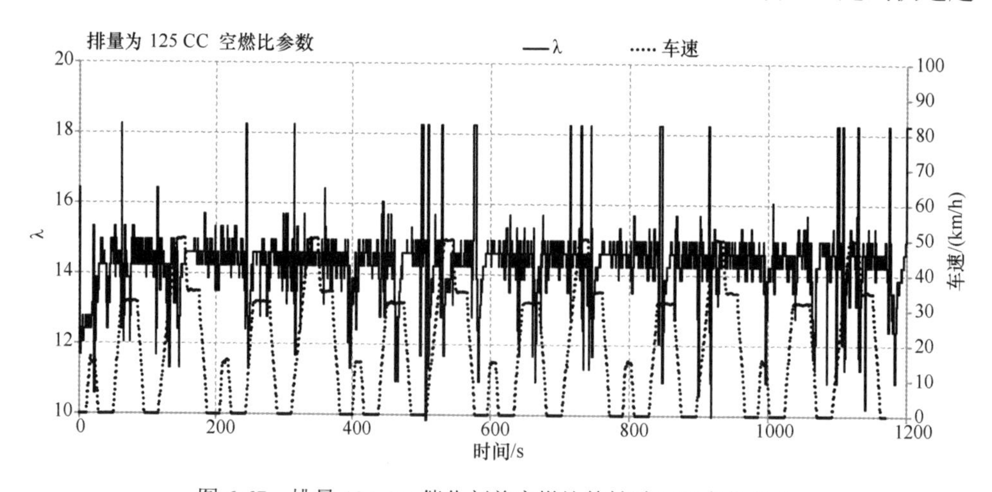

图 6-67 排量 125 CC 催化剂前空燃比特性随工况变化曲线

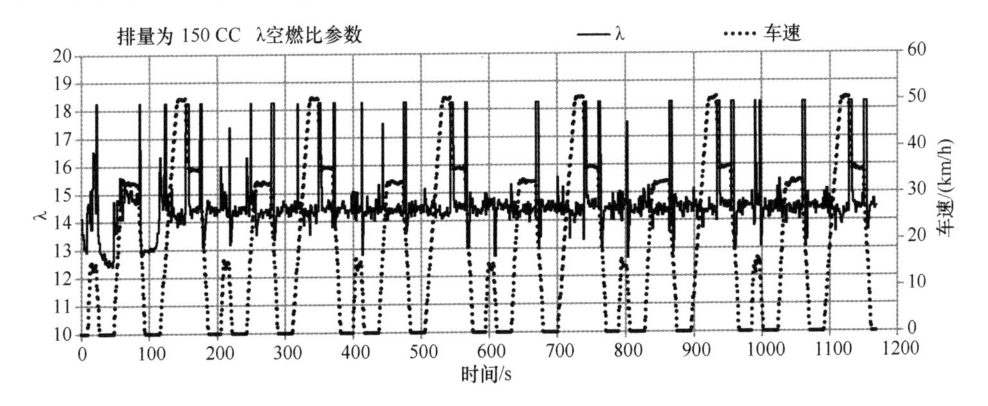

图 6-68　排量 150 CC 催化剂前空燃比特性随工况变化曲线

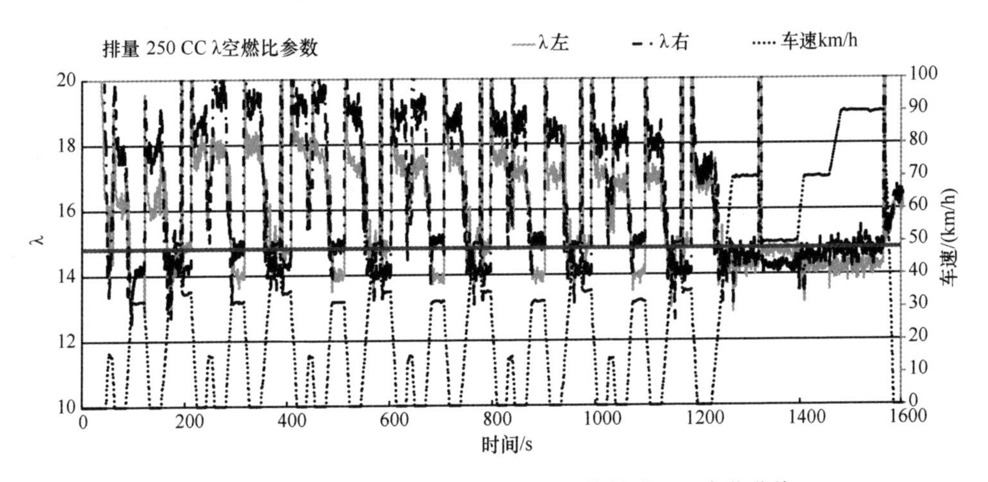

图 6-69　排量 250 CC 催化剂前空燃比特性随工况变化曲线

燃和同时净化 CO、HC、NO_x 的作用，重点净化 NO_x。基体规格 Φ 45×92×90/300，体积是 0.131 L。贵金属负载量 17 g/ft^3，贵金属配方是 Pt-Pd-Rh 型（Pt/Pd/Rh: 0/2/3），催化剂涂层选用低铈储氧材料和 Al_2O_3 为主要组分的 MTM-2 基体。总体积是 0.131 L，整个消声器（将单级催化剂焊接到排气筒中）定义为 MTC-18。

由于这是电喷系统的摩托车，整车的原始排放相对较好，该款摩托车 HC、CO 的排放值接近国Ⅲ标准，摩托车 NO_x 的排放值相对较高，综合以上信息，催化剂主要是解决 NO_x 的净化问题，所以在设计催化剂材料时，重点关注 NO_x 的净化问题，由于该摩托车为电喷系统，空燃比控制比较精确，能使催化剂最大限度地发挥作用。在摩托车上，分别安装白基体和 MTC-6 催化剂进行整车排放测试，具体数据如表 6-61 所示，通过新鲜的排放数据乘上催化剂的劣化系数（按照行业默认的劣化系数 1.4 计算），可以初步得出耐久催化剂的性能，催化剂 MTC-8 表现出优异的催化性能。

表 6-61 MTC-18 催化剂整车排放数据

CO/(g/km)	THC/(g/km)	NO_x/(g/km)	CO_2/(g/km)	备注
0.701	0.181	0.059	52.41	新鲜性能
0.981	0.253	0.083	—	外推耐久后性能

测试结果表明，该催化剂 MTC-18 的设计是满足排放法规的需求的。

排量为 150 CC 某合资品牌的摩托车（骑士车国Ⅲ认证车），针对这款电喷系统的摩托车匹配单级三效催化剂，由于安装位置的限制，该催化剂距离发动机排气口较远，通过催化剂后的污染物主要集中在冷启动阶段。基体规格 Φ 53.5×120×100/300，体积是 0.200L。贵金属负载量 20 g/ft^3，贵金属配方是 Pt-Pd-Rh 型（Pt/Pd/Rh：1/2/5），催化剂涂层选用低铈的储氧材料和 Al_2O_3 为主要组分的 MTM-2 载体。总体积是 0.200 L，整个消声器（将单级催化剂焊接到排气筒中）定义为 MTC-19。

由于这是电喷系统的摩托车，整车的原始排放相对较好，该款摩托车 HC、CO 的排放值接近国Ⅲ标准，摩托车 NO_x 的排放值相对较高，综合以上信息，催化剂主要是解决 NO_x 的净化问题，所以在设计催化剂材料时，重点关注 NO_x 的净化问题，由于该摩托车为电喷系统，空燃比控制比较精确，能使催化剂最大限度地发挥作用。在摩托车上，分别安装白基体和 MTC-19 催化剂进行整车排放测试，具体数据如表 6-62 所示，催化剂 MTC-19 表现出优异的催化性能。

表 6-62 MTC-19 催化剂整车排放数据

CO/(g/km)	THC/(g/km)	NO_x/(g/km)	CO_2/(g/km)	备注
0.526	0.199	0.064	52.03	新鲜性能
0.668	0.234	0.099	49.12	外推耐久后性能

测试结果表明，该催化剂 MTC-19 的设计是满足排放法规的需求的。

排量为 250 CC 某合资品牌的摩托车（骑士车国Ⅲ认证车），针对这款电喷系统的摩托车匹配单级三效催化剂，由于安装位置的限制，该催化剂距离发动机排气口较远，由于是大排量的摩托车增加了郊区循环，所以通过催化剂后的污染物主要集中在冷启动阶段和高速阶段。基体规格 PD 90×50×110/300，体积是 0.400 L。贵金属负载量 40 g/ft^3，贵金属配方是 Pt-Pd-Rh 型（Pt/Pd/Rh：1/2/5），催化剂涂层选用低铈的储氧材料和 Al_2O_3 为主要组分的 MTM-2 基体。总体积是 0.400 L，整个消声器（将单级催化剂焊接到排气筒中）定义为 MTC-20。

由于这是电喷系统的摩托车，整车的原始排放相对较好，该款摩托车 HC、CO 的排放值接近国Ⅲ标准，摩托车 NO_x 的排放值相对较高，综合以上信息，催

化剂主要是解决 NO_x 的净化问题，所以在设计催化剂材料时，重点关注 NO_x 的净化问题，由于该摩托车为电喷系统，空燃比控制比较精确，能使催化剂最大限度地发挥作用。在摩托车上，分别安装白基体和 MTC-8 催化剂进行整车排放测试，具体数据如表 6-63 所示，催化剂 MTC-20 表现出优异的催化性能。

表 6-63 MTC-20 催化剂整车排放数据

CO/(g/km)	THC/(g/km)	NO_x/(g/km)	CO_2/(g/km)	备注
0.826	0.199	0.085	86.96	新鲜性能
0.950	0.233	0.087	85.05	外推耐久后性能

测试结果表明，该催化剂 MTC-20 的设计是满足排放法规的需求的。

综上所述，摩托车尾气净化催化剂匹配试验对催化剂的选择是十分重要的，必须选择合适的贵金属含量、种类、涂层涂覆量，同时考虑基体的大小规格和孔密度等因素，才能得到满意的匹配结果。

参 考 文 献

[1] Yoshida T, Suzuki H, Aoki Y, et al. SAE Technical Paper. 2017-01-0919.

[2] Nair A R, Schubring B, Premchand K, et al. Methodology to determine the effective volume of gasoline particulate filter technology on criteria emissions. SAE Technical Paper, 2016-01-0936.

[3] Nieuwstadt van M, Ulrey J. Control strategies for gasoline particulate filters. SAE Technical Paper, 2017-01-0931.

[4] Szczepanski E, Koda A, Sweeney D, et al. Impact of substrate geometry on automotive TWC gasoline (three way catalyst) performance. SAE Technical Paper, 2017-01-0923.

[5] Otsuka S, Suehiro Y, Koyama H, et al. Development of a super-light substrate for LEV III/Tier3 emission regulation. SAE Technical Paper, 2015-01-1001.

[6] Craig A, Warkins J, Aravelli K, et al. SAE Technical Paper, 2016-01-0925.

[7] Posada F, Bandivadekar A, German J. Estimated cost of emission control technologies for light-duty vehicles part 1-gasoline. SAE Technical Paper, 2013-01-0534.

[8] Murata Y, Morita T, Wada K, et al. NO*x* trap three-way catalyst (N-TWC) concept: TWC with NO*x* adsorption properties at low temperatures for cold-start emission control. SAE Technical Paper, 2015-01-1002.

[9] Ball D, Moser D. Cold start calibration of current PZEV vehicles and the impact of LEV-III emission regulations. SAE Technical Paper, 2012-01-1245.

[10] Yi S J, Kim H K, Quelhas S, et al. Investigation of a catalyst and engine management solution to meet LEV III-SULEV with reduced PGM. SAE Technical Paper, 2014-01-1506.

[11] 吴东风, 白立坤. 我国现行汽车尾气排放限制标准与欧洲相关标准的差异性解读. 吉林交通科技, 2009, 2: 55-56.

[12] GB 18352.3-2005. 轻型汽车污染物排放限值及测量方法(中国III、IV阶段).

[13] GB 18352.5-2013. 轻型汽车污染物排放限值及测量方法(中国第Ⅴ阶段) .
[14] GB 17691-2005. 车用压燃式、气体燃料点燃式发动机与汽车排气污染物排放限值及测量方法(Ⅲ、Ⅳ、Ⅴ阶段).
[15] DB 11/964-2013. 车用压燃式、气体燃料点燃式发动机与汽车排气污染物限值及测量方法(台架工况法).
[16] GB 18285-2005. 点燃式发动机汽车汽车排气污染物排放限值及测量方法(双怠速法及简易工况法).